JN298299

量子ドットの生命科学領域への応用

Application of Quantum Dot in Life Science

《普及版／Popular Edition》

監修 山本重夫

シーエムシー出版

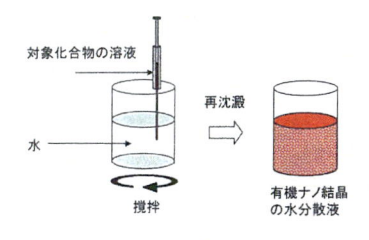

第4章　図1　再沈法の模式図

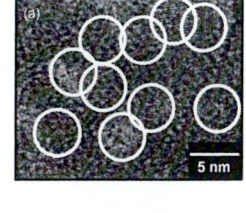

第7章　図6
エタノール溶液内に分散したナノシリコン粒子の（a）高分解能透過型電子顕微鏡観察像と（b）光照射後の発光写真

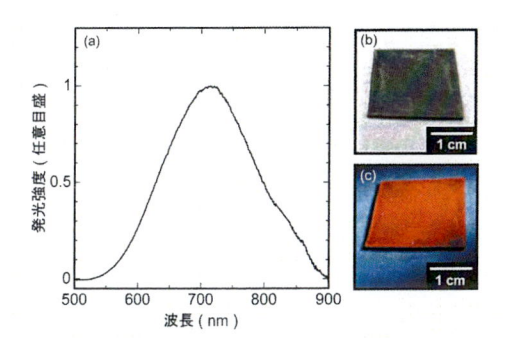

第7章　図9
（a）ダイヤモンド状炭素膜の被覆後のナノシリコン粒子に対する発光スペクトル，（b）光照射前の写真，（c）光照射後の発光写真

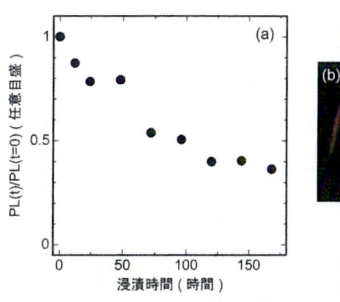

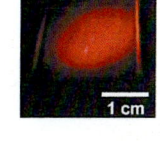

第7章　図10
（a）ダイヤモンド状炭素膜の被覆後のナノシリコン粒子における浸漬時間に対する発光輝度の経時変化，（b）170時間経過後の試料の発光写真

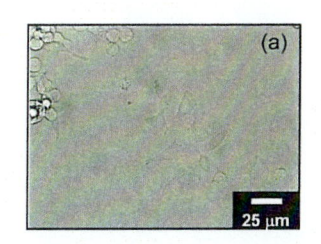

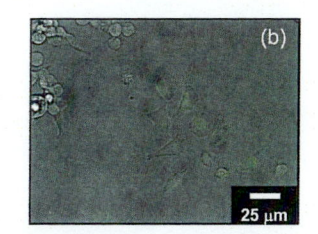

第7章　図13　（a）ナノシリコン粒子の貪食後の写真，（b）光照射後の発光写真

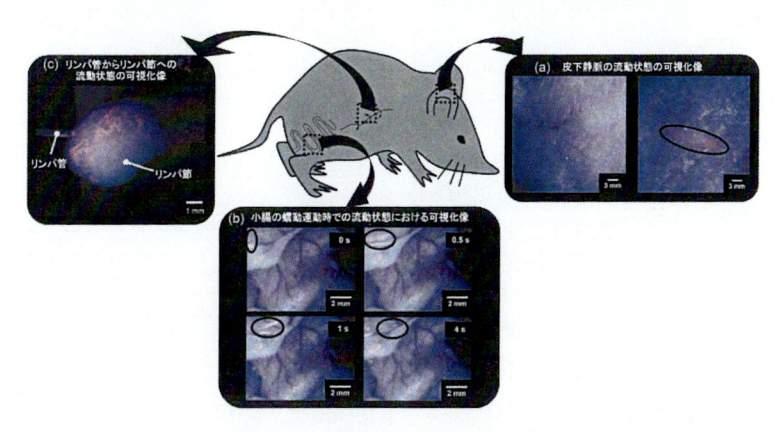

第7章　図14　マウス内の各部位におけるナノシリコン粒子の観察像

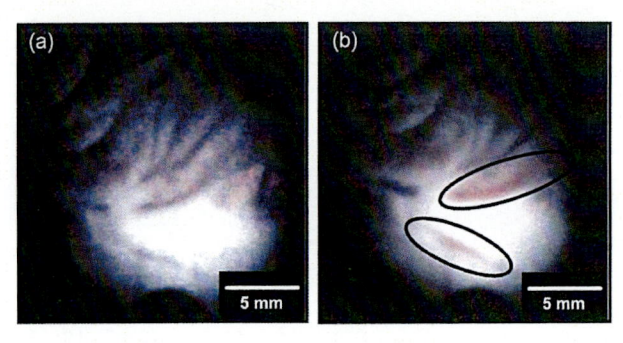

第7章　図15　羊の冠動脈におけるナノシリコン粒子の観察像

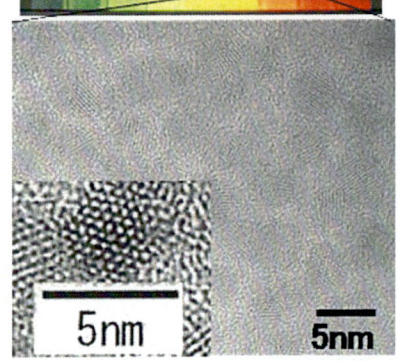

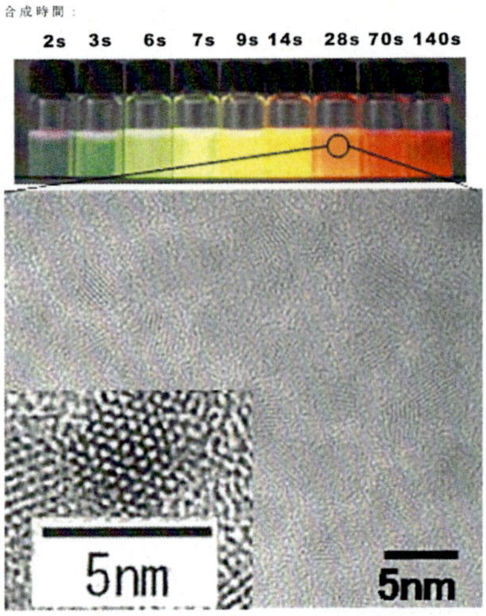

第9章　図4
CdSeナノ粒子からの蛍光とTEM写真

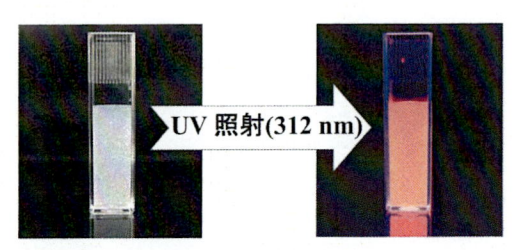

第10章　図6
Euをドープした金属酸化物ナノ粒子の発光挙動

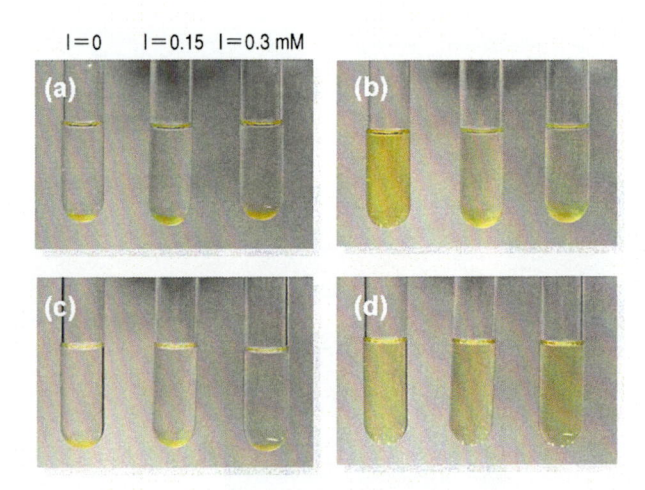

第11章　図6
各種表面修飾剤によりコートされたCdSナノ粒子の分散安定性
及び分散安定性のイオン強度依存性

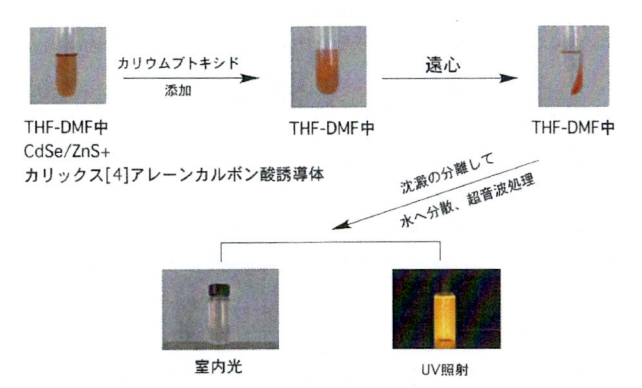

第13章　図4　カリックス[4]アレーンカルボン酸誘導体を用いたCdSe/ZnS量子ドットの水溶化

THF-DMF中
CdSe/ZnS+
カリックス[4]アレーンカルボン酸誘導体

カリウムブトキシド
添加

THF-DMF中

遠心

THF-DMF中

沈殿の分離して
水へ分散、超音波処理

室内光　　UV照射

第15章　図2　captorilの配位によるQdotの可溶化

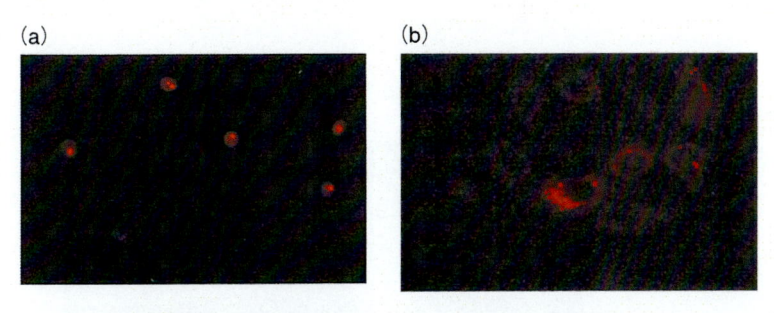

(a)　(b)

第15章　図5　(a) 半導体ナノ粒子の核移行, (b) 半導体ナノ粒子のミトコンドリア移行

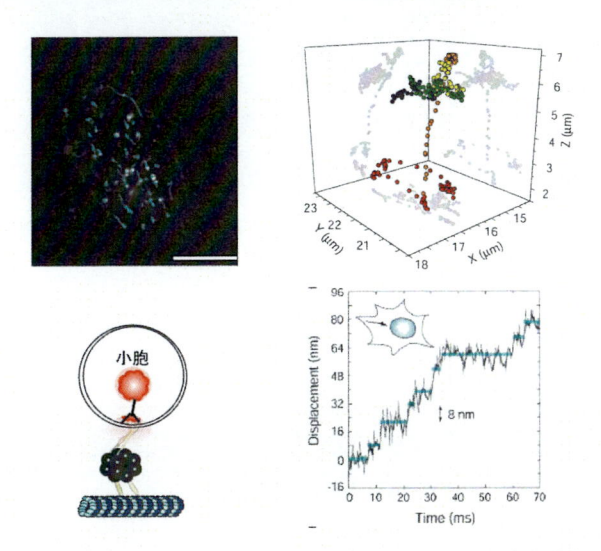

小胞

第16章　図3　蛍光量子ドット-抗HER2抗体を取り込んだ乳がん細胞の蛍光イメージ

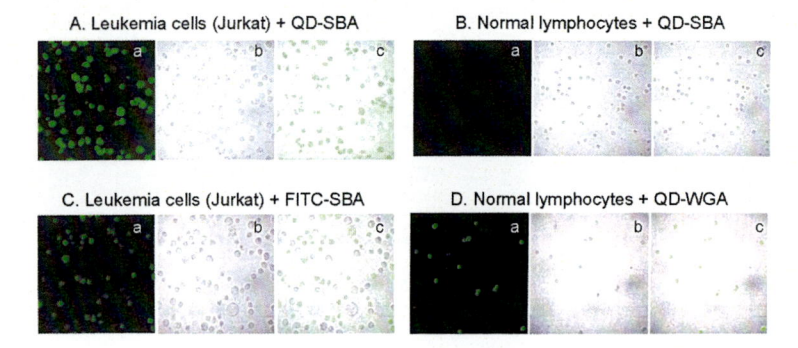

第17章 図2 量子ドット標識レクチンとFITC標識レクチンを用いた細胞識別技術

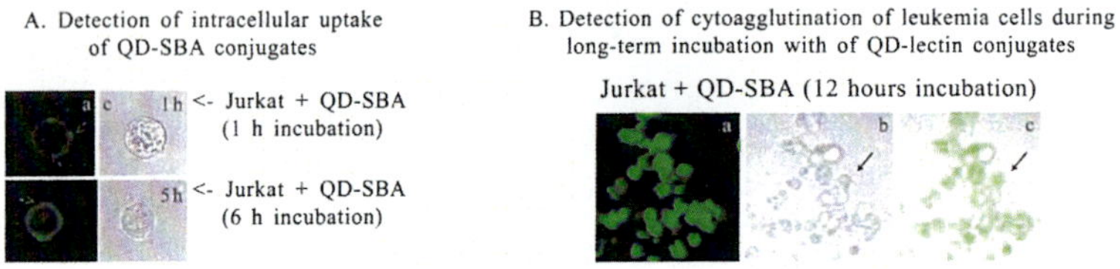

第17章 図3 量子ドット標識レクチンと細胞との相互作用観察

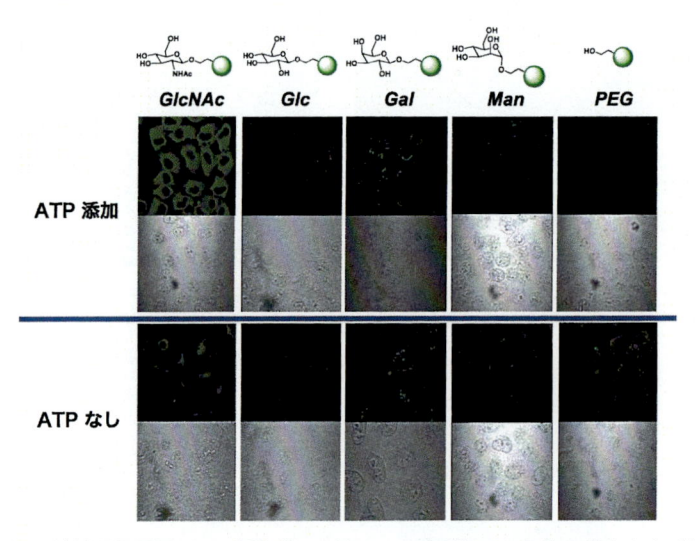

第18章 図7 糖鎖提示量子ドット添加後のジキトニン処理HeLa細胞の蛍光および位相差像

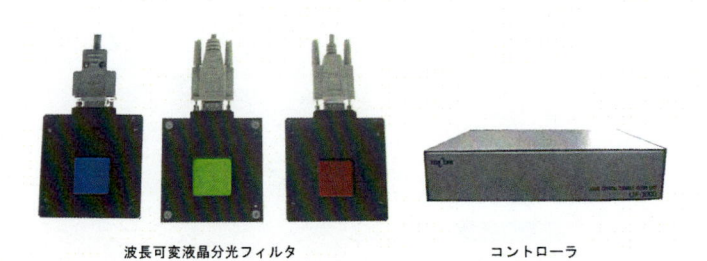

波長可変液晶分光フィルタ　　　コントローラ

第22章 図2 波長可変液晶分光フィルタとコントローラ外観

はじめに

　本書は，日本の産業界に向けた勧誘の書です。

　今，ここに「量子ドット」という科学と，それを巡る各種の技術が発展を続けています。とくに生命科学と量子ドットとの関連はますます重要性が高まるものと考えられています。ただ，量子－生命という関係は一見縁遠いものと見られていることも事実です。そこで量子ドットとは何ぞや，どのような「素材」が用いられているか，どのように「製造」するか，どのように「加工」するか，どのように生命科学領域に「応用」するかなどについて，大学等研究機関の第一線研究者にご解説頂き，わが国の各種産業界が量子ドットを産業として受け入れられる状況を作り出す一助となり得ればというのが本書の目的です。

　政府の「総合科学技術会議」は，その目標の一つに——大学などに「知」の創造を促し，さらに，その「知」の社会還元，還元された「知」に経済的価値を付与する——が挙げられ，今日これに対する各種の政策が展開されています。換言すれば，大学で生み出された「知的財産」を産業界が受け入れ，有効・適切に利用して経済的効果を挙げることを狙っている政策です。この政策を推進するために，独立行政法人組織などが「新技術発表会」，「研究成果発表会」などを通じて，あるいは大学が独自に発表会の機会を設けて，産業界にアピールしているところですが，これらの活発な発表会を通しても大学の「知」の成果が十分には産業界に届かないという恨みがあります。これは産業界の業種の広範さや，産業界が必ずしも大都市だけでなく，広く各地にあり，時間的・距離的制約なども関係しているものと考えられます。

　本書は，大学等の「知」を書によって産業界に届けることを目的にして編集されたものであり，とくに生命科学に少しでも関心のある産業界に方々に購読されることを願うとともに，著者の属する大学等と共同して「知」の製品化・商品化がなされることを期待しているところです。

　本書はまた，学術書とは異なり，産業界への技術利用の支援を目的とすることから，技術コンサルタントである者が編集を担当させて頂きましたことを申し添えます。

2007年8月
株式会社ビーアールディー
山本　重夫

普及版の刊行にあたって

本書は2007年に『量子ドットの生命科学領域への応用』として刊行されました。普及版の刊行にあたり，内容は当時のままであり加筆・訂正などの手は加えておりませんので，ご了承ください。

2013年6月

シーエムシー出版　編集部

執筆者一覧（執筆順）

山本 重夫	㈱ビーアールディー　代表取締役社長	
岩崎　　裕	大阪大学　産業科学研究所　教授	
前之園 信也	北陸先端科学技術大学院大学　マテリアルサイエンス研究科　准教授	
石川　　満	㈱産業技術総合研究所　健康工学研究センター　生体ナノ計測チーム　研究チーム長	
馬場 耕一	東北大学　多元物質科学研究所　助教	
鶴岡 孝章	甲南大学　大学院自然科学研究科	
赤松 謙祐	甲南大学　理工学部　機能分子化学科　准教授	
縄舟 秀美	甲南大学　理工学部　機能分子化学科　教授	
鳥本　　司	名古屋大学　大学院工学研究科　教授	
岡崎 健一	名古屋大学　大学院工学研究科　助教	
大谷 文章	北海道大学　触媒化学研究センター　教授	
佐藤 慶介	㈱物質・材料研究機構　量子ビームセンター　イオンビームグループ　NIMSポスドク研究員	
曽我 公平	東京理科大学　基礎工学部　材料工学科　准教授	
中村 浩之	㈱産業技術総合研究所　ナノテクノロジー研究部門　主任研究員	
上原 雅人	㈱産業技術総合研究所　ナノテクノロジー研究部門　研究員	
前田 英明	㈱産業技術総合研究所　ナノテクノロジー研究部門　グループ長	
佐々木 隆史	東北大学　多元物質科学研究所　融合システム研究部門　プロセスシステム研究分野	
名嘉　　節	東北大学　多元物質科学研究所　融合システム研究部門　プロセスシステム研究分野　准教授	
大原　　智	東北大学　多元物質科学研究所　融合システム研究部門　プロセスシステム研究分野　助教	

阿尻 雅文	東北大学　多元物質科学研究所　融合システム研究部門	
	プロセスシステム研究分野　教授	
古性　　均	筑波大学　大学院数理物質科学研究科	
長崎 幸夫	筑波大学　学際物質科学研究センター　教授	
小田　　勝	東京農工大学　大学院共生科学技術研究院　助教	
谷　 俊朗	東京農工大学　大学院共生科学技術研究院　教授	
神　　　隆	北海道大学　電子科学研究所　電子機能素子部門　助教	
金原　　数	東京大学　大学院工学系研究科　化学生命工学専攻　准教授	
山本 健二	国立国際医療センター研究所　国際臨床研究センター　センター長	
藤岡 宏樹	国立国際医療センター研究所　国際臨床研究センター　流動研究員	
星野 昭芳	㈳日本学術振興会　特別研究員；国立国際医療センター研究所	
	国際臨床研究センター　協力研究員	
真鍋 法義	㈶医療機器センター　流動研究員；国立国際医療センター研究所	
	国際臨床研究センター　協力研究員	
樋口 秀男	東北大学　先進医工学研究機構　ナノメディシン分野　教授	
大庭 英樹	㈳産業技術総合研究所　生産計測技術研究センター　主任研究員	
新倉 謙一	北海道大学　電子科学研究所　准教授	
居城 邦治	北海道大学　電子科学研究所　教授	
大石 正道	北里大学　理学部　物理学科生体分子動力学研究室　専任講師	
渡邉 朋信	㈳科学技術振興機構　さきがけ研究員	
小林 正樹	東北工業大学　工学部　知能エレクトロニクス学科　教授	
羽毛田　靖	東亜ディーケーケー㈱　開発本部　開発一部　企画開発グループ	
	主任研究員	

執筆者の所属表記は，2007年当時のものを使用しております。

目　次

【第Ⅰ編　量子ドットの構造・光学特性】

第1章　各種量子ドットの光学特性と化学特性及びバイオセンサーへの応用　　岩崎　裕

1　はじめに …………………………… 3
2　量子ドットの発光とサイズ依存性 …… 3
3　金属ナノ粒子の光増強 ……………… 6
4　量子ドットのその他の性質 ………… 10
5　走査トンネル顕微鏡発光解析法 …… 11
6　おわりに …………………………… 13

第2章　バイオ応用に適したコア／シェル型量子ドット　　前之園信也

1　はじめに …………………………… 15
2　II-VI族コア／シェル型量子ドット … 17
3　III-V族コア／シェル型量子ドット … 20
4　その他のコア／シェル型量子ドット … 21
4.1　シリコン量子ドット ……………… 21
4.2　ドープ量子ドット ………………… 22
4.3　メタル量子ドット ………………… 23

第3章　量子ドットの構造と光学特性の最近の話題と課題　　石川　満

1　まえがき …………………………… 27
2　量子ドット技術バイオ応用の動向 …… 28
3　量子ドット結晶成長初期過程の解析 … 30
3.1　序論 ……………………………… 31
3.2　CdSe量子ドットの調製 …………… 32
3.3　実験結果 ………………………… 32
3.4　理論計算 ………………………… 35
3.5　HOMO-LUMO遷移 ……………… 37
3.6　今後の課題 ……………………… 37
4　量子ドット発光の点滅現象 ………… 37
4.1　序論 ……………………………… 38
4.2　実験結果 ………………………… 39
4.3　今後の課題 ……………………… 39

第4章　有機ナノ結晶：その光学特性を用いる今後の展開
―バイオフォトニクスではどこまで研究が進んだか―
馬場耕一

1　はじめに ………………………………… 41
2　有機ナノ結晶の作製法：再沈法 ……… 41
3　有機ナノ結晶の結晶サイズに依存した光学特性 ………………………………… 43
4　再沈法のバイオフォトニクスへの応用… 43
　4.1　近赤外蛍光色素および二光子励起蛍光色素を内包したポリ乳酸ナノ粒子 ………………………………… 44
　4.2　光増感剤ナノ結晶を用いた癌の光線力学療法における新規なドラッグデリバリーシステム ……………… 44
5　おわりに ………………………………… 47

第5章　半導体ナノ粒子の合成と発光特性制御
鶴岡孝章，赤松謙祐，縄舟秀美

1　はじめに ………………………………… 49
2　半導体ナノ粒子の合成 ………………… 51
　2.1　逆相ミセル法 ……………………… 51
　2.2　有機金属熱分解法 ………………… 52
　2.3　水溶液合成法 ……………………… 53
　2.4　コアシェルナノ粒子合成法 ……… 53
　2.5　合金型ナノ粒子合成法 …………… 54
3　半導体ナノ粒子の発光波長制御 ……… 54
　3.1　半導体ナノ粒子の合成 …………… 54
　3.2　半導体ナノ粒子の発光波長制御 … 55
　3.3　発光波長変化のメカニズム ……… 56
4　おわりに ………………………………… 57

【第Ⅱ編　量子ドットの製造】

第6章　光化学反応を用いる単分散半導体ナノ粒子の作製と光機能材料への応用
鳥本　司，岡崎健一，大谷文章

1　はじめに ………………………………… 61
2　サイズ選択的光エッチング法：光を用いる半導体ナノ粒子の単分散化 ……… 62
3　サイズ選択的光エッチングを利用するコア・シェル構造粒子のナノ構造制御 ………………………………… 64
4　ジングルベル型構造体の光機能材料への応用 ……………………………………… 66
　4.1　シリカ被覆セレン化カドミウムナノ粒子を用いる発光材料 …………… 66
　4.2　発光応答の分子サイズ依存性 …… 68
　4.3　高活性光触媒への応用 …………… 69
5　おわりに ………………………………… 71

第7章　生体適合性材料を被覆したナノシリコン粒子の開発と半導体ナノ粒子の in Vitro, in Vivo 試験

佐藤慶介

1　はじめに …………………………… 74
2　ダイヤモンド状炭素膜の基礎特性 …… 76
　2.1　試料の作製方法 ………………… 77
　2.2　ダイヤモンド状炭素膜の光学的透過率およびシリコンとの密着性評価 …………………………………… 77
3　ダイヤモンド状炭素膜を被覆したナノシリコン粒子の諸特性 ……………… 78
　3.1　試料の作製方法 ………………… 78
　3.2　ナノシリコン粒子の表面状態 …… 80
　3.3　溶液内での発光特性および発光輝度の経時特性評価 ……………………… 81
4　ナノシリコン粒子の in Vitro 試験 …… 82
　4.1　実験方法 ………………………… 82
　4.2　細胞生存率評価 ………………… 83
　4.3　細胞内での発光観察 …………… 83
5　ナノシリコン粒子の in Vivo 試験 …… 84
　5.1　実験方法 ………………………… 85
　5.2　生体内におけるナノシリコン粒子の流動性評価および発光観察 …… 85
6　おわりに …………………………… 86

第8章　フォトニックナノ粒子の近赤外励起バイオフォトニクスへの応用

曽我公平

1　はじめに …………………………… 89
2　希土類発光体と近赤外励起発光 …… 90
3　希土類発光セラミックナノ粒子（RED-CNP）のバイオイメージング応用 … 92
　3.1　RED-CNPに要求される条件 …… 92
　3.2　希土類発光セラミックナノ粒子の合成 ………………………………… 95
　3.3　希土類発光セラミックナノ粒子の表面修飾 ……………………………… 97
4　おわりに …………………………… 98

第9章　マイクロリアクターによる蛍光ナノ粒子の合成と特性制御

中村浩之，上原雅人，前田英明

1　はじめに …………………………… 101
2　マイクロリアクターによるナノ粒子合成の意義 ………………………………… 102
3　マイクロリアクターによるCdSdナノ粒子の合成 ………………………… 103
4　ナノ粒子の被覆と表面改質 ……… 106
5　ナノ粒子の複合構造設計による機能化 …………………………………… 107
6　カルコパイライト型蛍光ナノ粒子 …… 109
7　おわりに …………………………… 110

【第Ⅲ編　量子ドットの表面修飾】

第10章　蛍光特性ナノ粒子の表面修飾
佐々木隆史，名嘉　節，大原　智，阿尻雅文

1　背景 …………………………………… 115
2　超臨界水熱法によるナノ粒子合成 …… 116
3　酸化物ナノ粒子の超臨界水熱合成と
　　in-situ 表面修飾 ……………………… 118
　3.1　酸化物ナノ粒子の合成 ……………… 118
　3.2　有機分子による *in-situ* 表面修飾 … 119

第11章　生体反応検出用蛍光プローブへの応用
古性　均，長崎幸夫

1　はじめに ……………………………… 122
2　高発光量子収率を有する半導体ナノ粒
　　子の合成 ……………………………… 123
3　粒子表面処理による水への分散性の向上 ……………………………………… 126
4　バイオアッセイへの応用 …………… 128
5　まとめ ………………………………… 131

第12章　高品位 CdSe/ZnS/TOPO 系ナノ微結晶の合成とその光物理
―発光の周辺雰囲気依存性―
小田　勝，谷　俊朗

1　はじめに ……………………………… 133
2　CdSe/ZnS/TOPO 系ナノ微結晶の合
　　成と基礎光物性 ……………………… 134
3　ナノ微結晶の発光特性―周辺環境依
　　存性 …………………………………… 139
　3.1　計測用試料，計測方法 …………… 139
　3.2　アンサンブル試料の発光特性―周
　　　　辺雰囲気依存性 …………………… 140
　3.3　単一ナノ微結晶の発光特性―周辺
　　　　雰囲気依存性 ……………………… 141
4　今後の展望 …………………………… 144

第13章　表面の化学修飾による量子ドットの水溶化―カリックスアレーンを用いた高輝度水溶性量子ドットの作製―
神　隆

1　はじめに ……………………………… 146
2　表面被覆による量子ドットの水溶化法 ……………………………………… 146
　2.1　配位子交換による表面被覆 ……… 147
　2.2　カプセル化による表面被覆 ……… 148
3　カリックスアレーンを被覆剤として用

いた高輝度水溶性量子ドットの作製法 ……………………………… 149
3.1　カルボン酸誘導体被覆水溶性量子ドット ……………………… 151
3.2　スルホン化カリックスアレーンの
　　　アルキル誘導体被覆水溶性量子ドット ………………………… 153
4　その他の両親媒性カリックスアレーンによる量子ドットの水溶化 …… 154
5　おわりに ……………………………… 155

【第Ⅳ編　量子ドット特性の利用】

第14章　半導体ナノ粒子複合体を用いる機能性材料の創製と応用　　金原　数

1　ナノ粒子 ……………………………… 159
2　タンパク質とナノ粒子の複合化 ……… 160
3　シャペロニンとCdSナノ粒子の複合化 ……………………………… 162
4　まとめ ………………………………… 167

第15章　量子ドット医薬の開発と分子標的薬物担体への展開　　山本健二，藤岡宏樹，星野昭芳，真鍋法義
……………………………………………… 170

第16章　量子ドットを用いたがん細胞の単一分子イメージング　　樋口秀男

1　はじめに ……………………………… 176
2　量子ドットの優れた蛍光特性と欠点 … 176
3　量子ドットの生物科学への応用の概要 ……………………………………… 177
4　蛍光量子ドットを用いたタンパク質1分子のナノ蛍光イメージング ……… 178
5　量子ドットによる細胞内ナノイメージング ……………………………… 180
6　免疫染色における量子ドットの応用 … 181
7　マウス内 in vivo 単粒子イメージング ……………………………………… 183
8　おわりに ……………………………… 184

第17章　生体分子に量子ドットを標識して用いるバイオイメージング　　　大庭英樹

1　はじめに ……………………………… 186
2　量子ドットによる生体分子の標識化 … 186
3　量子ドットを用いたバイオイメージング技術 ……………………………… 187
　3.1　in vitro バイオイメージング技術 … 187
　3.2　in vivo バイオイメージング技術 … 190
4　FRET（Fluorescence Resonance Energy Transfer）への量子ドットの応用 …… 192
　4.1　FRETとは ……………………… 192
　4.2　FRETを用いたsiRNAへの量子ドット応用技術 ……………………… 192
5　おわりに ……………………………… 193

第18章　細胞ストレスのイメージングを目指した糖鎖修飾量子ドットの作製　　　新倉謙一，居城邦治

1　はじめに ……………………………… 195
2　糖鎖クラスター効果と糖鎖提示微粒子に関する研究 ………………………… 195
3　糖鎖及び糖鎖関連分子の細胞内イメージング技術に関する研究 ……………… 197
4　糖鎖提示量子ドットの合成法とキャラクタリゼーション ………………… 198
5　糖鎖提示量子ドットの細胞内挙動と細胞ストレスイメージングへの展開 …… 200
6　おわりに ……………………………… 202

第19章　量子ドットを用いたタンパク質翻訳後修飾の解析　　　大石正道

1　はじめに ……………………………… 204
2　翻訳後修飾に重点をおいた疾患プロテオーム解析の重要性 ………………… 204
3　二次元電気泳動（2-DE）法とウェスタンブロッティング法による翻訳後修飾解析 …………………………… 206
4　酸化傷害タンパク質検出法の開発 …… 207
　4.1　ビオチンヒドラジドを用いた酸化修飾（カルボニル化）検出法の概略 …………………………………… 208
　4.2　糖尿病モデルラット筋肉における酸化傷害プロテオーム解析 ……… 209
　　4.2.1　実験材料 ……………………… 209
　　4.2.2　サンプル調製 ………………… 209
　　4.2.3　一次元目アガロース等電点電気泳動 ……………………… 210
　　4.2.4　二次元目SDS-ポリアクリルアミドゲル電気泳動（SDS-PAGE）……………………… 210
　　4.2.5　ウェスタンブロッティング … 210
　　4.2.6　糖尿病ラットとそのコントロールにおけるカルボニル化タ

　　　　ンパク質の比較 …………… 210
　4.3　酸化傷害プロテオーム解析から得
　　　　られた教訓 ………………… 212
5　量子ドットを用いた酸化傷害タンパク
　　質の網羅的検出 ………………… 212
　5.1　実験材料 …………………… 213
　5.2　サンプル調製 ……………… 213
　5.3　一次元目アガロース等電点電気泳動
　　　　……………………………… 214
　5.4　二次元目SDS－ポリアクリルアミ
　　　　ドゲル電気泳動（SDS-PAGE）… 214
　5.5　ウェスタンブロッティング ……… 214
6　おわりに ………………………… 215

【第V編　計測機器】

第20章　バイオイメージング用の光学技術と解析技術　　渡邉朋信

1　光学技術と解析技術の発展 ………… 219
2　二次元空間における単粒子追跡法 …… 220
3　三次元共焦点顕微鏡と三次元単粒子追跡
　　……………………………………… 221
4　二焦点分岐光学と三次元粒子ナノ追跡法
　　……………………………………… 224
5　二焦点分岐光学の拡張性 ………… 228
6　おわりに ………………………… 229

第21章　量子ドットを用いた生体機能非侵襲計測のための蛍光画像計測技術の開発　　小林正樹

1　まえがき ………………………… 231
2　自家蛍光分離のための分光画像および
　　時間分解画像計測 ……………… 231
　2.1　蛍光分光画像計測法 ………… 232
　2.2　時間分解蛍光寿命画像計測法 …… 234
3　超音波タグ蛍光画像計測法による生体
深部の蛍光イメージング ……………… 235
　3.1　超音波タグ蛍光画像計測法の原理
　　　　……………………………… 236
　3.2　超音波タグ蛍光画像計測法による
　　　　生体イメージング ………… 237
4　おわりに ………………………… 239

第22章　波長可変液晶分光フィルタを用いる量子ドット計測技術　　羽毛田靖

1　はじめに ………………………… 240
2　波長可変液晶分光フィルタ ……… 240
3　波長可変液晶分光フィルタを用いたイ
メージング装置の概要 ……………… 243

4　量子ドット試薬を用いた蛍光分光イメージング解析 …………………………… 244

5　おわりに ………………………………… 248

第Ⅰ編
量子ドットの構造・光学特性

第1章　各種量子ドットの光学特性と化学特性及びバイオセンサーへの応用

岩崎　裕*

1　はじめに

　量子ドットとは，原子よりは十分大きいが，そこに閉じ込められた電子の波長程度の小さな粒子などで，一般にナノメータスケールの大きさである。粒子以外にも，半導体基板表面に作られた微小な箱などの構造をさす。粒子の場合には，「量子ドット」以外に，「ナノクリスタル」，「ナノ粒子」とも呼ばれる。ほとんどの場合，半導体量子ドットを指し，金属粒子や，酸化物粒子，有機分子微結晶なども含められる。さらに，複合材料のナノ粒子が研究されている（表1参照）。
　生命科学領域への量子ドット，ナノ粒子の応用で，どのような特長が生かされるのであろうか。まず第1に物理的に小さいので，生体・細胞の中にナノ粒子を導入することが出来る。第2に，半導体量子ドットは，そのサイズにより発光波長・色をデザインでき，安定性も含めて蛍光ラベルとしての有用な性質を利用できる。第3に，金属ナノ粒子の近傍ではラマン散乱の大幅な増強や，蛍光の増強，あるいは逆に消光効果がある。これらの性質により，1分子レベルの各種測定が可能となり，生体内の反応過程を追跡できる。第4に，金属ナノ粒子のサイズや形状により，ナノ粒子の吸収波長をデザインでき，かつ吸光度を大幅に増強できる。生体に吸収されない近赤外領域で大きな吸収が起こる金属ナノ粒子を，ガンなどの特定の領域に集積し，近赤外光を照射しガン細胞を選択的に死滅させる治療法が開発されている。以上のような特長や，半導体量子ドットと金属量子ドットを組み合わせた効果を活用することが期待される。また，本書ではナノ粒子の生体安全性についての研究が紹介されている。

2　量子ドットの発光とサイズ依存性

　量子ドット中の電子は，図1のようなポテンシャルのなかに閉じこめられていると近似する。簡単のため1次元で考え，電子は深さV，長さLの井戸の中に閉じ込められている。電子は，波の性質を有するので，両端の壁で反射されても打ち消し合わないためには，壁付近で波の節ができ

＊　Hiroshi Iwasaki　大阪大学　産業科学研究所　教授

量子ドットの生命科学領域への応用

表1 各種量子ドット，ナノ粒子

	材料例
半導体	Si，II-VI族（CdSe，ZnSなど），III-V族，IV-VI族の化合物半導体，（＋ドーパント）
金属	Ag，Au
磁性体	Fe，Pt，Co
金属酸化物	LaPO$_4$，YAG
有機分子	TPB
電荷移動錯体分子対	アントラセン－テトラシアノベンゼン
複合ナノ粒子（コア／シェル構造など）	半導体，金属，酸化物，ポリスチレン

波長の半分の長さがほぼLの長さの中に整数個収まっている必要がある。ほぼというのは，量子論では，電子は両側の壁にしみこむので，井戸の幅Lより少し大きめに感じるからである。さて，エネルギーEを持った電子の波長λは，$\lambda = h/\sqrt{2mE}$である。ここで，mは電子の質量，hはプランク定数である。上に述べたことから，$\frac{\lambda}{2}n \approx L$（nは整数），従って，エネルギー$E_n \approx \frac{0.38}{L^2(nm)}n^2 eV$の電子だけが，量子ドットの中で安定に存在できる。他のエネルギーを持った状態は，自分自身で打ち消し合って，早晩減衰してしまうことになる。このように，量子ドットの電子は，とびとびのエネルギーを持つ。あるいは，量子ドットの中で安定に存在できる電子の状態のエネルギーは離散的である。大きな固体中では，Lが十分大きいので，エネルギー準位の間隔は狭く，連続的に分布しているとみなせる。

「エネルギー準位」について付言する。量子論では，考察している条件の下で，安定な状態を基準にして物事を考える。それらの状態を特徴づけるエネルギーなどの物理量で，その状態を分類し，名付ける。エネルギー準位という言葉はよく使われるが，これは，安定に存在する状態のエネルギーやそのエネルギーを持った状態を意味する。

ポテンシャルの井戸の深さVが2eVで，Lが1～10nmについて，エネルギー準位（nが1から7まで）のグラフを図2に示す。以上では，真空中のポテンシャルの箱の中の電子を考えたが，実際の量子ドットは物質でできているので，電子の質量は真空中の値と異なり物質固有の有効質量を用いる。エネルギー準位E_nは，有効質量に逆比例する。

半導体量子ドットに光を照射し電子が励起され電子－ホール対が生成されると，それらが再結合するときに光を放出する。ホールは，電子が満ちた状態の集合の中に一部電子が抜けている状

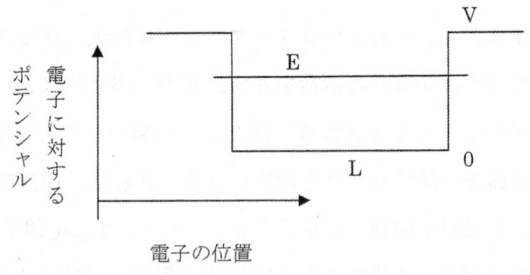

図1 量子ドットの中の電子

第1章 各種量子ドットの光学特性と化学特性及びバイオセンサーへの応用

態が出来た場合に生じる（図3参照）。半導体量子ドットでは，ホールに対しても電子と同様にエネルギー準位は離散的となる。励起というのは，エネルギーの低い状態に他（例えば光）からエネルギーを与えて，エネルギーの高い状態に持ち上げることである。温度が低いと，低いエネルギー準位は電子で占められ，ある準位より高い準位は電子で占められていない。電子で占められた準位でもっともエネルギーの高い準位をHOMO，電子で占められていない準位でもっともエネルギーの低い準位をLUMOという。通常，励起により電子はHOMOより低い準位からLUMOより高い準位に遷移し，ホールはHOMOより高い準位を占める。それぞれ，格子振動などにエネルギーを与え，光を出さないでLUMOに電子が，HOMOにホールがある状態に遷移し，その後電子とホールが再結合するので，放出される光は，（LUMO-HOMO）のエネルギーを持つ。光の波長はエネルギー準

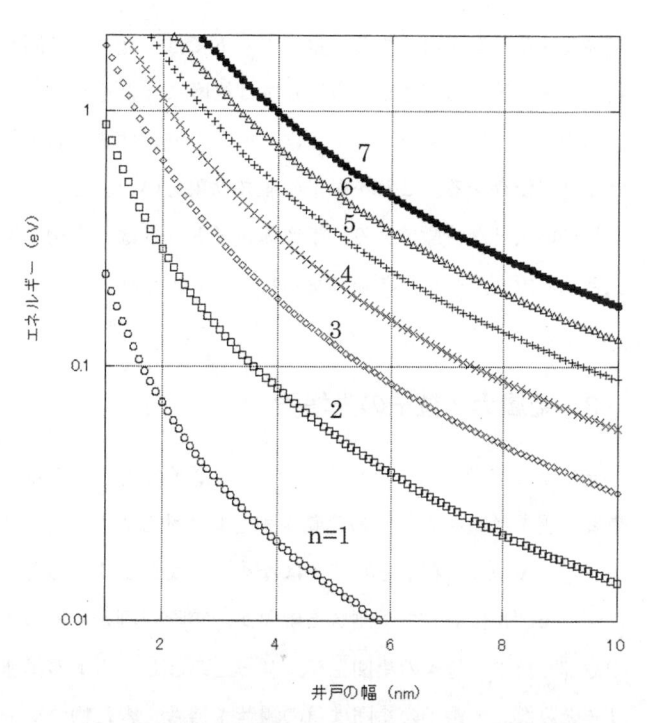

図2 量子ドットのエネルギー準位と大きさの関係
2eVのポテンシャルの井戸（1次元）に束縛された最低エネルギーの状態から7番目までの準位

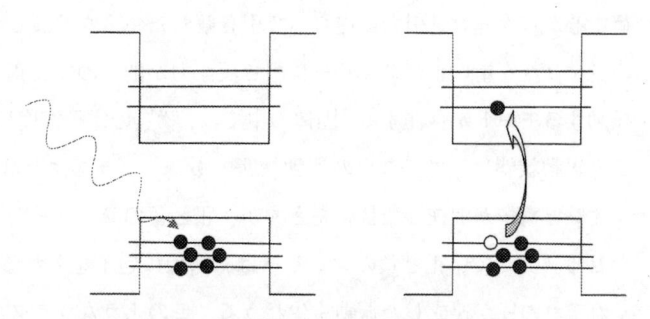

図3 半導体量子ドットの中の価電子帯（下）と伝導帯（上）の離散的な電子準位
HOMOからLUMOへの励起を示す（右）。

位の差（LUMO-HOMO）に逆比例する。LUMOとHOMOのエネルギー準位は，量子ドットのサイズに依存するので，発光する色も量子ドットのサイズに依存して変化する。このように，同じ物質でも粒子の大きさを変えることにより発光色を調節できる。

　励起された電子とホールは，それぞれーと＋の電荷を持つので，固体の中で弱く引き合っているが，半導体結晶などでは，それぞれ動き回り別々の場所にある欠陥などに捕まると，再結合し

て発光することがなくなる。量子ドットでは，元々動き回れる場所が狭いので，電子とホールが再結合する確率は増加し，蛍光強度は格段に大きくなる。

以上のように，量子ドットでは，電子の波の性質が顕著となって様々な性質が現れ，それらがサイズに依存する。これを量子サイズ効果といい，これが大変顕著であることが量子ドット，ナノ粒子の大きな特徴である。半導体量子ドットは，生物・医療の分野で広範に使われている有機化合物の蛍光ラベルと同様に使われると予想される。

3 金属ナノ粒子の光増強

光による電子－ホール対の励起は，1電子の励起である。光と物質の相互作用で，もう1つの重要な現象は電子の集団の運動を引き起こすことである。電子の集団の運動を考える場合には，電子をつぶつぶの粒子としてではなく一様なジェリーのようにみなして取り扱う。そのようにみなしたモデルに対して予測した現象が，実際観測されるので，そのようなモデルが，実体としての意味を持つ。電子の集団をジェリーとみなし，電子の集団を収容しているイオンの格子もジェリーとみなし，電子の集団は負の電荷を持ち，容れ物のジェリーは正の電荷を持つ。安定な状態では，電子のジェリーとイオンのジェリーは重なっていて，負の電荷中心と正の電荷中心も重なっている。電子の集団・ジェリーを安定な位置から移動・変位させると，負の電荷中心を正の電荷中心からクーロン引力に逆らって引き離したバネを伸ばしたような状態になる。このように負のジェリーを重い正のジェリーに引き戻す力が働くので，正のジェリーを中心に負のジェリーが振動するモードが存在する。固体の中では，物質の電子密度に依存した特定の振動数で振動する。この振動状態は，プラズマの振動状態である。プラズマとは，原子や分子から，電子が離れて，イオンと電子が混在した状態をさすが，正と負のジェリーからなると考えた系は，プラズマと見なせる。ここで，正と負のジェリーは，寒天に包丁を入れるように適当な大きさに切り分けて，それぞれの片が連成した振動も生じうる。このようなプラズマの振動を，量子論ではエネルギーと運動量を持った粒子のように見なし，プラズモンと言う。すなわち，プラズモンという用語で，波と粒子の性質を持つプラズマ振動を表す。様々な現象で，プラズモン粒子の"実体"が裏付けられる。プラズモンが励起されていると，系はその分だけエネルギーの高い状態になる。

固体の表面では，そこでジェリーが切断されているので，内部と異なる振動状態・プラズモンが存在する。平坦な固体表面に生じるプラズモンは，表面に沿って海面の波のように拡がっていて波頭が進む姿態（進行波）をとる。表面のプラズモンを表面プラズモンと呼ぶ。その振動数と波長の関係は固体内部のものと異なる。プラズマ振動の結果，表面では正のジェリーと負のジェリーが重なり合わない部分が生じ，正味の負の電荷や正の電荷が現れ，それらが空間的時間的に

第1章　各種量子ドットの光学特性と化学特性及びバイオセンサーへの応用

振動する。それに伴う強い電磁場の振動がプラズモンの周りに付随する（図4）。従って空間に拡がっている電磁波である光と強く相互作用するように思われるが，平坦な固体表面に生じるプラズモンは，固体外部の光とエネルギーのやりとりが出来ない。それは，光もプラズモンも波として空間に拡がっているが，相互作用のできる（同じエネルギーの）光とプラズモンの空間的な振動の周期が一致しないからである。周期の異なる2つの波は，そのずれがわずかでも，相互作用の効果を打ち消し合う。粒子のイメージで言えば，光子と平坦な表面のプラズモンは，エネルギーと運動量の両方を保存する条件がない。

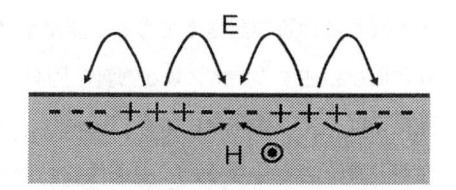

図4　平坦な固体表面のプラズモン
表面に＋と－の電荷が周期的に現れ，時間とともに振動している。

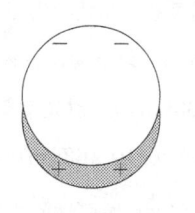

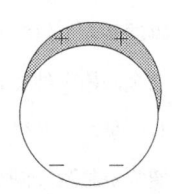

図5　ナノ粒子に局在したプラズモン
負のジェリー（白い球）が正のジェリー（グレー）より上側にずれた瞬間（左）では，上の端に負の，下の端に正の電荷が現れ，反対に下側にずれた瞬間（右）では，上の端に正の，下の端に負の電荷が現れる。このようなプラズモンの振動は，水平方向に，例えば左から入射し電場が上下方向に振動している光ともっとも強く相互作用する。

　表面が荒れていてナノスケールの凹凸がある場合，凸部に局在したプラズモンが生じ得る。また，ナノ粒子では，当然のことながら粒子に生じたプラズモンは，粒子に局在する。これらは局在プラズモンと呼ばれる。図5に，負のジェリーと正のジェリーがそれぞれ一様に丸ごと移動するナノ粒子の振動モードを示す。このような振動のモードでは，プラズモンの振動に合わせて正負の電荷が南極と北極に交互に現れる。離れた正と負の電荷の対の周期的な変動は周りに振動する電磁場を作り出す。このようなプラズモンは，光と相互作用し，光によってプラズモンが励起されたり，プラズモンが光となって放出されたりする。これは，プラズモンの電場は局在しているので，拡がった光の波と拡がったプラズモンの波ではみられた，空間的周期が異なることによる相互作用の打ち消し効果が無くなるからである。

　ナノ粒子の局在プラズモンの振動数やその周りの電場強度は，ナノ粒子の構造と物質の光学的な性質及び周りの物質の光学的な性質で決まる。ナノ粒子の作り出す電場の強さは，分極（正負に分離した電荷量x分離した距離の総和）に依存する。ナノ球粒子の図5のようなプラズマ振動モードの分極の大きさは，近似的に以下で表される。

$$\alpha E = 4\pi a^3 \frac{\varepsilon - \varepsilon_m}{\varepsilon + 2\varepsilon_m} E$$

ここで，αは分極率，Eは入射光の電場強度，aはナノ粒子の半径，ε, ε_mはそれぞれ，ナノ粒

量子ドットの生命科学領域への応用

子と周りの物質の誘電率である。誘電率は，マクロな物質による光の吸収などの物質と光との相互作用を記述する。マクロな物質の固有のプラズモンの振動数や寿命なども，誘電率で表される。誘電率は，光の振動数に依存しており，上式の分母が0に近い条件が実現するとき，共鳴的に分極が非常に大きくなる。この条件における振動モードが局在プラズモンであり，その振動数は，上式の分母が0になる条件から決まる。

可視光の領域で上式の分母がゼロに近くなる条件は，銀や金で実現される。分極は非常に大きくなるので，プラズモンにより生起される粒子の周りの電場が入射した光の電場より大きくなる，すなわち電場増強が起こる。球状の銀では，プラズモン振動数が可視光の領域にあり，粒径が共鳴波長の1/10（約35nm）以下では，入射光電場の十倍程度増強される。球が1方向に3倍伸びた金の楕円体では，633nmの入射光で電場増強は75倍に達するが，わずかでも変形すると減少し，また，粒径が波長の1/10（63nm）以上でも急激に減少する。ナノ粒子が大きくなると電場増強が急激に減少するのは，電磁場が有限の速度・光速でしか伝わらない効果による。

入射光の振動数がナノ粒子のプラズモン振動数に近いと，プラズモンが励起されるが，これはナノ粒子が光を吸収することを意味する。大きな固まりでは光を反射するので金属光沢を持つ金や銀も，ナノ粒子になると光を吸収し色を帯びる。

球でなく三角形のような尖った部分を持つ金属粒子では，光照射により生じる電場は尖った先端部で増強される。これは，避雷針効果と呼ばれる。細長い形状のナノロッドなどでは，ちょうどその寸法が電磁場の波長の半波長の奇数倍に等しいときアンテナが発生する電磁場が大きくなるのと同様に電場増強が見られ，アンテナ効果と呼ばれる。これらはいずれも形状効果であり，プラズモン共鳴による電場増強とは独立の効果である。また，2種類以上の物質で芯（コア）とその周りの金属の殻（シェル）の構造を作ると，シェルの外側表面と内側界面で生じるプラズモンの相互作用を利用できる。これらのナノロッド，ナノシェルでは形状の制御によって，その吸収ピーク波長を変えることができ，例えば金の量子ドットで近赤外域に強い吸収を持つようにできる。これらは，既存の近赤外吸収色素に比較して吸光度が大きく，表面の化学修飾によって生体への親和性をたかめられるので，近赤外プローブあるいは近赤外機能性素子として開発が進んでいる。

狭い距離にある2つのナノ粒子などの間隙（ギャップ）では，間隙を結ぶ方向の振動電場を持った入射光に対し，さらに大きな増強が起こる。ギャップでは，両側の電極のプラズモンの電場が相乗的に強め合い，著しく電場が大きい電磁波モード（ギャップーモード プラズモン）が存在する。これによる電場増強が可能である。電場増強は間隙が狭くなると，その指数関数の逆数で大きくなる。光の強度は光の電場の2乗に比例する。光の強度の増強が，10^6倍にまで達することが報告されている。これを利用すると，1分子レベルのラマン散乱分光が可能となる。多数

第1章 各種量子ドットの光学特性と化学特性及びバイオセンサーへの応用

の量子ドット，ナノ粒子が分散しているような試料では，ちょうど条件を満たすような粒子間の隙間で電場増強が起こる。このような多数のナノ粒子の分散系の局在した強い電磁場モードをホットスポットと呼ぶことがある。

　光の空間的な拡がりについて，少し整理しておこう。光は通常，空気中や媒質中に拡がって伝わっていく。このような光は，伝搬光という。一方，物質，特に金属表面では，プラズモンに伴う電磁場が外に向かって指数関数的に減衰する形で存在する。しみ出し長は，可視域から紫外域で，数百〜数十nmである。（金属は光を反射し，表面から内部に向かってはより強く指数関数的に減衰している。）このような光を近接場光という。近接場光のより身近な例として全反射現象がある。ガラスのような高屈折率の媒体から空気のような低屈折率の媒体に光が進む場合，境界面への入射角を深くする（表面法線となす角度を大きくする）と，光は透過せず，すべて反射される。この光も指数関数的に低屈折率の媒体に向かって減衰する。このような指数関数的減衰は，電子が古典的には許されない壁の中に向かって指数関数的に減衰しながらしみこむのと類似である。さて，前に光をラフな形状を持った表面やナノ粒子に当てると局在プラズモンが励起され，局在プラズモンが励起されていると光が放出されると述べた。これまで述べてきた伝搬光による電場増強が起こる状況では，伝搬光から近接場光に向かう場合も，その逆の近接場光から伝搬光に向かう場合も，いずれも増強が起こる。また，実際には，プラズモンと電磁場（光）はお互いに結び付いた一体のものであるが，分かりやすいように便宜的に分けて述べた。

　電場増強が大きなナノ粒子などの近くに，蛍光ラベルや半導体量子ドット（蛍光体）を置き，そこに光を当てると，光の電場は増強され，その増強された電場で蛍光体が励起されると，蛍光もそれに比例して増強される。上に述べたように，入射光の電場増強が起こる場所では，励起された蛍光体から光が放出される場合にも同様な著しい放出光の増強が起こる。結果として，蛍光強度が大きくなるので，測定が容易となり，センサーに応用されている。増強が大きいので，場合によっては，単一分子の観測が可能となる。しかし上記の増強が起こるには，蛍光体が金属ナノ粒子の近くにあるが，ある一定距離以上離れている必要がある。それ以上近づくと単独では蛍光しているものも，蛍光しなくなる。これは金属による消光効果と呼ばれる。蛍光は，はじめでも述べたように，電子−ホール対というエネルギーの高い状態が，再結合してエネルギー緩和するときに光を放出する現象であるが，金属は，電子−ホール対との相互作用が大きく，そのエネルギーが金属に移動して発光しないで熱として雲散霧消してしまう確率が高い。消光効果も，蛍光共鳴エネルギー移動（FRET）法として生体内の局所的な情報を得るのに使われている。

4 量子ドットのその他の性質

以上のように，量子ドット，ナノ粒子では，小さいことに由来して，光との相互作用において，種々の顕著な効果が現れる。その他の性質として，同じく小さいために，体積に対する表面の比が大きいことに由来する性質と，物性の揺らぎが大きくなることが挙げられる。

大きい系では，表面の効果を無視できる場合が多いが，ナノ粒子では表面の効果は系の特徴の1つになる。寸法Lのナノ粒子では，表面と体積の比が$L^2/L^3=1/L$であるので，Lが小さくなると，表面と体積の比は大きくなる。表面を作るには，余分のエネルギーが必要で，単位面積あたりのこの余分のエネルギーを表面エネルギーあるいは表面張力と呼ぶ。小さな世界では表面張力の役割が相対的に大きくなる。アリはその大きさに比べて大きな力を持っているが，水滴の表面張力から逃れ出るのは容易ではない。ナノ粒子を溶けるまで加熱すると，体積一定の下では最も表面積の小さな球になろうとする。溶けない温度では，熱平衡状態では，多面体結晶になるが，表面張力の小さな結晶面の面積が大きくなる。また，ギブス・トムソン効果は，小さな半径の球ほど，その表面での物質の蒸気圧が高くなることで，大きな球と小さな球が並んでいると，小さな球はどんどん蒸発（溶液中では溶解）し，大きな球に吸収される。

半導体量子ドットの製法については，多くの章が割かれているので，ここでは金属量子ドット・ナノ粒子の製法について簡単に紹介する。1950年代に入りTurkevichらがクエン酸還元によるサイズ分布の狭い金ナノ粒子コロイド水分散液の合成法を確立した。溶液中での化学的なプロセスを用いるので，熱平衡ではなく，カイネティックな効果が支配的である。前に述べたように，球ではなく様々な形状をしたナノ粒子は，共鳴振動数が変化し，電場増強効果が大きくなるので，盛んに研究されている。金ナノ粒子は，面心立方格子の対称性を持つので，成長の途中で特定の面を化学添加剤で被覆すると，被覆されていない面だけが成長し，ナノロッド，立方体，プリズム，さらには星形の粒子が得られる。例えば，塩化金酸をホウ素化水素ナトリウム等を用いて還元すると，金ナノ粒子が成長するが，その際にカチオン性界面活性剤（CTAB）を共存させる。ナノロッドをレーザー加熱すると，丸い球になる。

量子ドット・ナノ粒子では，物性の揺らぎが大きくなる。例えば，10nm径の量子ドットは，その体積が約500nm^{3}となる。金，銀，シリコンの原子容（1モルあたりの体積）は，それぞれ10.2，10.27，12.1cm^3/molであるので，例えば，10nm径の金や銀の量子ドットは，7000個程度，シリコンで6000個程度の原子からなる。1000個程度の原子の出入りは，系の1割以上の原子数の変化となり，種々の物性の変化を引き起こす。シリコン素子のドーピング（不純物の添加）量が，例えば10^{15}/cm^{3}では，平均1個の不純物が見出される粒子の直径は，約120nmとなる。10nm径の量子ドットでは，不純物原子が1個入る確率は非常に小さい。シリコン結晶では，表

第1章　各種量子ドットの光学特性と化学特性及びバイオセンサーへの応用

面原子密度は，約$10^{15}/cm^2$であるので，10nm径の量子ドットでは，表面原子数は約800個となり，表面原子数の比率は1割を超える。従って，通常は無視される表面に局在した電子状態（表面準位）が，量子ドットの電子やホールの分布を決定する。例えば，（001）表面では，超高真空中では2×1超構造をとり，表面に垂直に突きだしたダングリングボンドのπ結合の結合性及び反結合性バンドが生じる。前者は電子で満ちており，後者は電子で満たされていない。表面反結合性バンドはシリコンの価電子帯の少し上にある。室温でも，価電子帯から反結合性バンドに電子が励起されるので，シリコン量子ドットにはホールが存在する。すなわち，反結合性バンドはアクセプター不純物の役割を果たす。表面の電子状態は，水素が吸着したり酸化したりしても大きく変化するので，量子ドットの電子やホールの分布は表面状態に敏感に変化する。この様な性質もセンサーなどに利用できる。

1nm台の半導体粒子では，構成原子1個の増減で安定な構造と物性が一変してしまうような著しい効果が現れることが，溶液法で作製された$(CdSe)_{13}$，$(CdSe)_{33}$，$(CdSe)_{34}$について報告されている。

5　走査トンネル顕微鏡発光解析法

量子ドット，ナノ粒子の性質について述べてきた。次に，これらの光学的性質を調べる実験的手法の1つについて紹介する。それは，走査トンネル顕微鏡（STM：Scanning Tunneling Microscope）による発光を観測・解析する方法（図6）であり，その特徴は，原子レベルの高空間分解能を有するSTMを用いるので，単一ドット，粒子毎の光学的な性質を調べられることである。同様な高空間分解能の手法に，光をプローブとして用いる走査近接場光学顕微鏡（SNOM，しばしばNSOMとも呼ばれる）がある。この手法は，生命科学領域で多数用いられている。一方，STM発光法は，励起光源を用いないことから，トンネル間隙（STM針先端と試料間の間隙）から発生した光を背景光ゼロの状態で高感度に観測できる。この手法は，トンネル電流を励起源として，真空中だけでなく大気中や溶液中でも用いることが出来るので，将来の生命科学領域におけるユニークな展開が期待できる。STM発光は，1988年J.H. Coombs，J.K. Gimzewskiらにより発見され，東北大学の潮田，上原グループも早くから重要な寄与をしている。STM発光では，数10nmの曲率半径の鋭い金属探針（tip）を用いることが多いが，探針は金属ナノ粒子1個を先端に

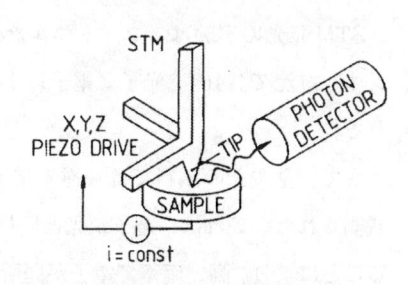

図6　走査トンネル顕微鏡（STM: Scanning Tunneling Microscope）による発光解析法
（1988年J.K. Gimzewski, J.H. Coombsら）

つけたプローブと考えられ，ナノメータ以下の空間分解能で，試料の任意の場所での金属ナノ粒子1個と試料の相互作用・光学的効果を調べることが出来る。

STMでは，tipに，試料に対して負のバイアス例えば－2Vをかけると，2eVのエネルギーをもった電子をトンネルで試料に打ち込む（注入）ことが出来る。2eVのエネルギーをもった電子は，そのエネルギーの一部を与えて，試料を励起する。半導体量子ドットの場合は，価電子帯の準位から伝導体の準位へ電子を励起したり，有機分子の場合は，基底状態から1電子励起状態へ電子を励起したりすることにより，その後電子とホールの再結合により発光させることが出来る。これらはカソードルミネッセンスの例である。また，試料に注入された電子が，試料のより低い空いた準位に遷移し，同時にその差のエネルギーの光を放出する過程は，アインシュタインの光電子放出の逆の過程である。これを利用した解析法は，光を照射して放出される光電子のエネルギースペクトルを調べる光電子分光法の逆であるので，逆光電子分光法と呼ばれる。

さて，上記の1電子が試料の内部でエネルギーを失い光を放出する確率は，一般に非常に小さく，例えば逆光電子プロセスでは，$10^6 \sim 10^8$個の電子を当てて1個の光子が放出される（この場合，$10^{-6} \sim 10^{-8}$光子／電子の発光効率という）。これは，0.1nAのトンネル電流では，毎秒10〜1000個のカウント数の光強度になる。一方，観測された金や銀の発光強度は大変強く，10^4個の電子を当てて1個の光子が放出される確率である（発光効率：10^{-4}光子／電子）。

半導体量子ドットや，蛍光性有機分子の場合は，前にも述べたように，エネルギーを持った電子により，電子－ホール対が励起され，電子とホールがそれぞれLUMOとHOMO準位を占めるまで緩和（よりエネルギーの高い状態から低い状態に変化）し，その後再結合により光が放出される。これらとは別のLED（光放出ダイオード）の機構で，発光する場合がある。これは，半導体に電圧をかけることにより，2つの電極から電子とホールを注入し，それらの再結合により発光させるものである。STM発光でも，tipと基板側から電子とホールを注入することが出来，CdSの場合に，10^{-5}光子／電子程度の発光が観測された。

STM発光の実験は，フォトマルなどを駆使した装置全体の検出効率から考えると，1nAのトンネル電流で，10^{-8}光子／電子以上の発光効率の現象であれば，発光を観測できると見積もられる。

さて，金や銀の試料では，逆光電子分光などの1電子励起確率に比べて2〜4桁大きな発光が観測された。これは，電子が光と同様に，プラズモンの張り出している強い電磁場と相互作用することにより，高い確率で電子が局所的なプラズモンを励起するためである。局所プラズモンは，tipの強い局所電場に由来する。この局所プラズモンが伝搬光となって放出される。それで，これらの発光は，プラズモンを介した発光と呼ばれる。トンネル途中の古典的に許されない場所にいる電子がプラズモンと相互作用し，プラズモンにエネルギーを与える。

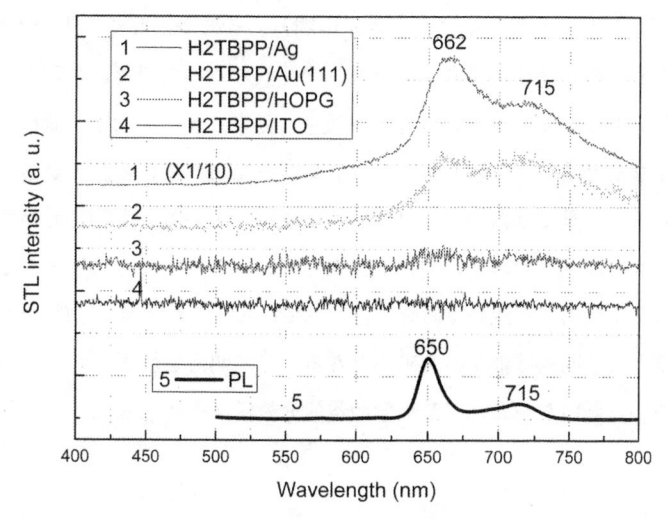

第1章　各種量子ドットの光学特性と化学特性及びバイオセンサーへの応用

図7　ポルフィリン薄膜のSTM誘起発光（STML）
基板は，上のカーブから，Ag，Au，HOPGグラファイト，ITO透明電極。最下段のカーブは，溶液中のポルフィリンのフォトルミネッセンスである。

　当研究室では，各種の基板上にスピンコートしたポルフィリン薄膜（膜厚は4〜12nm）のSTM発光を大気中で観測した。ポルフィリンは，π^*(LUMO)-π(HOMO) 遷移による蛍光効率が高い有機分子である。図7に結果を示す。金や銀の基板上のポルフィリン薄膜については，フォトルミネッセンスと同様の発光が観測され，その強度は基板のプラズモンを介した発光と同程度に強い。しかしながら，グラファイト基板やITO基板にスピンコートした薄膜では，発光が観察されなかった。もし，トンネル電子によりポルフィリンが直接的に1電子励起されて発光するのであれば，金属以外の基板の試料でも発光するはずである。一方金属基板では，トンネル電子によるプラズモンを介した強い発光が起こり，これによりポルフィリンが励起されたと考えられる。さらにtipと基板金属電極に挟まれたナノスケールのキャビティ効果が加わって，有機薄膜のプラズモンによる蛍光の増強・強い発光が観察されたと考えられる。これを我々は，Surface Plasmon Enhanced STM Light emissionと呼んだ。

6　おわりに

　量子ドット，ナノ粒子は，さしあたりその寸法・スケールで特徴づけられ，原子分子よりは十分に大きく，マクロな系に比べては十分小さい。原子分子のスケールでの物質の性質や，マクロなスケールでのそれはよく調べられ理解されているが，その中間にある量子ドット，ナノ粒子の

性質は，まだまだ未解明である．単に大きさが中間というのではなく，上でも見てきたように，大きさ，形に依存した強い個性を持ち，両者とは全く異なる独自の実に多彩な世界が拡がっている．応用物理の分野では，このような世界の特徴を，従来，サイズ効果，微粒子・超微粒子，メゾスコピック科学などと呼び，それがナノテクノロジーに続いている．しかし，この世界の無限の多様性は，これらの言葉では言い尽くせないものを持っている．生物においても，このスケールにおける対象・ナノバイオの理解に焦点が当たっているが，それらに量子ドット，ナノ粒子の性質を活用することが有用で，活発な研究が行われている．それらが，物理，化学，生物，工学，医学の融合した新たな学問領域創生の突破口となることが期待される．

有益なご議論をいただいた，九州工業大学西谷龍介教授に感謝する．

文　献

1) Uwe Kreibig, Michael Vollmer, "Optical Properties of Metal Clusters", Springer (1995)
2) Satoshi Kawata and Hiroshi Masuhara, "Nanoplasmonics: From Fundamentals to Applications", Elsevier, (2006)
3) 山田淳監修,「プラズモンナノ材料の設計と応用技術」, シーエムシー出版 (2006)
4) J. Turkevich, P.C. Stevenson, J. Hillier, *Discuss. Faraday Soc.*, **11**, 55 (1951)
5) Colleen L. Nehl, Hongwei Liao, and Jason H. Hafner, *NANO LETTERS*, **6**, 683 (2006)
6) 粕谷厚生,「原子数をそろえた1nm半導体粒子の特徴と展望」, 応用物理, **75**, 1232 (2006)
7) HW. Liu, R. Nishitani, Y. Ie, T. Yoshinobu, Y. Aso, H. Iwasaki, *JAPANESE JOURNAL OF APPLIED PHYSICS*, **44**, L566 (2005)

第2章　バイオ応用に適したコア/シェル型量子ドット

前之園信也*

1　はじめに

　幾何学的な大きさが1～20nmの金属や半導体のコロイダル量子ドットは、その光学的特性が粒径に依存するという極めて特徴的な性質を有しており、そのため様々な分野での応用が期待されている新規材料である。特にバイオ分野では、量子ドットのサイズがDNAやタンパク質などの生体高分子と同程度であるという利点のために、バイオラベリング、細胞イメージング、医療診断、バイオセンサー、標的治療など種々の応用が提案されている[1～23]。代表的な量子ドットとしてはII-VI族化合物半導体であるセレン化カドミウム（CdSe）が挙げられる。CdSeはバルク結晶のバンドギャップエネルギー（E_g）が1.74eVであり、量子ドットの粒径を調節することによって450～700nmの波長領域（可視光領域）で蛍光波長を制御することができる。バイオ応用の際に重要となる近赤外波長が必要な場合には、III-V族化合物半導体である砒化インジウム（InAs）等の狭バンドギャップ量子ドットや[24～30]、TYPE-IIヘテロ接合型量子ドット[19, 31, 32]などを用いることができる。蛍光波長が紫外領域にあるCdS、ZnS、ZnSe、ZnO等の広バンドギャップ量子ドットは、現状ではバイオ分野においてあまり用途がないため、本章では可視光から長波長側に蛍光ピークを持つ量子ドットを中心に、そのシェル材料や特徴について述べる。

　バイオ応用における量子ドットの主たる長所は、広い吸収スペクトル、狭い蛍光スペクトル、高輝度、長蛍光寿命、高耐光性、表面機能化の自由度の高さ等である。しかし、化学合成した量子ドットの表面には有機分子が配位しており、蛍光量子効率、蛍光寿命、耐光性などの特性は有機配位子の種類や被覆率、あるいは粒子表面の酸化状態や吸着分子の影響を大きく受ける[33～37]。例えば、代表的なCdSe量子ドットは、多くの場合、粒子表面はトリオクチルホスフィンオキシド（TOPO）によって被覆されている。被覆率が低いと表面準位が増加し、蛍光量子効率の低下や表面酸化とそれに伴う発光ピークのブルーシフトといった不具合が生じ易い。このような不安定性を軽減し輝度や耐光性を向上する方法として、量子ドット表面に無機物の保護層（シェル）を積層する方法が考案された。典型例は、CdSe量子ドットの表面を数MLの硫化亜鉛（ZnS）で被覆したCdSe/ZnSコア/シェル型量子ドットである（図1a）[38]。ZnSでシェル化することで

---

*　Shinya Maenosono　北陸先端科学技術大学院大学　マテリアルサイエンス研究科　准教授

表面準位は減少し，電子および正孔ともコアに閉じ込めるTYPE-I型ヘテロ接合（図2a）となるため，蛍光量子効率が飛躍的に増大する。最近では，電子もしくは正孔のどちらか一方をコアに閉じ込めるTYPE-II型ヘテロ接合（図2b）のコア／シェル型量子ドット[31]や，第二シェルを導入したコア／シェル／シェル型量子ドット（図1b）[39,40]などが開発されてきている。その主な目的は，近赤外発光，親水化および生体親和性の付与，化学安定性の向上，結晶欠陥の低減による耐光性の向上などである。

　適切な表面処理を行っていない化合物半導体量子ドットは生体毒性を示す。例えば，細胞に取り込まれたCdSe量子ドットに紫外線を長時間照射すると，Cdイオンが放出され極めて高い毒性を示すことが報告されている[41]。しかし，CdSe量子ドットをZnSでシェル化することによってCdイオンの放出が低減されることがわかっている[41]。また，高分子でくるまれたCdSe/ZnS量子ドットは紫外線非照射時には無毒であることが*in vivo*実験で判明している[42]。同様に，ブロックコポリマーのミセルでカプセル化されたCdSe/ZnS量子ドットをカエルの胚に注入しても，発生に影響は無いこともわかっている[9]。以上のような理由から，量子ドットをバイオ応用する

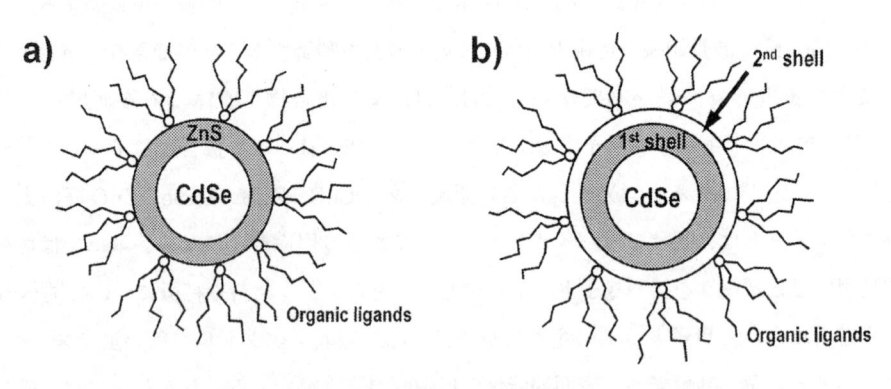

図1　(a) コア／シェル量子ドット，(b) コア／シェル／シェル量子ドット

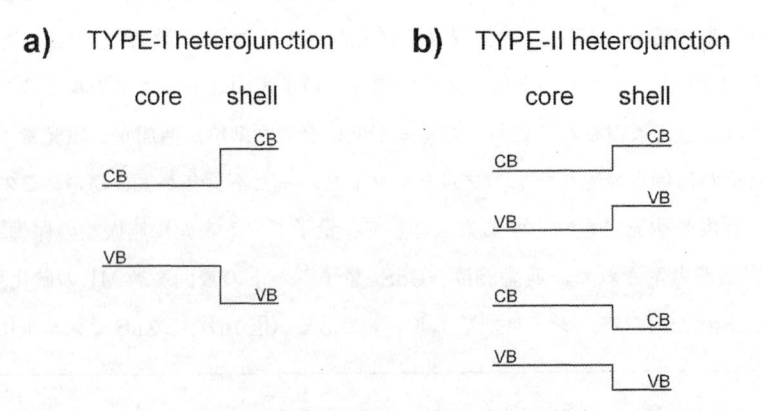

図2　(a) TYPE-I および (b) TYPE-II ヘテロ接合のバンドダイアグラム

第2章　バイオ応用に適したコア／シェル型量子ドット

際には，適切な材料でシェル化されたコア／シェル型量子ドットを両親媒性ポリマー[43, 44]などの生体親和性の高い有機物質で覆ったものを使用するのが一般的で，実際にInvitrogen社（旧QuantumDot社）が製造販売しているQdot®はCdSe/ZnS等コア／シェル型量子ドットにポリマーコーティングが施され，更にストレプトアビジン等の生体分子で修飾された量子ドットである[45]。

上述のように，従来バイオ分野で応用される量子ドットはII-VI族やIII-V族の直接遷移型化合物半導体の量子ドットが主流であった。しかし，これらの量子ドットはCdやInといった毒性および環境負荷の高い元素や希少元素が使われており，生体適合性，環境安全性，元素埋蔵量などの観点からは問題がある。そのような背景の中，近年シリコン（Si）の量子ドット[46, 47]や，ナノ蛍光体[48〜52]，メタル量子ドット[53〜55]などの新たな量子ドットの開発が進んできており，バイオ応用を目的として開発が進んできている。本章ではこれらのコア／シェル型量子ドットについても紹介する。

2　II-VI族コア／シェル型量子ドット

液相法によるII-VI族半導体量子ドットの合成法には，還元法[56]，逆ミセル法[57〜59]，共沈法[60]，ゾルゲル法[61]，水熱合成法[62]などがあるが，粒径分布が広い，蛍光量子効率が低い，生成量が少ない等の問題点があった。1993年にMurrayらによって，TOPO中でジメチルカドミウムとセレントリオクチルホスフィン錯体を熱分解させることでCdSe量子ドットを得る方法（ホットソープ法）が開発され，飛躍的な量子効率の増大と極めて狭い粒径分布が達成された[63]。シェル化についてはBrusらの逆ミセル法によるCdSe量子ドットのZnSシェル化の報告[64]が最初である。1996年にはGuyot-Sionnestらによって，ホットソープ法で合成された高品質CdSe量子ドットのZnSによるシェル化法が開発された（図1a）[38]。CdSeとZnSの格子定数はそれぞれ4.30（a軸）および5.42Åであり（表1），バ

表1　半導体の格子定数とバンドギャップエネルギー

物質	結晶構造	格子定数*(Å)	E_g^* (eV)
CdS	Wurtzite	a = 4.16 (c = 6.76)	2.42
CdSe	Wurtzite	a = 4.30 (c = 7.01)	1.74
CdTe	Zinc blende	6.48	1.56
ZnS	Zinc blende	5.42	3.54
ZnSe	Zinc blende	5.67	2.67
ZnTe	Zinc blende	6.10	2.24
GaAs	Zinc blende	5.65	1.43
GaP	Zinc blende	5.45	2.26 (indirect)
InAs	Zinc blende	6.06	0.36
InP	Zinc blende	5.87	1.29
PbS	Rock salt	5.94	0.29
PbSe	Rock salt	6.1	0.27
PbTe	Rock salt	6.46	0.32
Si	Diamond	5.43	1.11 (indirect)
Ge	Diamond	5.65	0.66 (indirect)

*格子定数およびバンドギャップは300Kにおけるバルク結晶の値

量子ドットの生命科学領域への応用

ルク結晶であれば格子不整合が極めて大きい系である。しかし，量子ドット表面の曲率が極めて大きいために，エピタキシャルなシェル化が可能となっている。CdSe量子ドットのシェル材料としては，主にCdS[1, 7]，ZnS[3~5, 9, 12~15, 20, 34, 38, 40~44, 65]，ZnSe[66]などの広バンドギャップII-VI族化合物半導体が用いられているが，中でもZnSが最も一般的である。それは，低温合成が可能，バンドオフセットが大きく閉じ込め効果が高い，格子定数の違いが大きく合金化しない，などの理由によっている。

CdSe/ZnS量子ドットのバイオ分野への応用としては，細胞やタンパク等を量子ドットで標識して長時間観察を可能にするといった利用例が多いが[1, 7, 9, 12, 13, 17, 18, 65]，その他にも，脊髄ニューロン表面のグリシン受容体を量子ドットで標識して追跡する[15]，抗体とポリエチレングリコールで修飾した多機能量子ドット（図3）を用いて*in vivo*で癌の標識とイメージングを行うなど[20]，様々な展開が報告されている。最近ではこれらのイメージング応用に加え，蛍光共鳴エネルギー移動（FRET）を利用したバイオセンサーへの応用も提案されている[14, 34]。CdSe/ZnS量子ドットに，親水性や生体親和性を付与することを容易にし，化学安定性や耐環境性を更に向上させることを目的として，CdSe/ZnS量子ドットをシリカ（SiO_2）で被覆したCdSe/ZnS/SiO_2量子ドット（図4）が合成されている[40]。また，多重蛍光標識診断技術や[67, 68]，複数種類のCdSe/ZnS量子ドットをラテックス粒子に封入したコード化マイクロビーズ（図5）[69, 70]，血管イメージングなどへの応用を目的としてSiO_2や酸化チタン（TiO_2）のマイクロスフィア中に量子ドットを複数包埋した複合蛍光粒子なども開発されている[71]。

CdSeとZnSでは格子定数の差が大きいが，曲率の大きい量子ドット表面においてはエピ成長が可能であると述べた。しかしながらその大きな格子定数の違いは，接合界面やシェル内部に歪

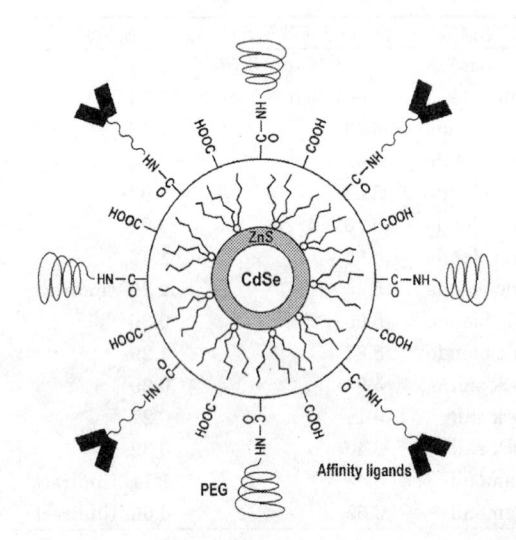

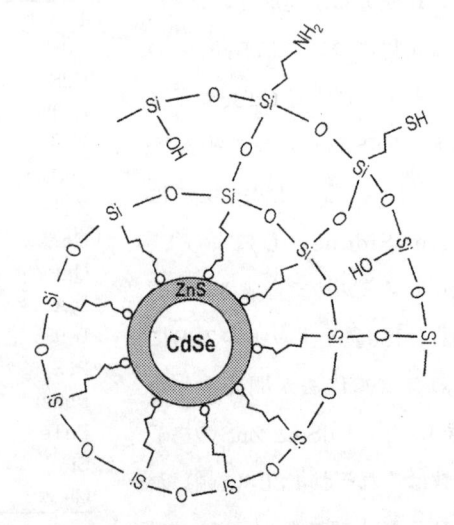

図3　多機能量子ドット　　　　図4　CdSe/ZnS/SiO_2量子ドット

第2章 バイオ応用に適したコア／シェル型量子ドット

みや結晶欠陥を生じさせている。結晶欠陥は耐光性や化学安定性を損なう原因となるため、ディフェクトフリーな接合界面を有するコア／シェル型量子ドットを作製することが望ましい。その一つの方法として、CdSeコアとZnSシェルの間に、その二つの物質の中間の格子定数（c軸）とE_gを持つCdSやZnSeを中間シェルとして介在させるコア／シェル／シェル型量子ドット（図1b）が考案された[39]。コア／シェル／シェル型量子ドットのもう一つの興味深い例として、第一層目のシェルを量子井戸にしたコア／ウェル／シェル型量子ドットがある。PengらはCdSコアに量子井戸層として数MLのCdSe中間シェルを設けた後さらにCdSでシェル化することにより、CdSeシェルが量子井戸として機能し、シェル厚みを制御することで光学スペクトルを制御できることを見出した（図6）[72, 73]。

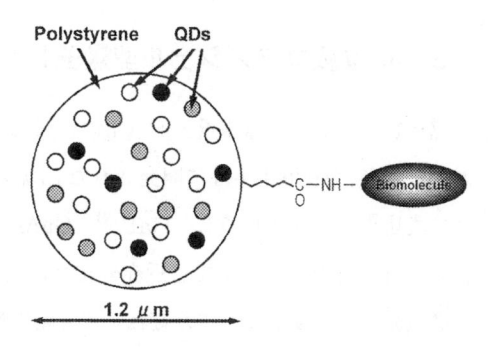

図5 多重コード化マイクロビーズ

*in vivo*蛍光イメージングを行う場合、生体透過性の高い近赤外蛍光を有する量子ドットが有利である。近赤外発光する代表的な量子ドットとして、後述するIII-V族半導体のInAs[24〜27]や、IV-VI族半導体のPbSe[74, 75]の量子ドットがあるが、本節ではII-VI族化合物半導体を用いたTYPE-II型ヘテロ接合による近赤外発光コア／シェル型量子ドット[19, 31, 32]について紹介する。2003年にBawendiらは、CdTe/CdSeおよびCdSe/ZnTeコア／シェル量子ドットを開発した[31]。これらの量子ドットは、電子あるいは正孔のどちらか一方をコアに閉じ込めるTYPE-II型のヘテロ接合となっている（図2b）。CdTe/CdSe量子ドットの場合、バンドダイアグラムは図2bの下図に示す通りとなり、電子はシェル側、正孔はコア側に閉じ込められることになる。一方、CdSe/ZnTe量子ドットの場合には、バンドダイアグラムは図2bの上図に示す通りとなり、電子はコア側、正孔はシェル側に閉じ込められる。このようにキャリアが自発的にコア側とシェル側に分離する性質は、太陽電池などの光電変換素子の材料として魅力的であるだけでなく、キャリアが再結合した時に発する蛍光波長がコアの伝導帯とシェルの価電子帯（あるいはコアの価電子帯とシェルの伝導帯）の間のエネルギー差によって決定されるため、広バンドギャップ半導体材料だけで構成されているにもかかわらず近赤外発光を可能にする。このようなTYPE-IIコア／シェル量子ドットを用いて、センチネルリンパ節の同定が可能であることが示されている[19, 32]。

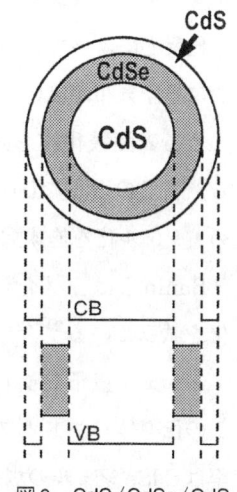

図6 CdS/CdSe/CdS 量子ドット

3 III-V族コア／シェル型量子ドット

高品質III-V族半導体量子ドットの合成は，II-VI族に比べて技術的に困難であったため開発が遅れたが，1990年半ばに開発されたIn塩の脱ハロゲンシリル化反応によるInP量子ドット合成の成功[76〜78]を皮切りに，GaP[77]，GaAs[79,80]，InAs[81]などの高品質III-V族量子ドットの合成が可能となった。中でも近赤外領域に発光ピークを有するInAs量子ドットは，代替となる有機蛍光色素が少なく，また存在しても耐光性が極めて低いため，新たな近赤外蛍光標識材料として注目されている。InPやInAsの量子ドットの合成は，塩化インジウムとトリス（トリメチルシリル）ホスフィンやトリス（トリメチルシリル）アルセナイドを原料として脱ハロゲンシリル化反応によって行われる。得られる量子ドットはCdSeなどのII-VI族量子ドットに比べて一般に粒径分布が広いため，貧溶媒を用いたサイズ選択分離によって単分散化する必要がある[82]。また，表面酸化膜を弗酸でエッチングすることによって蛍光量子効率を増大させる必要がある[82]。このようにIII-V族量子ドットは，粒径分布や表面性状がII-VI族に比べて劣っているため，シェル化を施す意義がより大きい。

Baninらは，バイオ応用への期待が大きいInAs量子ドットに対して種々の物質によるシェル化を試みている[24〜27]。代表的なものとしてInAs/ZnS[25]，InAs/CdSe[24]やInAs/InP[24]コア／シェル量子ドットが挙げられる。また，InAs/CdSeとInAs/InPのコア／シェル量子ドットの伝導体バンドオフセットはほぼ同等であるにもかかわらず，InAs量子ドットの蛍光量子効率はCdSeシェルの場合は増大し，InPシェルの場合は減少することを明らかにした。これはコア／シェル量子ドットの場合でも，最表面の状態が蛍光量子効率に大きな影響を及ぼすことを示している[24]。続いて2002年には，粒径2.4nmのInAsコアの表面を1.5MLのZnSeシェルで被覆したInAs/ZnSe量子ドットを合成し，それらを用いた発光素子で波長1.3μmのEL発光を達成している[26]。勿論このInAs/ZnSe量子ドットも，その表面を生体適合性の高いリガンドで修飾することによってバイオ応用が可能である。さらに最近では，ディフェクトフリーな接合界面と最表面の影響を低減することを目的として，II-VI族の場合と同様に，InAs/CdSe/ZnSeコア／シェル／シェル型量子ドット（図7）を開発し，蛍光量子効率を飛躍的に増大させることに成功している[27]。CdSe中間シェルの存在によってInAsとZnSeの間の格子不整合による歪みを解消し，かつシェル厚を厚くすることによって外界の影響を低減できるため，これまでのコア／シェル構造に比べて大幅な蛍光量子効率の向上を実現し，III-V

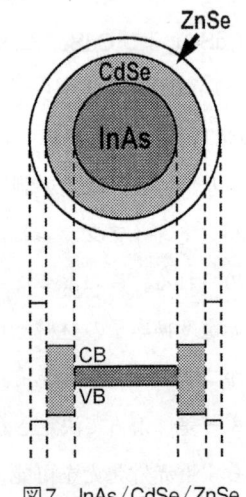

図7 InAs/CdSe/ZnSe
量子ドット

第2章 バイオ応用に適したコア／シェル型量子ドット

族量子ドットでは例外的な70％という内部量子効率を達成している[27]。

近赤外光の生体透過性が高いと述べたが，その最適波長領域は800～900nmである。前述のようにTYPE-II型コア／シェル量子ドットを用いて $in\ vivo$ 蛍光イメージングに最適な蛍光発光は実現されたが[19, 31, 32]，TYPE-II量子ドットでは非発光再結合が支配的であり，蛍光量子効率が不充分であった。一方，III-V族量子ドットを用いて800～900nm（1.38～1.55eV）の領域に蛍光発光波長を調整するためには，InPの場合は粒径6nm以上，InAsの場合は2nm未満でなければならない。しかし，高品質な大粒径InP量子ドットを安定して合成することは困難であり，また超小粒径InAs量子ドットでは吸収が不充分となるといった問題点がある。そこでBawendiらは，InAsとInPとを組み合わせた三元化合物半導体である $InAs_xP_{1-x}$ を合成し，バンドギャップチューニングの自由度を向上させた[28]。この三元系 $InAs_{0.82}P_{0.18}$ 量子ドットに，中間シェルとしてInP，第二シェルとしてZnSeを積層させた $InAs_{0.82}P_{0.18}$/InP/ZnSeコア／シェル／シェル型量子ドットは815nmに蛍光ピークを持ち，それを用いてセンチネルリンパ節の同定を行ったところ，TYPE-II型CdTe/CdSe量子ドットを用いた場合に比べて性能が向上することが確認された[28]。三元系のIII-V族コア／シェル型量子ドットとしてもう一つ重要なものにInGaP/ZnS量子ドット[29, 30]がある。InGaP/ZnS量子ドットは2005年にEvident Technologies社（New York, USA）[30]が製品化したコア／シェル型量子ドットであり，700nm付近に蛍光ピークを有する新規コア／シェル型量子ドットである。

4 その他のコア／シェル型量子ドット

4.1 シリコン量子ドット

量子ドットのバイオ応用に関しては，II-VI族やIII-V族の直接遷移型化合物半導体の量子ドットが主流であるが，生体適合性，環境安全性，元素埋蔵量などの観点からは未だ問題点が多い。特に $in\ vivo$ での使用については検討すべき課題が山積している。一方，Siはエレクトロニクスの基幹材料としてこれまで大量に使用されてきており，環境負荷や埋蔵量の問題は化合物半導体に比べて圧倒的に少ない。生体毒性については，量子ドット化した場合には未知であるが，少なくとも元素自体の毒性は化合物半導体よりも低い。このようにSiは環境安全面で優れているが，間接遷移型半導体でありバルク結晶の場合には蛍光発光しない。1990年にCanhamがポーラスシリコンの蛍光発光を報告して以来[83]，Siは超微粒子化によって蛍光発光するようになることが明らかとなってきた[84]。しかしSi量子ドットを単離することは容易ではなく，大量合成技術と表面パッシベーション技術の開発が望まれていた。2003年にSwihartらは，シランの気相熱分解によって～200mg/hという高い生成速度でSi量子ドットを合成することに成功した。さら

に得られたSi量子ドットを弗酸と硝酸で表面処理することによって粒径を制御し，約1nmの厚さのSiO$_2$でシェル化されたSi/SiO$_2$量子ドットを大量合成した[46]。この方法では粒径制御によって450～800nmの範囲で発光波長を調節することが可能である。一方2005年には，薄膜太陽電池への応用を目的としてSi量子ドットを製造販売するベンチャー企業Innovalight社（California, USA）が設立されている[47]。また，HuらはSiOとZnSあるいはSiOとZnSeの二段階ガス中蒸発法によってSi/ZnSおよびSi/ZnSeコア／シェル量子ドットを作製した[85]。但し，コア粒径およびシェル厚は数十nm以上と大きく，かつ蛍光ピークはどちらも640nm付近でその発光メカニズムの詳細は不明である。

Si量子ドットは合成が可能になってから日が浅く，まだバイオ分野での応用例はほとんど無いのが現状である。Si量子ドットをバイオ応用可能にするためには，蛍光量子効率や化学安定性の向上が必須であり，そのためにはやはり優れたシェル化技術の開発が必要である。高輝度かつ化学安定性に優れたコア／シェル型Si量子ドットを大量に合成できる技術が確立すれば，幅広い応用が拓けることは間違いなく，今後の進展が期待される。

4.2 ドープ量子ドット

蛍光発光材料における発光機構は，バンド間発光，エキシトン発光，バンド－不純物準位間遷移による発光，ドナー－アクセプタ対発光，トラップ発光，発光中心遷移などに分けられる。前述の量子ドットは大部分がバンド間発光やエキシトン発光がその発光機構であった。本節では，バンド－不純物準位間遷移や発光中心遷移が発光原理となるMn^{2+}等不純物をドープした化合物半導体ナノ結晶やナノ希土類蛍光体について紹介する。

1994年にBhargavaらは，Mn^{2+}をドープしたZnSナノ結晶において，Mn^{2+}からの発光効率がバルク結晶に比べて増大することを見出した[86, 87]。このZnS:Mn^{2+}ナノ蛍光体は，Mn^{2+}イオンの$^4T_1 \rightarrow {}^6A_1$遷移によって600nm付近に蛍光ピークを持つオレンジ色の発光を示す。その蛍光量子効率は表面状態によって大きく左右されることが知られており，例えば3-メタクリルオキシプロピルトリメトキシシランで表面修飾しZnS:Mn^{2+}/SiO$_2$コア／シェル構造にした場合には，発光強度が30倍にもなることが報告されている[48]。Yangらは，CdS量子ドットにMn^{2+}をドープし，その表面をZnSでシェル化したCdS:Mn^{2+}/ZnSコア／シェル量子ドットを作製した[49]。シェル化前のCdS:Mn^{2+}量子ドットでは450nm付近にCdS表面準位由来の発光が混在していたが，ZnSシェル化によってこの短波長側の発光は消滅し，Mn^{2+}イオンからの単色発光が達成された。また，Mn^{2+}の常磁性を利用して，光学および磁気的な検出を同時に可能にする多機能バイオプローブとしての利用も提案されている[50]。

ナノ希土類蛍光体は陰極線管やフィールドエミッションディスプレイなどのディスプレイある

いは固体照明分野で極めて重要な材料の一つである。ナノ蛍光体としては，$YVO_4:Eu$，Sm，Dy[88~91]，$LaPO_4:Ce$，Tb[92]，$LaF_3:Er$，Nd，Ho[93]，$Gd_2O_3:Eu$[94]などが合成されており，その発光特性が詳細に調べられてきている。コア／シェル型としては，例えばHaaseらによって合成された$CePO_4:Tb/LaPO_4$コア／シェル型ナノ蛍光体がある[51]。シェル化によって70％というナノ蛍光体として極めて高い蛍光量子効率を達成している。Tillementらは$Gd_2O_3:Tb$ナノ蛍光体をSiO_2でシェル化し，Tb^{3+}イオンの$^5D_4\rightarrow{}^7F_5$遷移によって545nmに蛍光ピークを持つ$Gd_2O_3:Tb/SiO_2$コア／シェルナノ蛍光体を作製した[52]。さらにその表面をストレプトアビジンで修飾し，バイオチップの蛍光標識材料として利用できることを示した。

4.3 メタル量子ドット

金（Au）や銀（Ag）のメタル量子ドットは，表面プラズモン共鳴を利用したバイオセンサーへの応用が期待されている。特にAu量子ドットは，化学安定性や表面機能化の自由度の高さから，遺伝子診断などに従来から広く応用されている。しかしながら，表面プラズモン吸光係数はAuよりもAgのほうが4倍程度大きく[95]，かつAuとは異なり390～420nmの波長領域に存在するAgの表面プラズモンバンドは粒径依存性を示す[96]。これらの特徴によって，Ag量子ドットはAu量子ドットよりもさらに高度なDNA検出を可能にすると期待されてはいるが，表面酸化や表面修飾の自由度の低さなどの問題点があった。これらの問題点を解決するために，MirkinらはAg量子ドットをAuでシェル化したAg/Auコア／シェル量子ドットを合成している[53]。またTangらは，このAg/Au量子ドットを用いたアンペロメトリック免疫測定系を作製し，従来のELISA法と同等の感度でIgGの検出が可能であることを示した[54]。この方法はELISA法に比べ

表2 主要なバイオ応用コア／シェル型量子ドット

コア	シェル	応用例	Ref.
CdSe	CdS	バイオラベリング 蛍光イメージング	1, 7
CdSe	ZnS	バイオラベリング 多重ラベリング 蛍光イメージング リアルタイムイメージング バイオセンサー	3～5, 9, 12～15, 20, 34, 38, 40～44, 65, 67～69
CdTe	CdSe	センチネルリンパ節同定	19, 31, 32
InAs	CdSe		24, 27
$InAs_xP_{1-x}$	InP/ZnSe	センチネルリンパ節同定	28
InGaP	ZnS		29, 30
$Gd_2O_3:Tb$	SiO_2	バイオラベリング	52
Ag	Au	アンペロメトリック免疫測定	53, 54

て簡便かつ迅速であるという利点がある。

メタル量子ドットによる蛍光増強現象[97, 98]はよく知られている。GeddesらはAgナノ結晶の表面を有機蛍光色素がドープもしくは結合されたSiO$_2$シェルで被覆し，Ag/SiO$_2$(dye) コア／シェル量子ドットを作製した。Agコア量子ドットの蛍光増強現象によって色素の蛍光強度が10～20倍程度まで増大させることに成功した[55]。このような蛍光増強現象を利用したメタル／SiO$_2$(dye) コア／シェル量子ドットは，バイオセンサーやバイオイメージングへの応用が期待される。

文　献

1) M. Bruchez *et al.*, *Science*, **281**, 2013 (1998)
2) R. Mahtab *et al.*, *J. Am. Chem. Soc.*, **122**, 14 (2000)
3) H. Mattoussi *et al.*, *J. Am. Chem. Soc.*, **122**, 12142 (2000)
4) B. Sun *et al.*, *J. Immunol. Methods*, **249**, 85 (2001)
5) S. Pathak *et al.*, *J. Am. Chem. Soc.*, **123**, 4103 (2001)
6) E. Klarreich, *Nature*, **413**, 450 (2001)
7) X. Michalet *et al.*, *Single Mol.*, **2**, 261 (2001)
8) P. Mitchell, *Nat. Biotechnol.*, **19**, 1013 (2001)
9) B. Dubertret *et al.*, *Science*, **298**, 1759 (2002)
10) S.J. Rosenthal *et al.*, *J. Am. Chem. Soc.*, **124**, 4586 (2002)
11) C. Zandonella1, *Nature*, **423**, 10 (2003)
12) J.K. Jaiswal *et al.*, *Nat. Biotechnol.*, **21**, 47 (2003)
13) D.R. Larson *et al.*, *Science*, **300**, 1434 (2003)
14) I.L. Medintz *et al.*, *Nat. Mater.*, **2**, 630 (2003)
15) M. Dahan *et al.*, *Science*, **302**, 442 (2003)
16) A.J. Sutherland, *Curr. Opin. Solid State Mater. Sci.*, **6**, 365 (2002)
17) W.J. Parak *et al.*, *Nanotechnology*, **14**, R15 (2003)
18) A.P. Alivisatos, *Nat. Biotechnol.*, **22**, 47 (2004)
19) S. Kim *et al.*, *Nat. Biotechnol.*, **22**, 93 (2004)
20) X. Gao *et al.*, *Nat. Biotechnol.*, **22**, 969 (2004)
21) T. Pellegrino *et al.*, *Small*, **1**, 48 (2005)
22) X. Michalet *et al.*, *Science*, **307**, 538 (2005)
23) I.L. Medintz *et al.*, *Nat. Mater.*, **4**, 435 (2005)
24) Y.W. Cao and U. Banin, *Angew. Chem. Int. Ed.*, **38**, 3692 (1999)
25) Y.W. Cao and U. Banin, *J. Am. Chem. Soc.*, **122**, 9692 (2000)
26) N. Tessler *et al.*, *Science*, **295**, 1506 (2002)

27) A. Aharoni et al., *J. Am. Chem. Soc.*, **128**, 257 (2006)
28) S.W. Kim et al., *J. Am. Chem. Soc.*, **127**, 10526 (2005)
29) A. Joshi et al., *Appl. Phys. Lett.*, **89**, 111907 (2006)
30) http://www.evidenttech.com/
31) S. Kim et al., *J. Am. Chem. Soc.*, **125**, 11466 (2003)
32) C.P. Parungo et al., *Chest*, **127**, 1799 (2005)
33) A.Y. Nazzal et al., *Nano Lett.*, **3**, 819 (2003)
34) A.R. Clapp et al., *J. Am. Chem. Soc.*, **126**, 301 (2004)
35) X.J. Ji et al., *J. Phys. Chem. B*, **109**, 3793 (2005)
36) A. Komoto et al., *Langmuir*, **20**, 8916 (2004)
37) A. Komoto and S. Maenosono, *J. Chem. Phys.*, **125**, 114705 (2006)
38) M.A. Hines and P. Guyot-Sionnest, *J. Phys. Chem.*, **100**, 468 (1996)
39) D.V. Talapin et al., *J. Phys. Chem. B*, **108**, 18826 (2004)
40) D. Gerion et al., *J. Phys. Chem. B*, **105**, 8861 (2001)
41) A.M. Derfus et al., *Nano Lett.*, **4**, 11 (2004)
42) B. Ballou et al., *Bioconjug. Chem.*, **15**, 79 (2004)
43) M.E. Åkerman et al., *Proc. Nat. Acad. Sci.*, **99**, 12617 (2002)
44) J.M. Ness et al., *J. Histochem. Cytochem.*, **51**, 981 (2003)
45) http://www.invitrogen.co.jp/qdot/index.shtml
46) X. Li et al., *Langmuir*, **19**, 8490 (2003)
47) http://www.innovalight.com/
48) S.W. Lu et al., *J. Lumin.*, **92**, 73 (2001)
49) H. Yang and P.H. Holloway, *Adv. Funct. Mater.*, **14**, 152 (2004)
50) S. Santra et al., *J. Am. Chem. Soc.*, **127**, 1656 (2005)
51) K. Kömpe et al., *Angew. Chem. Int. Ed.*, **42**, 5513 (2003)
52) C. Louis et al., *Chem. Mater.*, **17**, 1673 (2005)
53) Y.W. Cao et al., *J. Am. Chem. Soc.*, **123**, 7961 (2001)
54) D. Tang et al., *Biotechnol. Bioeng.*, **94**, 996 (2006)
55) K. Aslan et al., *J. Am. Chem. Soc.*, **129**, 1524 (2007)
56) G.Z. Wang et al., *Mater. Lett.*, **48**, 269 (2001)
57) P. Lianos and J.K. Thomas, *Chem. Phys. Lett.*, **125**, 299 (1986)
58) J.H. Fendler, *Chem. Rev.*, **87**, 877 (1987)
59) W.F.C. Sager, *Curr. Opin. Colloid Interface Sci.*, **3**, 276 (1998)
60) V. Ladizhansky et al., *J. Phys. Chem. B*, **102**, 8505 (1998)
61) N.N. Parvathy et al., *J. Cryst. Growth*, **179**, 249 (1997)
62) A.V. Murugan et al., *Mater. Chem. Phys.*, **71**, 98 (2001)
63) C.B. Murray et al., *J. Am. Chem. Soc.*, **115**, 8706 (1993)
64) A.R. Kortan et al., *J. Am. Chem. Soc.*, **112**, 1327 (1990)
65) W.C.W. Chan et al., *Curr. Opin. Biotechnol.*, **13**, 40 (2002)
66) N. Charvet et al., *J. Mater. Chem.*, **14**, 2638 (2004)
67) X. Wu et al., *Nat. Biotechnol.*, **21**, 41 (2003)

68) L.C. Mattheakis *et al.*, *Anal. Biochem.*, **327**, 200 (2004)
69) M.Y. Han *et al.*, *Nat. Biotechnol.*, **19**, 631 (2001)
70) S.J. Rosenthal, *Nat. Biotechnol.*, **19**, 621 (2001)
71) Y. Chan *et al.*, *Adv. Mater.*, **16**, 2092 (2004)
72) D. Battaglia *et al.*, *Angew. Chem. Int. Ed.*, **42**, 5035 (2003)
73) J. Xu *et al.*, *Appl. Phys. Lett.*, **87**, 43107 (2005)
74) C.B. Murray *et al.*, *IBM. J. Res. Dev.*, **45**, 47 (2001)
75) V.L. Colvin *et al.*, *Chem. Mater.*, **16**, 3318 (2004)
76) O.I. Mićić *et al.*, *J. Phys. Chem.*, **98**, 4966 (1994)
77) O.I. Mićić *et al.*, *J. Phys. Chem.*, **99**, 7754 (1995)
78) A.A. Guzelian *et al.*, *J. Phys. Chem.*, **100**, 7212 (1996)
79) L.D. Potter *et al.*, *J. Chem. Phys.*, **103**, 4834 (1995)
80) M.A. Malik *et al.*, *J. Mater. Chem.*, **13**, 2591 (2003)
81) A.A. Guzelian *et al.*, *Appl. Phys. Lett.*, **69**, 1432 (1996)
82) O.I. Mićić *et al.*, *J. Phys. Chem. B*, **102**, 9791 (1998)
83) L.T. Canham, *Appl. Phys. Lett.*, **57**, 1046 (1990)
84) W.L. Wilson *et al.*, *Science*, **262**, 1242 (1993)
85) J.Q. Hu *et al.*, *Appl. Phys. Lett.*, **85**, 3593 (2004)
86) R.N. Bhargava *et al.*, *J. Lumin.*, **60/61**, 275 (1994)
87) R.N. Bhargava *et al.*, *Phys. Rev. Lett.*, **72**, 416 (1994)
88) K. Riwotzki and M. Haase, *J. Phys. Chem. B*, **102**, 10129 (1998)
89) A. Huignard *et al.*, *Chem. Mater.*, **12**, 1090 (2000)
90) A. Huignard *et al.*, *Chem. Mater.*, **14**, 2264 (2002)
91) A. Huignard *et al.*, *J. Phys. Chem. B*, **107**, 6754 (2003)
92) K. Riwotzki *et al.*, *Angew. Chem. Int. Ed.*, **40**, 573 (2001)
93) J.W. Stouwdam and F.C.J.M. van Veggel, *Nano Lett.*, **2**, 733 (2002)
94) R. Bazzi *et al.*, *J. Colloid Interface Sci.*, **273**, 191 (2004)
95) S. Link *et al.*, *J. Phys. Chem. B*, **103**, 3529 (1999)
96) P. Mulvaney, *Langmuir*, **12**, 788 (1996)
97) K. Aslan *et al.*, *Curr. Opin. Biotechnol.*, **16**, 55 (2005)
98) K. Ray *et al.*, *J. Am. Chem. Soc.*, **128**, 8998 (2006)

第3章　量子ドットの構造と光学特性の最近の話題と課題

石川　満*

1　まえがき

　量子ドットは半導体等の結晶でそのサイズが1〜10nmのものを指す。このようなサイズでは，大きな結晶では連続的に分布していたエネルギー準位が，閉じ込め効果によって原子のようにとびとびになることが知られている。このとびとびになったエネルギー準位の間隔がサイズに依存することによって，異なる発光色を呈する。コロイド法で調製した量子ドットを発光性プローブ，とりわけ生体分子および生体組織を可視化するために使用するための研究は，この数年間精力的に展開されて現在に至っている。

　量子ドットを形成する方法として，ガラス中に原料を混ぜて加熱することによってガラス中に析出させる方法，基板上に気相成長させる方法が古くから知られている。これらの方法は結晶サイズのばらつきが大きい，製造するための設備が大掛かりになるという問題があった。コロイド法は通常の化学の実験室で，通常のガラス器具を用いて簡便に実施できることが特長である。形成された量子ドットのサイズも比較的均一なこと，溶液中で等方的に形成されるので，基板上に形成された量子ドットで問題となる基板の影響による構造のひずみがないことが特長と言われている。

　量子ドットの生体関連応用に関する優れた総説がいくつか報告されているので[1〜3]，最近の動向を把握するのに便利である。これらの総説には共通して以下のような話題が含まれている。①量子ドットの光特性，すなわち光物理および光化学的特性の要約と有機蛍光色素と比較した特長，②量子ドットの合成と表面修飾，③バイオアッセイへの応用（*in vitro*），④個々の細胞を対象とした応用（*in vitro*），⑤動物および生体組織を対象とした応用（*in vivo*），⑥量子ドットの毒性，⑦将来展望。さらに，量子ドットの基本的な光特性では，蛍光共鳴エネルギー移動（FRET: Fluorescence Resonance Energy Transfer）と発光の点滅現象（Blinking）が取り上げられている。

＊　Mitsuru Ishikawa　㈱産業技術総合研究所　健康工学研究センター　生体ナノ計測チーム　研究チーム長

これらの総説に共通する全体的な論調は以下の通りである。CdSeに代表されるコア量子ドットの合成法の開発は一段落した。その結果，紫外（300～400nm）および可視～近赤外（400～1350nm）の発光波長がすべて得られている。代表的な合成法で調製したコア量子ドットの表面は疎水性なので，生体応用のためにはコア量子ドットを可水溶化する必要がある。表面を可水溶化するための処理法は，目的に応じて多種多様提案されている。そして，個々の目的に対応した研究で量子ドットが活用されている。しかし，後述するように，量子ドットの特性について100％満足できる状況ではない。また，細胞および生体組織に対する毒性の定量的な評価はあまり進んでいない。その理由のひとつとして，特に表面修飾した量子ドットでは，その化学的性質が多様なために，結果としての毒性も多様となり，相互に比較することが難しい点が指摘されている。以上，未解決な多くの問題を抱えながらも，応用研究が活発に展開されている。

2 量子ドット技術バイオ応用の動向

本稿では，筆者らの取り組みの中から，量子ドットの合成における結晶成長初期過程の解析[4]と点滅現象の制御[5]に関する研究を紹介する。これら2つの話題は，これまでの研究における未解決な問題と関連している。そして，これまで発表されている総説ではあまり詳しく取り上げられていない。これらの話題に先立ち，以下では最近の総説[1～3]に記述されている内容の一部を筆者の観点から要約して，最近の動向を把握する一助とする。

量子ドットの有機蛍光色素と比べた特長として，通常以下の5項目が挙げられる。(i) 同じ元素組成でサイズを変えることによって発光色が可変である。(ii) 吸収帯は短波長側に向かって，光吸収係数が増大しながら連続的に分布している。(iii) 発光スペクトル幅が狭く，長波長側にスソを引かない。(iv) 光退色に対して堅牢である。(v) 発光寿命（～20ns）が生体組織の自家蛍光の寿命（＜2ns）よりも長い。このため，時間差測定すなわち励起後，例えば20ns後に測定すれば，自家蛍光による背景蛍光を効果的に除去して量子ドットの発光を高いコントラストで測定することが可能になる。また，特長ではないが，有機蛍光色素と同程度の発光量子収率（0.1～0.9）が得られている。

特長 (i) と (ii) により，サイズの異なる量子ドット，すなわち発光色の異なる量子ドットを単一波長の光源で励起することが可能である。例えば，波長400nmの光源があれば，それを用いて青～赤で発光する量子ドットすべてを励起することが可能である。有機蛍光色素では，吸収スペクトルの半値幅は狭くて，発光スペクトルと同程度の半値幅である。このため，ある色素を励起できる波長は限られている。色素の種類が異なると，現実的には異なる波長の励起光源が必要になる。特長 (i) と (ii) に，さらに特長 (iii) と結びつくと，異なるサイズの量子ドットを

第3章　量子ドットの構造と光学特性の最近の話題と課題

用いて，複数種類の生体分子を標識することが可能になる．その結果，多数の生体分子を区別して同時測定が可能になる（同時多色測定：特長iv）．特長（ii）により，発光波長よりも十分短波長側で励起することが可能なので，励起光に妨害されることなく，発光スペクトルの全領域で発光を測定することが可能である．これが有機蛍光色素では不可能である．励起光を遮断するためのフィルターのために，発光強度を～30％程度失うこともある．量子ドットでは，短波長側で光吸収係数が大きくなる，すなわち光を吸収する効率が高くなるので，たとえ発光の量子収率が蛍光色素と同じであっても実質的に高い発光強度が得られる（明るい発光：特長vii）．また，特長（iv）のおかげで有機蛍光色素に比べて格段に長時間の観測が可能になる．

　上記の特長の中で現実的に有効な特長は，（iv，v，vii）であった．多色同時測定（vi）は当初期待されたほどは活用されていない．有機蛍光色素では9色までの実績がある．量子ドットでは現実的に3～4色程度である．その主な理由は，発光色毎に発光量子収率を同程度にそろえることが難しいことに起因する．その結果，発光色ごとに発光強度にバラつきが大きくなるので，同時測定が困難になる．

　量子ドットを用いてFRET系を構築することは，有機蛍光色素に比べて制約が多い．エネルギー供与体（ドナー）とエネルギー受容体（アクセプター）の両方を量子ドットとすることは不合理である．上記の特長（ii）がFRETでは欠点になる．FRETではドナーのみを励起してアクセプターは励起しないのが理想である．しかし，ドナーとアクセプターにそれぞれ発光色の異なる量子ドットを選んだとして，吸収スペクトルが連続的に分布しているので，ドナーを励起できる波長では，アクセプターも同程度励起してしまう．すなわち，ドナーのみを選択的に励起することが不可能である．そこで，通常は量子ドットをドナーにしてアクセプターは有機蛍光色素とする．ドナーを励起する波長で，アクセプターがあまり励起されないようなドナー（量子ドット）とアクセプター（有機蛍光色素）の組み合わせを見つけることは現実的に可能である．しかし，アクセプターが有機蛍光色素になるので特長（iv）の恩恵が文字どおり半減する．

　量子ドットを生体系の可視化プローブとして有効であるという可能性が示された後，すぐに応用研究が活発になったわけではないという指摘は興味深い．活発になるまで，およそ3年間の潜伏期間を要している．そのひとつの理由は，可水溶液化するために開発された初期の方法で調製された表面修飾が化学的に不安定であったことが挙げられる．その結果，短期間内で（1週間以内）発光しなくなって使えなくなってしまうことが問題である．現在でも生体分子を標識するために必要な，個々の応用にとって最適な方法を求めて表面修飾法の開発は続いている．

　代表的な方法は大別して"表面交換法"と"表面遮蔽法"に分類される．前者の方法では，調製したコアーシェル型の量子ドット（例えばCdSeコア，ZnSシェル）の表面に配位して疎水性を付与している配位性分子（TOPおよびTOPO）を他の両親媒性分子（一方が-SH基で，他方

が-OH, -COOH基ほか）と交換する方法である。後者の方法では，表面に残っている配位性分子はそのまま残して，この配位性分子と親和性のある官能基をもつ両親媒性分子（一方が疎水性官能基，他方が-OH, -COOH基ほか）を用いて疎水性の量子ドットの表面を遮蔽する方法である。前者の方法が初期の研究開発で用いられて安定性に問題があった。後者の方法によって表面が化学的に安定な親水性のある量子ドットが長期間使えるようになった（1週間以上から1～2年）。一方，量子ドットの表面を化学修飾することによって，修飾した部分を含めた全体のサイズが大きくなることが問題である。例えば，直径4～8nmのCdSe-ZnSコアシェル型量子ドットが，直径20～30nm程度になってしまう。典型的な有機蛍光色素のサイズは高々～1nmで表面修飾した量子ドットはかなり大きい。このため，小さな生体分子を標識するためには都合が悪い。生体分子を標識するのではなく，量子ドットを生体分子で標識することになる。また，このような大きなサイズではFRETが使えなくなる。その理由は，FRETの臨界距離が高々10nmだからである。FRETの速度（効率）はドナーとアクセプターの距離に依存する。アクセプターがないときの発光寿命が，ドナーへのFRETによる蛍光消光によって1/2になる距離が臨界距離と定義されている。一般に，臨界距離はドナーとアクセプターの組み合わせに依存することが知られている。ドナーとアクセプターが臨界距離の2～3倍程度離れると事実上FRETは起こらない。

　現状でも，生体修飾用の量子ドットを調製することは，"art"と言われている。理想的な生体応用のための表面修飾の要件は以下の通りである。しかし，すべてを満足する方法はまだ知られていない。(a) pH，イオン強度，そして細胞中など所定の環境中で長期間凝集体の形成なしで良好な分散状態を維持できること。(b) 簡単かつ安全な化学的操作で可水溶性を付与できること。(c) pH，イオン強度，そして細胞中など所定の環境中で，表面修飾前の発光量子収率を維持すること。(d) 10nm以下の直径を維持すること。

3　量子ドット結晶成長初期過程の解析

　量子ドットのサイズと光吸収スペクトルの極大波長には相関があることが知られている。しかし，結晶構造に関する知見が欠落していたために，これまで量子ドットのサイズ，構造，そして機能（例えば光吸収特性）との関係が，従来明らかにされていなかった。本研究では，CdSe量子ドットのコロイド合成法において，これまで未着手であった固液界面における結晶核の生成とそれに続く結晶成長過程を実験および理論の両面から解析した。その結果，結晶成長の初期過程における結晶のサイズと構造および光吸収特性の関係を解明することに成功した。具体的には，従来法（～300℃）よりも低温で（200℃以下）反応させて結晶成長過程を遅くした。その結果，結晶成長過程を反応溶液の吸収スペクトルの変化によって逐一追跡することが可能になった。反

第3章 量子ドットの構造と光学特性の最近の話題と課題

応の初期に結晶核が形成され，その後結晶が成長する2段階の過程を明瞭に観測することに成功した。特に，結晶核の吸収スペクトルを初めて実験的に同定した。反応途中の結晶構造を計算化学の手法を用いて推定して，この構造が物理的に妥当であることを示した。

3.1　序論

　従来法による量子ドットのコロイド合成では，反応温度が高い（～300℃）ために反応速度も速く（～60秒），初めに結晶核が形成されて，その結晶核が成長する過程をはっきりと区別して観測することは容易ではなかった。本研究では従来法よりも低温（200℃以下）で合成することによって，反応時間を遅くする（～40分）ことが可能になった。このため，反応の途中経過を光吸収スペクトルの変化によって逐一追跡することが容易になり，結晶核が形成されて，その結晶核が成長する初期過程をはっきりと区別して観測することに成功した。この成功にもとづき，結晶の形成および成長の初期過程における結晶構造と光吸収特性の関係を解明するために，計算化学の手法を用いた解析を行った。

　コロイド法で調製した半導体量子ドットのサイズと光吸収スペクトルの長波長側で観測されるHOMO-LUMO遷移と呼ばれる特徴的な光吸収極大波長の間には相関があることが経験的に知られていて，その結果は，図1に示すサイズ－光吸収極大波長の検量線としてまとめられている。しかし，構造に関する情報が欠落していたために，量子ドットのサイズと構造および機能すなわち，光吸収特性との関係が不明なままであった。例えば，直径が～2nmのCdSe量子ドットは～75個のCdSe単位から構成されるという報告[6]，あるいは37～125個の範囲のCdSe単位が含まれるという報告がある[7]。これらの結果は，サイズを特定しただけではCdSe単位の個数がはっきりと定まらないことを示している。

　本研究では，量子ドットの結晶構造を計算化学の手法を用いて推定した。さらに，この結晶構造が非現実的なものではなく，物理的に妥当な構造であることを，(i) 推定された構造が与えるHOMO-LUMO遷移波長と実験で得られたHOMO-LUMO遷移波長がよく一致すること，(ii) HOMO-LUMO遷移波長に対応する結晶のサイ

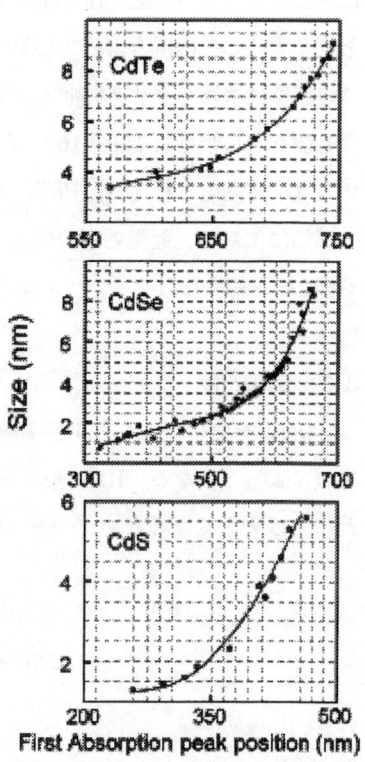

図1　代表的な3種類の量子ドットの直径－光吸収極大波長の検量線（Yu, W.W., Qu, L., Guo, W. Peng, X. Chem. Matter 2003, 15, 2854. 許可を得て転載）

ズと計算した結晶構造のサイズがよく一致することによって示した。例えば，直径～2nmのCdSe量子ドットでは16個のCdSe単位を含んでいることが示された。

　本研究によって量子ドットのサイズとHOMO-LUMO遷移の波長に加えて，量子ドットの構造とHOMO-LUMO遷移の波長の関係が示された。これにより，構造と機能の相関をHOMO-LOMO遷移の波長を通じて統一的に評価する方法を確立できる可能性が例示された。量子ドットに代表されるナノスケールの電子デバイスを設計・創製するためには，物理的に現実的なナノ構造とその機能との関係を把握することは極めて重要である。

3.2　CdSe量子ドットの調製

　カドミウム前躯体は酸化カドミウムをオレイン酸（$CH_3(CH_2)_7CH=CH(CH_2)_7COOH$）に溶解して調製する（Cd:oleic acid）。セレン前躯体はセレンを配位性溶媒の一種トリオクチルホスフィン（TOP:$[CH_3(CH_2)_7]_3P$）に溶解して調製する（TOP:Se）。ついで，Cd:oleic acidをTOPおよびもうひとつの配位性溶媒の一種，酸化トリオクチルホスフィン（TOPO:$[CH_3(CH_2)_7]_3PO$）と混合する。この混合溶液にTOP:Seを素早く注入して攪拌する。この混合溶媒中に，もうひとつの配位性溶媒ヘキサデシルアミン（HDA:$CH_3(CH_2)_{15}NH_2$）の添加有無による，反応過程の違いも調べた。反応は120，160，および180℃で，溶液の酸化および発火を防ぐために，すべてアルゴン雰囲気で行った。初期のコロイド法ではHDAは添加されていなかった。その後，HDAの添加によって，発光効率の向上が見出されたという経緯がある。CdSe量子ドットの調製手順を図2に要約する。

3.3　実験結果

　HDAの有無にかかわらず結晶核は$(CdSe)_3$であった。続いて形成される結晶構造はHDAの有無によって異なる。HDAがない場合，次の構造は$(CdSe)_6$で$(CdSe)_{13}$まで成長するが，それ以上は大きくならない。一方，HDAがある場合，次の構造は$(CdSe)_{14}$で温度と時間に依存

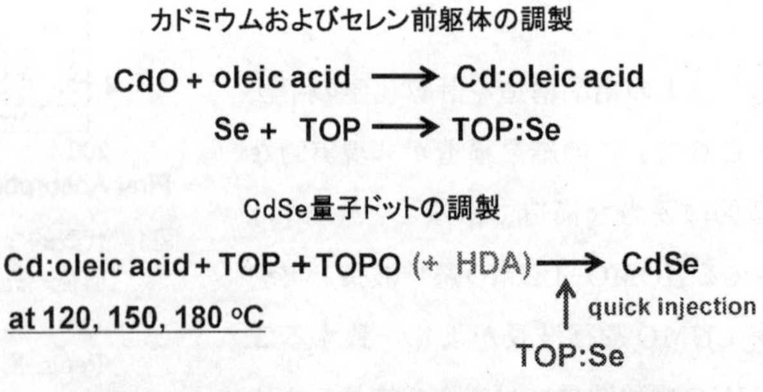

カドミウムおよびセレン前躯体の調製

CdO + oleic acid ⟶ Cd:oleic acid
Se + TOP ⟶ TOP:Se

CdSe量子ドットの調製

Cd:oleic acid + TOP + TOPO (+ HDA) ⟶ CdSe
at 120, 150, 180 ℃　　　　　　　　↑ quick injection
　　　　　　　　　　　　　　　TOP:Se

図2　CdSe量子ドットの調製手順と前躯体の調製

第3章 量子ドットの構造と光学特性の最近の話題と課題

してさらに大きくなる。

　HDAの有無に依存する結晶成長過程が異なる理由は現在のところ不明である。配位性溶媒によって結晶核の周囲に形成される溶媒のケージ構造の違いが関係していると推定される。発光の有無，発光がある場合，スペクトルがシャープかブロードかどうかはCdSe単位の数に依存する。結晶核$(CdSe)_3$は発光を示さない。このサイズでは，そもそも励起子が形成されないことがその理由であろう。励起子による本来の発光スペクトルはシャープなものである。$(CdSe)_{14}$以上のサイズでは励起子による発光が支配的なのでそのスペクトルがシャープになっていると説明される。$(CdSe)_{13}$以下のサイズでブロードな発光が観測されることは，結晶の表面に露出しているセレン原子に存在する不対電子対の存在に起因すると推定される。このようなサイズでは表面の寄与が大きい。そのために，表面の欠陥に起因すると考えられているブロードな発光が現れる可能性が高くなる。実験結果の要約を図3に示す。HDAを加えない場合の吸収・発光スペクトル（120℃）を図4，HDAを加えた場合の吸収・発光スペクトル（120℃）を図5に示す。同じく，HDAを加えた場合で結晶核の形成およびそれに続く結晶成長過程（120，150，180℃）を図6に示す。

　図7に示したように，$(CdSe)_{13}$以下のサイズの結晶の計算結果には，HOMO-LUMO遷移

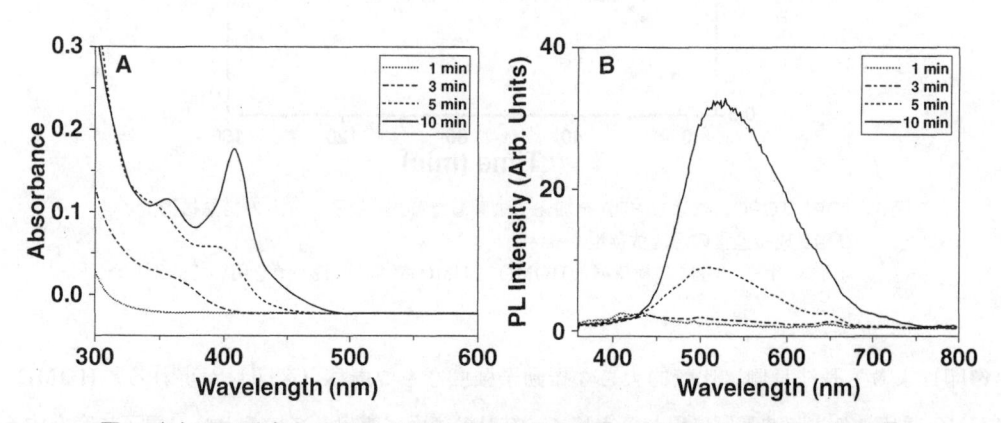

図3　実験結果の要約

図4　(A) HDAを加えないで，TOPとTOPOのみを用いて120℃で合成したCdSe量子ドットの吸収スペクトルの時間変化，(B) 対応する発光スペクトル
　　解析の結果，CdSe単位の個数は，それぞれ3個（3min），6個（5min），13個（10min）であった。

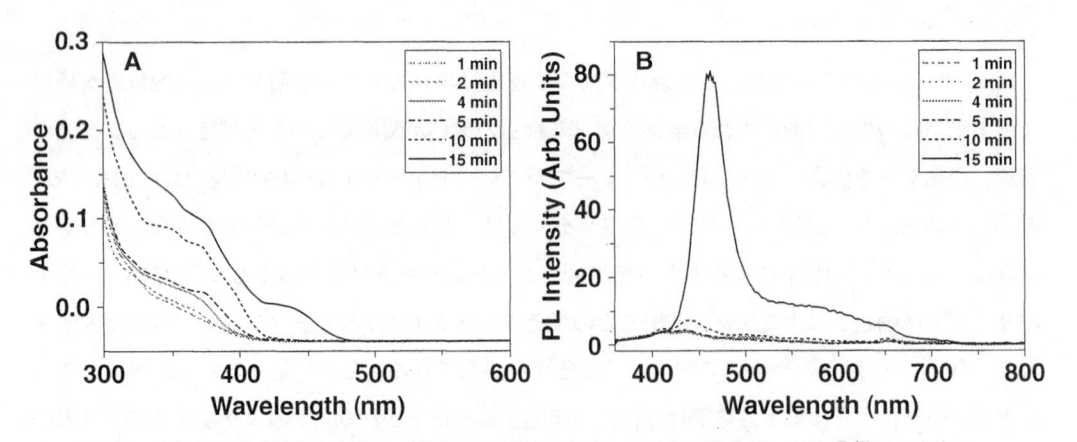

図5 (A) TOPとTOPOにHDAを加えて120℃で合成したCdSe量子ドットの吸収スペクトルの時間変化、(B) 対応する発光スペクトル

解析の結果，CdSe単位の個数は，3個（3，5，10min），そして14個（15min）であった。HDAを加えると，3個の次は14個以上で，HDAを加えない場合に見出された6個の場合は見出されない。吸収スペクトルの10分までの変化はCdSeの結晶核（CdSe）$_3$の数が増加する過程である。発光スペクトルでは，励起子の直接的な再結合による短波長側のシャープなスペクトルに加え，トラップ準位からのブロードな発光が長波長側に観測される。ブロードな発光は反応温度が180℃の場合には，ほぼ消滅した。

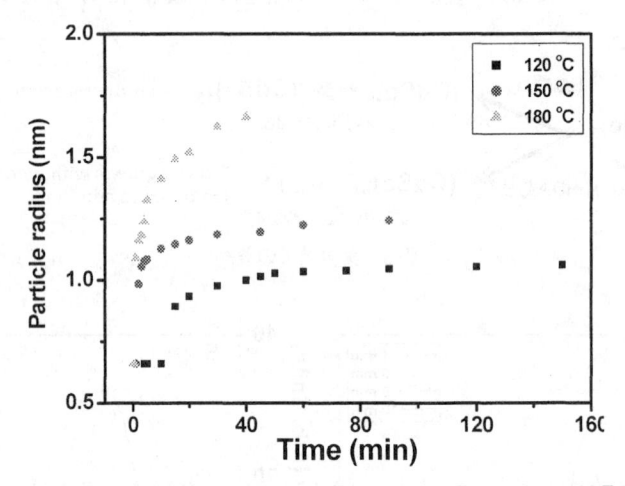

図6 TOP，TOPO，およびHDAを加えて調製したCdSe量子ドットの結晶核形成および結晶成長過程の温度依存性
サイズ(半径)は図1の検量線とHOMO-LUMO遷移の波長の値を用いて評価した。

(●印) よりも長波長側に比較的大きな振動子強度をもつ遷移（×印）が現れる。HOMO-LUMO遷移よりも長波長側に現れる遷移は，結晶の表面に露出しているセレン原子に存在する不対電子対の存在に起因することが知られている。結晶のサイズが大きくなるにつれて，表面に露出しているセレン原子の寄与が相対的に小さくなるので，この長波長の遷移が現れなくなった

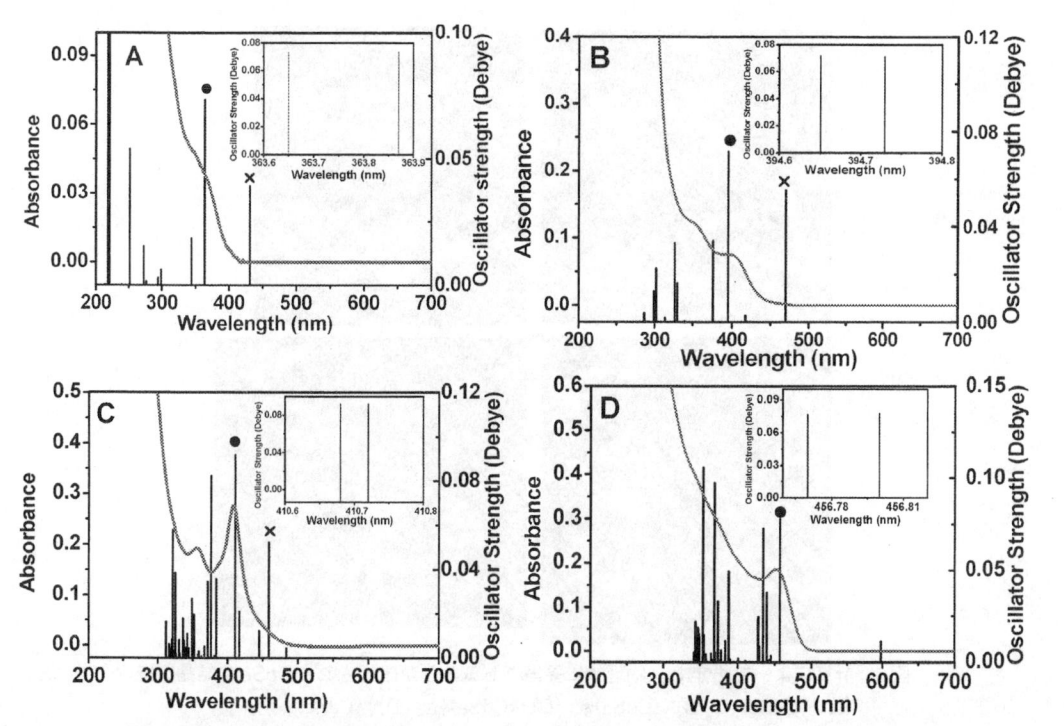

第3章　量子ドットの構造と光学特性の最近の話題と課題

図7　実験で得られた吸収スペクトルと計算で得られた電子遷移の振動子強度の分布
（A）HDAなし3min，120℃；（B）HDAなし5min，120℃；（C）HDAなし10min，120℃；（D）HDAあり2min，150℃。寄与しているCdSe単位の個数は，それぞれ3，6，13，16個。HOMO-LUMO遷移は●印で示した。結晶の表面に露出しているセレン原子に存在する不対電子対の存在に起因する遷移を×印で示した。各図の挿入図は，HOMO-LUMO遷移がdoublet構造を呈することを表す。

として，図7の結果は説明される。HOMO-LUMO遷移については別途説明する。図8に計算によって得られたCdSeの結晶構造を示す。

3.4　理論計算

以下に，理論計算の手順を要約する。

（ⅰ）CdSe結晶のモデル構造をエネルギーが最小になるように最適化する。最適化された構造から，結晶の直径を評価する。

（ⅱ）最適化した結晶構造の規準振動を計算して，赤外吸収スペクトルを評価する。物理的に存在しえない符号が負の振動数が現れる構造は放棄する。正の振動数を与える構造を採用する。

（ⅲ）上記の検定で採用された構造について，計算機の能力に依存して数10個を上限とする励

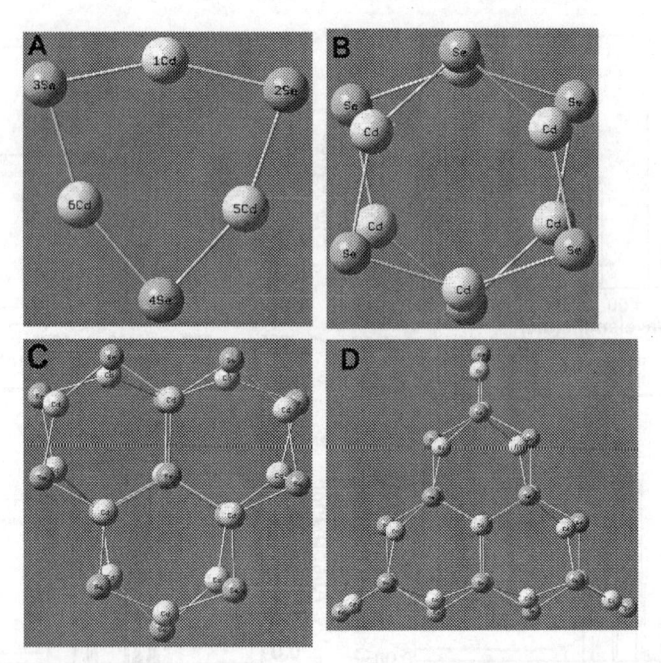

図8 計算によって推定し，物理的に妥当であることが確認されたCdSeの結晶構造
(A) $(CdSe)_3$, (B) $(CdSe)_6$, (C) $(CdSe)_{13}$, (D) $(CdSe)_{16}$

起状態への遷移の振動子強度（f）を計算した。その結果を便宜上以下のように分類した：$f<0.02$，$0.02<f<0.06$，$0.06<f$。

(iv) $0.06<f$の遷移の中からHOMO-LUMO遷移を同定する。
(v) 同定したHOMO-LUMO遷移の波長に対応する結晶の直径を，検量線を用いて評価し，理論計算によって推定された結晶構造の直径を比較して，大きな隔たりがないことを確認する。

なお，HOMO-LUMO遷移を以下の手順で同定した。

a. 最適化された結晶構造の直径に対応するHOMO-LUMO遷移の波長を図1の検量線を用いて評価する。
b. 上記で評価した波長と近い波長をもつ，計算によって得られた遷移（$f>0.06$）を探して，これに着目する。
c. 上記で着目した遷移が，エネルギーが近接する（<3meV）等しい大きさの2つの振動子強度から構成されている（Doublet構造）かどうかを調べる[8]。
d. Doublet構造が見つかれば，それをHOMO-LUMO遷移と同定する。

第3章　量子ドットの構造と光学特性の最近の話題と課題

3.5 HOMO-LUMO遷移

　分子に形成される実験的に測定可能なエネルギー順位は，電子が存在することができる分子軌道に対応している。この分子軌道は基底状態と励起状態に大別される。分子に光を照射する前は，すべての電子は基底状態を占有している。電子に占有されている基底状態の分子軌道のうち一番高いエネルギー順位に対応する分子軌道をHighest-Occupied Molecular Orbital（HOMO）と呼ぶ。一方，励起状態の分子軌道はすべて電子に占有されていない。これら占有されていない分子軌道の中で一番低いエネルギー順位に対応する分子軌道をLowest-Unoccupied Molecular Orbital（LUMO）と呼ぶ。分子に光を照射すると，基底状態に存在する1個の電子が励起状態に遷移する。この際，HOMOからLUMOへの遷移が最もエネルギーが小さいので，分子の吸収スペクトルのエネルギー側，すなわち長波長側で観測され，当該の分子系を特徴づける重要な指標のひとつとなっている。現実には，複雑なメカニズムによって，スペクトルの長波長側にはHOMO-LUMO遷移以外の遷移が混在する場合がある。このため，吸収スペクトルの長波長側からHOMO-LUMO遷移を同定することがスペクトル解析の基礎となる。

3.6 今後の課題

　HDAの有無に依存する結晶成長過程が異なる理由は現在のところ不明である。この問題を解決することが次の課題のひとつである。結晶成長過程には，配位性溶媒によって結晶核の周囲に形成される溶媒のケージ構造の違いが影響していると考えられている。本研究では比較的球に近い量子ドットについて考察した。一方，本研究では扱わなかった棒状の量子ドットの合成においても，反応前駆体としてのカドミウム化合物の違い，配位性溶媒の組み合わせ，反応温度に依存してアスペクト比が制御できることが知られている。反応条件の違い，特に，溶媒に依存する結晶のサイズと構造を計算化学の手法で解明することは極めて重要であるとともに，チャレンジングな課題である。より身近な問題として，通常使用する配位性溶媒が比較的高価であることが，量子ドット製造のコストを高くしているという指摘がある。結晶のサイズと構造とに及ぼす溶媒効果に対する理解が深まると，より安価な溶媒を用いて量子ドットを製造することが可能になることが期待される。

4　量子ドット発光の点滅現象

　本節では，1個の量子ドット科学とその応用にとって問題となる単一の量子ドット発光の点滅現象に着目して，最近の研究の概要を述べる。点滅現象とは，1個の量子ドットの発光が，ランダムにON-OFFを繰り返す現象である。OFF時間のスケールはミリ秒から分にまで及び，量子

量子ドットの生命科学領域への応用

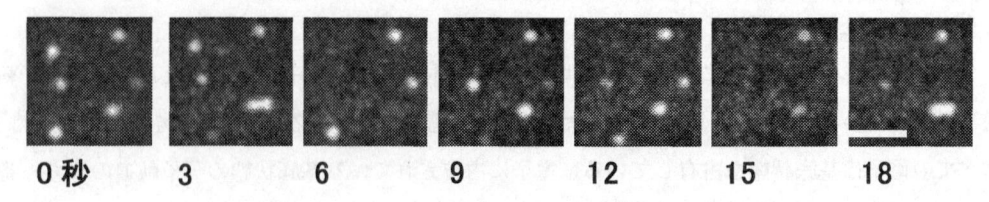

図9 CdSe量子ドットの点滅画像
スケールバーは5μm

ドットが持っている望ましくない性質のひとつとして知られている。点滅現象は，1個の量子ドットで1個の生体分子を標識して，その挙動を連続的に観察する場合にその不都合が顕著になる。図9の発光画像および図10Bに示した，注目したある1個の発光点のトラジェクトリーから明らかなように，秒から分程度の時間スケールで発光が消えてしまう場合があるので，標識した生体分子が視野内に存在していても，消えたように見えるので具合が悪い。このため，点滅現象の抑制あるいは点滅現象を示さない量子ドットの創製が強く望まれている。多数の量子ドットの集合体を同時に測定する場合，この

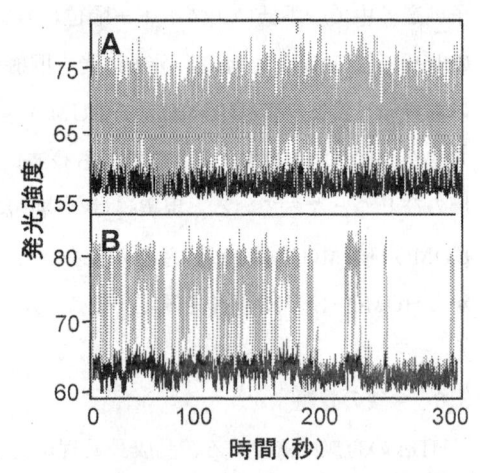

図10 （A）本研究で調製したCdSe量子ドット発光の点滅画像，（B）市販のCdSe量子ドット発光の点滅画像

点滅現象は問題にならない。個々の量子ドットがランダムに点滅するので，量子ドットの集合体全体では一様に光っているように見える。しかし，1個の量子ドットを用いる応用では大きな問題となる。量子ドット1個を用いることは決して特別なことではない。最近めざましい進歩を遂げているナノテクノロジーでは，個々の分子，もっと一般的には，個々の量子系を応用する技術が，今後一層重要になると考えられている。

4.1 序論

点滅現象は，量子ドットの光励起によって生じた電子が，同じく光励起によって生じたホールと再結合するときに，発光して再結合する場合と発光しないで再結合する場合が共存するために起こると考えられている。発光なしで再結合する場合，光励起によって生じた電子（あるいは正孔）は，例えば，結晶表面の構造欠陥に起因する非発光性の電子状態（トラップ準位）に遷移する。この電子状態に滞在する時間，すなわちOFF状態の時間は本質的にランダムなので，これを反映してOFF時間がランダムに変動する結果，点滅現象が観測される。最近，点滅現象を電

第3章　量子ドットの構造と光学特性の最近の話題と課題

子移動反応の枠組みで理論的に解析した研究が発表された[9]。この研究の序論にこれまでの点滅現象の研究の経緯が要約されている。

　量子ドットのコロイド合成法の開発およびその改良によって，量子ドットの発光量子収率は20～30％から，さらに80％以上と向上して現在に至っている。しかしながら，点滅現象の問題は解決されていない。最近，チオールを含む溶液中で点滅現象を可逆的に制御したとする報告がなされた[10]。しかし，この研究結果の追試が行われているが，発光そのものが強く消光されるという結果が複数の研究グループで得られているので（未発表データ），この研究が決定的なものとはなっていない。

4.2　実験結果

　これに対して筆者らは，低温下（＜100℃）で合成した量子ドットでは，〜分スケールのOFF時間が完全に抑制されて，図10（A）に示すように，〜サブ秒の時間スケールの点滅のみを示すことを見出した[5]。この結果は，合成条件の制御のみによって点滅現象を制御できることを示した初めての例である。この新奇な点滅現象が1個のナノ結晶によるものであることの検証が必要であったので，直線偏光した励起光を用い，偏光の試料面に対する角度に依存した発光強度のON-OFF変化を確認することによって観測している発光輝点に含まれるナノ結晶の個数が1個であることを確認した。複数個のナノ結晶の集合体を観測している場合，偏光の角度を変化させても発光強度のON-OFF変化は見られない。直線偏光励起に加えて，原子間力顕微鏡，透過電子顕微鏡，X線回折装置を用いてナノ粒子のサイズ評価を行い，発光測定用の試料では複数のナノ結晶が会合している可能性は極めて小さいことを確認した。

4.3　今後の課題

　最近，水溶液中で合成したCdTeの単一量子ドットで点滅が抑制されたという報告がなされた[11]。量子ドットの周囲に電子供与基が配位することによって，表面に存在するトラップ準位が非発光過程に寄与しなくなると考えられている。しかし，この研究では，点滅していない量子ドットが確かに1個であることの十分な検証がなされていないことが問題である。一般に複数個の量子ドットから成る集合体では，個々の量子ドットがランダムに点滅すると集合体全体では点滅を示さない。今後，一層詳しい研究が待たれる。1個であることを検証するためには，電子顕微鏡による高分解能観察，光学測定として直線偏光した励起光による偏光角度に依存した発光強度の変調[5]，発光のアンチバンチングの確認が挙げられる[12]。

文　献

1) I.L. Medintz, H.T. Uyeda, E.R. Goldman, H. Mattoussi, *Nature Materials*, **4**, 435 (2005)
2) F. Pinaud, X. Michalet, L.A. Bentolila, J.M. Tsay, S. Doose, J.J. Li, G. Iyer, S. Weiss, *Biomaterials*, **27**, 1679 (2006)
3) J.M. Klostrance, W.C.W. Chan, *Adv. Mater.*, **18** 1953 (2006)
4) R. Jose, N.U. Zhanpeisov, H. Fukumura, Y. Baba, and M. Ishikawa, *J. Am. Chem. Soc.*, **128**, 629 (2006)
5) V. Biju, Y. Makita, T. Nagase, Y. Yamaoka, H. Yokoyama, Y. Baba, M. Ishikawa, *J. Phys. Chem.*, **109**, 14350 (2005)
6) C.R. Bullen, P. Mulvaney, *Nano Lett.*, **4**, 2303 (2004)
7) V.N. Soloviev, A. Eichhofer, D. Fenske, U. Banin, *J. Am. Chem. Soc.*, **122**, 2673 (2000)
8) B. Urbaszek, R.J. Warburton, K. Karrai, B.D. Gerardot, P.M. Petroff, J.M. Garcia, *Phys. Rev. Lett.*, **90**, 247403-1 (2003)
9) J. Tang, R.A. Marcus, *J. Chem. Phys.*, **123**, 054704 (2005)
10) S. Hong, T. Ha, *J. Am. Chem. Soc.*, **126**, 1324 (2004)
11) H. He, H. Qian, C. Dong, K. Wang, J. Ren., *Angew. Chem. Int. Ed.*, **45**, 7588 (2006)
12) V. Zwiller *et al.*, *Appl. Phys. Lett.*, **78**, 2476 (2001)

第4章　有機ナノ結晶：その光学特性を用いる今後の展開
―バイオフォトニクスではどこまで研究が進んだか―

馬場耕一*

1　はじめに

　無機半導体ナノ結晶である量子ドットのバイオフォトニクスにおける研究は近年世界レベルで活発に行われている。量子ドットの特色は，紫外，可視，近赤外の幅広い波長領域で高い量子収率でシャープな蛍光が得られ，単一波長励起で同時多色観察が可能であり，また高い光退色耐性，優れた光／化学分解耐性などがある。問題点は，不安定な水分散性，水中での量子収率の極端な低下，毒性や体内代謝，および生体分子との相性の悪さなどが挙げられる。しかしこれらの問題も精力的に研究がなされるなかで解決へ向かっている。

　一方，有機ナノ結晶のバイオフォトニクスにおける研究報告例は少ない。その理由として，生体系に安全な有機ナノ結晶の作製の様態や有機ナノ結晶に特異な光学特性の応用にむけた研究の方向性がいまだ模索段階にあるためと推測している。

　本稿では，筆者らが有機ナノ結晶をバイオフォトニクスに応用した研究を事例に挙げて，本分野の研究がどのように進展しているかご紹介したい。

2　有機ナノ結晶の作製法：再沈法

　有機ナノ結晶の最も汎用的な作製法として，筆者らの研究グループが15年前に独自に開発した再沈法が挙げられる[1,2]。再沈法とは，再沈澱効果によって，有機ナノ結晶を水中に析出・安定分散させるウエットプロセス技術であり，その典型は，ナノ結晶化の目的となる有機化合物の溶液（濃度はmM程度）の一定量（100～200μl）を，激しく撹拌している貧溶媒である蒸留水（10ml）に注入することで行う（図1）。

　通常，有機化合物を溶かす有機溶媒は，水に無限希釈可能なアルコール，アセトンおよびジメチルスルホキシド（DMSO）などを選択する。また再沈法では，溶液の濃度，水温，溶媒の種類，撹拌速度，分散安定剤の添加などの実験条件を選択することで結晶サイズおよび形状の制御

---

*　Koichi Baba　東北大学　多元物質科学研究所　助教

が可能である。再沈法によるサイズ・形状制御の典型として，ポリジアセチレン（PDA）ナノ結晶の例を図2に示す。同一化合物で30nm～数μm程度で制御可能なことが分かる。PDAはπ共役系の局在化に基づく高い非線形感受率$\chi^{(3)}$のため，有機非線形光学材料として有望視されており，その光学特性は結晶サイズに依存することも明らかにされている[3～5]。

　他にも広範な有機光電子材料がナノ結晶化の対象となる。図3にはこれまでナノ結晶化の対象となった代表的な化合物例を示す。分子性結晶であるペリレンや水素結合結晶である赤色顔料キナクリドンのナノ結晶化も行われた[6,7]。またポリマーをナノ粒子化の対象として，次世代の半導体の配線基盤に使用することを目的とした低誘電率な空孔型ポリイミドナノ粒子の作製や[8]，蛍光特性を紫外線照射と温度で増強－減弱させる蛍光性の希土類を内包したポリイミドナノ粒子の作製も行われた[9]。このように再沈法はナノ結晶およびナノ粒子化において多くの有機化合物に適応可能であり汎用性の高い技術である。

　また，有機ナノ結晶の作製に関わる再沈法の応用例に，難溶解性な有機化合物の高濃度溶解を実現する超臨界－再沈法[10]や，サイズ分散度の均一化や作製時間の短縮化を目的とし2.45GHzのマイクロ波照射を利用するマイクロ波照射法[11]などが挙げられる。大量作製においても研究開発が進んでおり，現在までに実験室レベルで毎分1gのペースで作製が可能である。

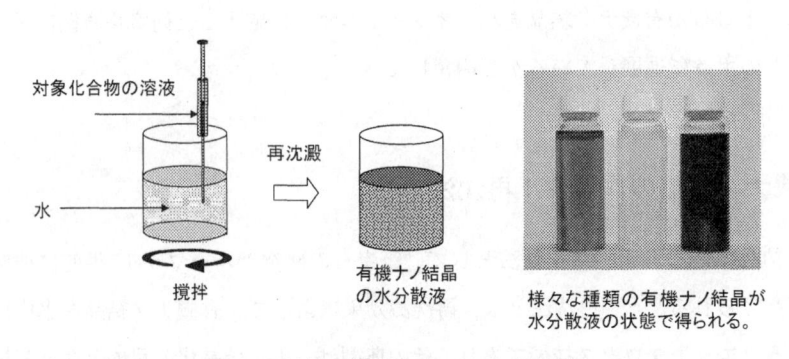

図1　再沈法の模式図（カラー口絵参照）

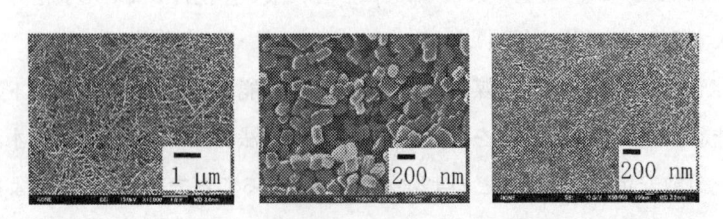

（結晶サイズ：1μm）　（結晶サイズ：200 nm）　（結晶サイズ：30 nm）

図2　同一化合物でのサイズ制御の典型例

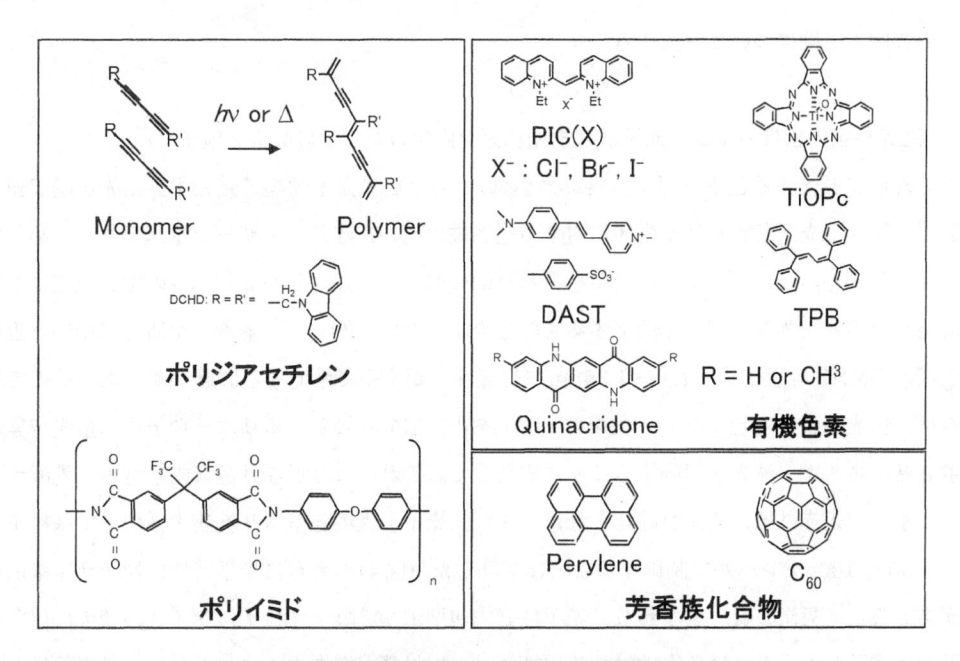

第4章 有機ナノ結晶：その光学特性を用いる今後の展開

図3 再沈法の対象となる様々な有機化合物

3 有機ナノ結晶の結晶サイズに依存した光学特性

　量子ドットは直径約2〜10nm程度の超微粒子結晶で，粒子サイズの違いにより同一物質でありながら青色〜赤色の可視光ならびに近赤外線といった異なる波長の蛍光を発する[12]。これは量子サイズ効果として知られている[13]。一方，有機ナノ結晶は量子ドットよりも一桁大きいサイズ領域（10〜数百nm）で，光学特性のサイズ依存性が観測される。このユニークな現象は筆者らの研究グループにより早くに報告された[14]。その後，ペリレンナノ結晶の自己束縛励起子のλ_{max}は結晶サイズの減少に伴いブルーシフトするが，自由励起子のλ_{max}はほぼシフトしないことが単一ナノ結晶レベルで分かり[15,16]，また自己束縛励起子の蛍光寿命は温度やサイズに強く影響を受けることも分かった[17]。現在では世界レベルで有機ナノ結晶の光学特性評価の研究が行われている[18〜20]。これらの報告から，有機ナノ結晶に特有な光学特性の結晶サイズ依存性は，ナノ結晶化による界面効果，および結晶格子のソフト化による分子間相互作用の影響に起因していると推定されている。

4 再沈法のバイオフォトニクスへの応用

　ここでは，筆者らが再沈法で作製した有機ナノ粒子・ナノ結晶を，バイオフォトニクスに応用

した研究例，二例について解説する。

4.1 近赤外蛍光色素および二光子励起蛍光色素を内包したポリ乳酸ナノ粒子[21]

近赤外域に発光する色素（以下，近赤外色素），および二光子励起で発光する二光子励起蛍光色素（以下，二光子色素）は，生体に対する透過性の高い近赤外レーザーで励起できるため，皮下の生きた細胞のリアルタイムな情報を得る目的に適している。しかし疎水性の強い色素は水中で凝集しその発光強度が著しく低下するものも少なくない。例えば，筆者らが研究に用いた近赤外色素のDMSO溶液は波長$1.1～1.35\mu m$に発光するが水系で消光する問題があった。そこで筆者らは，蛍光色素を内包したポリ乳酸ナノ粒子を再沈法で作製し，ポリマー粒子中に蛍光色素を拡散させエネルギー消光を回避することに成功した。これにより近赤外色素内包型ポリ乳酸ナノ粒子は水系で近赤外域に発光が確認された。また二光子色素内包型ポリ乳酸ナノ粒子では粒子サイズを35～100nmレベルで制御することに成功した（図4）。さらに光学特性に粒子サイズ依存性があることも見出した。すなわち二光子色素内包型ポリ乳酸ナノ粒子のサイズの増大に伴い発光強度は増強した。これは色素に対するポリマーの相対量が増加するにしたがい，色素凝集の割合が下がり，それに伴うエネルギー消光率が低減したことによる。同様の現象は二光子励起による発光特性においても観測された（図5）。

培養癌細胞の蛍光イメージングに，粒径35nm程度の二光子色素ナノ結晶および二光子色素内包型ポリ乳酸ナノ粒子を用いた結果，二光子色素内包型ポリ乳酸ナノ粒子は発光効率や蛍光染色に優れていることが共焦点レーザー顕微鏡の観察で明らかになった（図6）。将来的には，ドラッグデリバリーにおいて薬物や遺伝子を送達するキャリアとしてこの蛍光性ポリ乳酸ナノ粒子を使用し，リアルタイムな治療情報を獲得できる系の構築に向けた基礎研究および技術開発の進展が望まれる。

4.2 光増感剤ナノ結晶を用いた癌の光線力学療法における新規なドラッグデリバリーシステム[22]

癌は日本人の死亡理由の30％近くを占めると報告されている。現在，様々な癌治療法が提案されており，その有力な治療法の一つに，光線力学療法（Photodynamic therapy：PDT）が挙

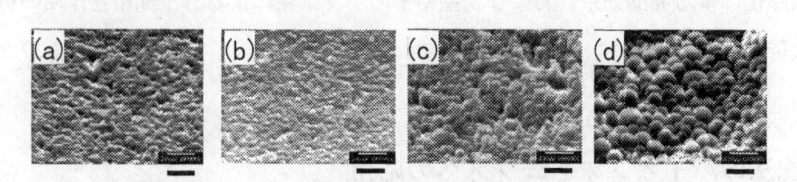

図4　二光子色素ナノ結晶（a），および二光子色素内包型ポリ乳酸ナノ粒子（b），（c），（d）
　　粒子径　(a) 35 nm, (b) 35 nm, (c) 50 nm, (d) 100 nm。　スケールバー：200nm

第4章 有機ナノ結晶：その光学特性を用いる今後の展開

一光子による励起蛍光スペクトル　　二光子励起による蛍光スペクトル

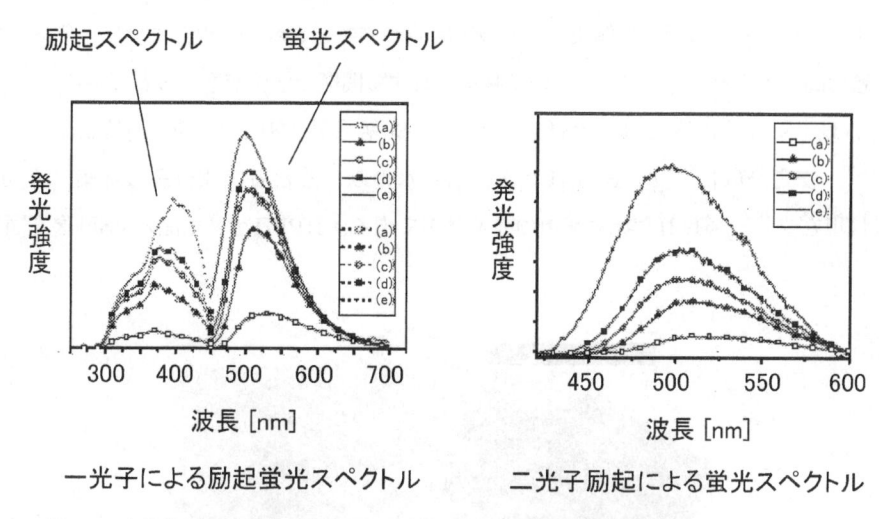

図5　二光子色素ナノ結晶（a），および二光子色素内包型ポリ乳酸ナノ粒子（b）〜（e）
　　　粒子径（a）35nm，（b）35nm，（d）50nm，（e）100nm。

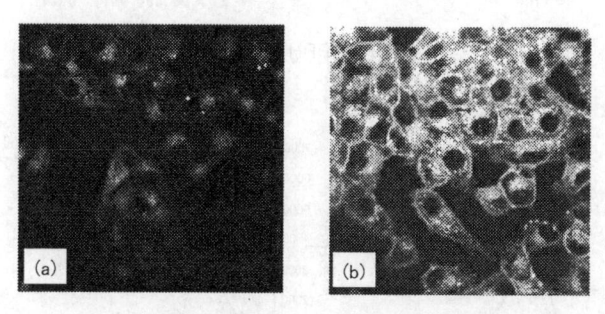

図6　二光子色素ナノ結晶（a）および二光子色素内包型ポリ
　　　乳酸ナノ粒子（b）が癌細胞へ取り込まれた様子を共焦
　　　点レーザー顕微鏡により観察した写真

げられる。PDTとは癌患部に蓄積された光増感剤をレーザー光などで励起し，エネルギー移動から発生する一重項酸素の毒性や血管閉鎖作用により癌を死滅させる治療法である[23]。PDTは，すでに肺がん，子宮がんに限らず，眼疾患である加齢黄斑変性症などでも実用に供されている。またPDTは，光照射を行った癌患部のみを選択的に治療でき，正常組織にダメージを与えない，低侵襲的治療法としても知られている。しかし実際には，光増感剤の正常組織への蓄積に伴う日光過敏症が大きな問題とされている[24]。そのため癌患部へ標的指向性を有するドラッグデリバリーシステムを利用した非侵襲なPDTの研究開発が活発化している。

一方，多くの光増感剤は広いπ共役系を有しており，π-π相互作用や，高い疎水性のため水に対する溶解性が悪い。したがって，水中で容易に会合体を形成し，励起状態の消光が激しく起こり，一重項酸素の発生効率が極端に下がる。そのため，PDTへのドラッグデリバリーシステム

を構築するためにはこの問題を解決できる技術開発が必要とされる。現在までに，デンドリマー型光増感剤高分子ミセル等[25,26)]を用いて凝集に対する問題の解決が進められている。

筆者らは，水への溶解性が悪いクロリンタイプの光増感剤（HPPH）を，再沈法によるナノ結晶化で水へ安定分散化させ，HPPHナノ結晶と水のみからなる二成分系の構築に成功した。HPPHは現在フェーズI/II臨床試験中の光増感剤である。HPPHナノ結晶のTEM像を図7に示

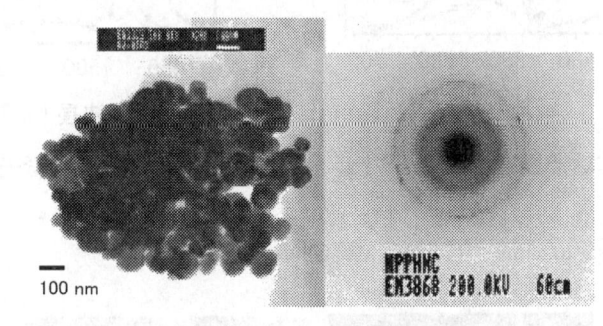

図7 HPPHナノ結晶

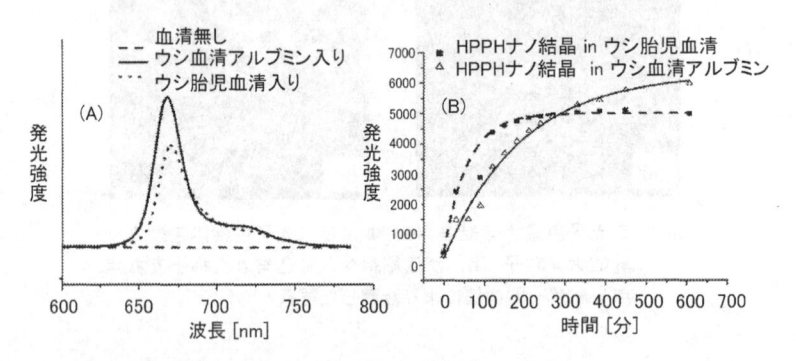

図8 （A）HPPHナノ結晶水分散液の蛍光スペクトルおよび（B）HPPHナノ結晶水分散液の発光強度の経時変化

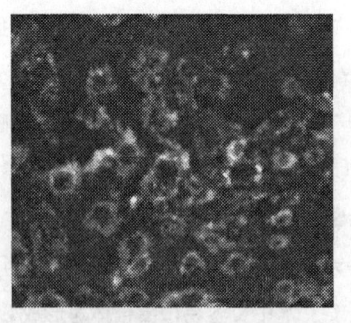

図9 HPPHが癌細胞内へ取り込まれた様子を共焦点レーザー顕微鏡により観察した写真

第4章 有機ナノ結晶:その光学特性を用いる今後の展開

した。HPPHナノ結晶は,凝集による自己消光(発光しない)のため,光増感剤としては不活性である。ところが興味深いことに,HPPHナノ結晶は水には溶解しないが血清に溶解することが明らかとなった。そのため血清溶媒中にHPPHナノ結晶を混入させると,HPPHナノ結晶の溶解が始まり,HPPHは結晶状態から分子状態へ移行する。これによりHPPHが光学活性となる(図8)。光学活性となったHPPHはPDTとして使用できる。培養癌細胞およびマウスを用いたPDT試験で,HPPHナノ結晶水分散系は界面活性剤を用いた従来法に匹敵する抗腫瘍効果を挙げることが示された。界面活性剤は薬物を送達するためのキャリアとして使用されるが,人体への毒性も懸念される。そのためナノ結晶水分散系はキャリアフリーであり革新的なデリバリーシステムといえる。

HPPHナノ結晶の癌細胞内導入に関して,HPPHナノ結晶は血清に溶解後,血清と結合して癌細胞内に取り込まれることが共焦点レーザー顕微鏡の観察から明らかになった(図9)。興味深いことに,血清フリーの条件下ではHPPHナノ結晶として癌細胞内に取り込まれる。癌細胞内に取り込まれたHPPHナノ結晶は,細胞内の膜タンパク・脂質等と相互作用し溶解すると推定され,分子状態となったHPPHは光学活性となる。HPPHナノ結晶の結晶サイズは100nm程度であった。これらの結果から,HPPHナノ結晶の細胞内導入における最適サイズ,最適投与量,およびサイズ効果に基づく最適発光条件は,結晶サイズで制御可能と推定される。さらに結晶サイズに依存した光学活性の時間制御(図8B参照),結晶サイズに基づく体内動態制御などを解明することで,より優れた抗腫瘍効果を得られることが期待される。

5 おわりに

従来,有機光電子材料のナノ結晶化に用いられてきた再沈法を,バイオフォトニクスに応用した二つの研究例について概説した。再沈法は,実用が期待されながらも難水溶性のために水系への展開が困難であった数多くの機能性ポリマーや薬物などに対し,ナノサイズ化による安定水分散二成分系を構築できるため,それらの研究展開に有効である。今後,再沈法を用いたナノバイオサイエンスの研究を推進させていくことで新たなる展望が開かれよう。

文献

1) H. Kasai *et al.*, *Jpn. J. Appl. Phys.*, **31**, L1132 (1992)

2) H. Kasai et al., *"Handbook of Nanostructured Materials and Nanotechnology"*, **5**, p.433, Academic Press, San Diego (2000)
3) H. Katagi et al., *Jpn. J. Appl. Phys.*, **35**, L1364 (1996)
4) H. Nakanishi et al., *Supramolecular Sci.*, **5**, 289 (1998)
5) V.V. Volkov et al., *J. Phys. Chem. B*, **108**, 7674 (2004)
6) H. Kasai et al., *Bull. Chem. Soc. Jpn.*, **71**, 2597 (1998)
7) K. Ujiiye-Ishii et al., *Mol. Cryst. Liq. Cryst.*, **445**, 177 (2006)
8) G. Zhao et al., *Chem. Mater.*, **19**, 1901 (2007)
9) T. Ishizaka et al., *J. Photochem. Photobiol., A: Chem.*, **183**, 280 (2006)
10) Y. Komai et al., *Mol. Cryst. Liq. Cryst.*, **322**, 167 (1998)
11) K. Baba et al., *Jpn. J. Appl. Phys.*, **39**, L1256 (2000)
12) X. Michalet et al., *Science*, **307**, 538 (2005)
13) A.P. Alivisatos, *Science*, **271**, 933 (1996)
14) H. Kasai et al., *Jpn. J. Appl. Phys.*, **35**, L221 (1996)
15) H. Oikawa et al., *Jpn. J. Appl. Phys.*, **42**, L111 (2003)
16) H. Matsune et al., *Mater. Res. Soc. Symp. Proc.*, **846**, DD10.8.1 (2005)
17) T. Onodera et al., *Opt. Mater*, **21**, 595 (2003)
18) H.-B. Fu et al., *Chem. Phys. Lett.*, **322**, 327 (2000)
19) D. Xiao et al., *J. Am. Chem. Soc.*, **125**, 6740 (2003)
20) S.W. Oh et al., *Mat. Sci. Eng., C*, **24**, 131 (2004)
21) K. Baba et al., *Mater. Res. Soc. Symp. Proc.*, **845**, AA9.10.1 (2005)
22) K. Baba et al., *Mol. Pharmaceutics.*, **4**, 289 (2007)
23) Y.N. Konan et al., *J. Photchem. Photobiol., B: Biol.*, **66**, 89 (2002)
24) M.B. Vrouenraets et al., *Anticancer Res.*, **23**, 505 (2003)
25) H.R. Stapert et al., *Langumuir*, **16**, 8182 (2000)
26) W.D. Jang et al., *Angew. Chem. Int. Ed.*, **44**, 419 (2005)

第5章　半導体ナノ粒子の合成と発光特性制御

鶴岡孝章[*1], 赤松謙祐[*2], 縄舟秀美[*3]

1　はじめに

　量子ドットと称されることが多い半導体ナノ粒子は，量子閉じ込め効果によりバルク状態のものとは全く異なる電気的・光学的特性を示すことが知られている[1]。一般に，半導体ナノ粒子の半径が励起子ボーア半径程度になると，半導体の発光波長を決定づける価電子帯の上端と伝導帯の下端のエネルギー準位差（バンドギャップ）がサイズに依存するようになり，サイズが小さくなるにしたがい，バンドギャップが広がる。つまり，半導体ナノ粒子ではその発光波長をサイズによって制御することが可能となる。これが，半導体ナノ粒子をナノサイズ化することで発現する最も興味深い特性である。さらに，光励起などにより生じる電子・正孔対がボーア半径程度の非常に限られた空間に閉じ込められるため，効率よく電子・正孔の再結合が生じるという性質も併せ持つ。これらの特性を有する半導体ナノ粒子はオプトエレクトロニクスにおける発光材料から生命科学分野における分子検出標識材料まで幅広い分野にわたり新規機能性材料としての用途展開が期待されている。しかしながら，半導体ナノ粒子を次世代材料として適用するためには，発光波長をコントロールし，かつ高い発光効率を有するナノ粒子を調製することが極めて重要である。したがって高いクオリティーを有するナノ粒子の合成ならびにサイズ制御について精力的に研究が行われている。

　半導体ナノ粒子の作製法は大別するとドライプロセスとウェットプロセスの二つに分けることができる。分子線エピタキシー（MBE；molecular beam epitaxy）や有機金属気相析出法（MOCVD；metal-organic chemical vapor deposition）などのドライプロセスでは，1原子層レベルでの膜厚制御が可能であり，平滑な界面を有する種々の半導体ヘテロ構造を構築することができる。このドライプロセスの対極にあるのが逆相ミセル法[2,3]，有機金属熱分解法[4～6]，水溶液合成法[7,8]，コアシェル型ナノ粒子合成法[9～12]，合金型ナノ粒子合成法[13,14]などのウェットプロセスであり，ドライプロセスにより得られるナノ粒子とは顕著な違いを有している。このプ

---

*1　Takaaki Tsuruoka　甲南大学　大学院自然科学研究科
*2　Kensuke Akamatsu　甲南大学　理工学部　機能分子化学科　准教授
*3　Hidemi Nawafune　甲南大学　理工学部　機能分子化学科　教授

ロセスでは有機保護分子に覆われた半導体ナノ粒子を得ることが可能であり，さまざまな溶媒に溶解させることができる。この性質がウェットプロセスにより得られるナノ粒子の最大の特長であり，分散性のみならず反応性などのコントロールも可能となるため，多岐にわたる分野においての用途展開が期待される。

簡単ではあるがウェットプロセスによる半導体ナノ粒子の合成に関する研究の歴史について概説する。まず，1980年代に逆相ミセル法や水溶液合成法によるCdSナノ粒子の合成に関する報告[2]がなされ，その光学特性に関する研究が盛んに行われ始めたがナノ粒子のクオリティーに難があった。この問題を解決したのが1993年にMurrayらによって報告された有機金属熱分解法[4]であり，この手法が現在の半導体ナノ粒子研究の礎を築いた。具体的な手法については後述するが，有機金属化合物を高温下にて配位溶媒中に注入するという非常にシンプルなアプローチであり，処理時間を変化させることでナノ粒子のサイズコントロールが可能である。しかし，非常に毒性の高い有機金属前駆体を使用するという問題点があったが，近年では比較的毒性の低い前駆体での合成が可能となっている。この報告と同じ時期に水溶液合成法によるCdTeナノ粒子の調製に関する報告[7]がなされ，比較的低温条件下でも高発光性のナノ粒子を得ることに成功している。また，1980年代後半にて報告されていたコアシェル型ナノ粒子の合成は，ナノ粒子の発光効率を向上させる有効なアプローチとして既に知られていたが，1990年代後半に有機金属熱分解法を利用したコアシェル型ナノ粒子の合成法が開発[9]され，量子収率70％を超える半導体ナノ粒子を得ることが可能となった。さらに近年では，合金タイプの半導体ナノ粒子の合成法が報告[13,14]され，ナノ粒子のサイズを変化させることなく発光波長を制御できるようになっている。

本稿では，現在主流となっているウェットプロセスによる半導体ナノ粒子の合成方法および発光特性制御について解説するとともに（表1および2），著者らが近年取り組んできた室温下にて

表1 半導体ナノ粒子合成法とその特徴

	逆相ミセル法	有機金属熱分解法	水溶液合成法	コアシェル型ナノ粒子合成法	合金型ナノ粒子合成法
合成条件	室温 水／ヘプタン溶液中	不活性ガス下 200～300℃ 配位溶媒中	不活性ガス下 室温 水溶液中	不活性ガス下 200～300℃ 配位溶媒中	不活性ガス下 200～300℃ 配位溶媒中
サイズ制御	○	△	△	△	○
サイズ分布	△	○	△	○	○
発光過程	欠陥発光	バンド端発光	バンド端発光	バンド端発光	バンド端発光
発光効率	数%	10～30%	10～30%	50～80%	50～80%
分散性	ミセル溶液	無極性溶媒	水	無極性溶媒	無極性溶媒
主な粒子	CdS	CdSe, PbSe, InAsなど多数	CdTe	CdSe/ZnS, CdSe/ZnSe CdSe/CdSなど	$Zn_xCd_{1-x}Se$ CdSeTeなど

第5章 半導体ナノ粒子の合成と発光特性制御

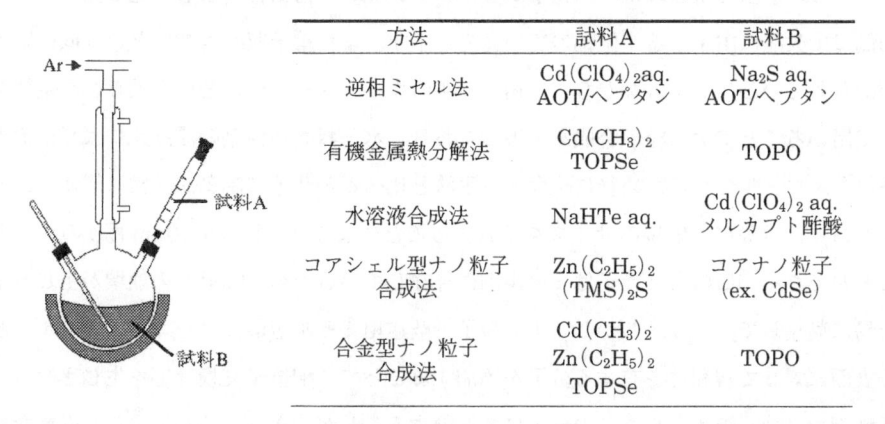

表2 半導体ナノ粒子合成法の概要図および反応試料

方法	試料A	試料B
逆相ミセル法	$Cd(ClO_4)_2$ aq. AOT/ヘプタン	Na_2S aq. AOT/ヘプタン
有機金属熱分解法	$Cd(CH_3)_2$ TOPSe	TOPO
水溶液合成法	NaHTe aq.	$Cd(ClO_4)_2$ aq. メルカプト酢酸
コアシェル型ナノ粒子合成法	$Zn(C_2H_5)_2$ $(TMS)_2S$	コアナノ粒子 (ex. CdSe)
合金型ナノ粒子合成法	$Cd(CH_3)_2$ $Zn(C_2H_5)_2$ TOPSe	TOPO

半導体ナノ粒子の発光波長を制御する新規アプローチ[15]について紹介する。

2 半導体ナノ粒子の合成

現在，研究が行われている半導体ナノ粒子の材料は，シリコン，II-VI族半導体，そしてIII-V族半導体があるが，可視領域にて発光を示すII-VI族半導体（CdS，CdSe，CdTe，ZnSなど）について詳細な検討が行われており，主にウェットプロセスにより調製されている。一般にウェットプロセスによりナノ粒子を合成する場合，有機配位子を含む溶媒中でカドミウムやセレン前駆体を反応させる。この際，ナノ粒子の核発生と成長過程を制御するために，チオール，ホスフィン，アミンなどのナノ粒子表面の原子に配位可能な官能基を有する有機分子が用いられ，これらの有機配位子がナノ粒子を安定化させる。このように溶液中におけるナノ粒子合成では，有機配位子の果たす役割は非常に重要である。また，前駆体の反応性や溶媒なども粒子の形状，粒径，そして発光量子収率などに関係してくるため質の高いナノ粒子を得るためには綿密な制御が必要となる。

2.1 逆相ミセル法

逆相ミセル法は，その名の通り逆相ミセル内を反応場として粒子を形成させる手法であり，一般にCdSナノ粒子の合成によく用いられている。この手法では，界面活性剤にエーロゾルOT（AOT）ヘプタン溶液，過塩素酸カドミウム水溶液，そして硫化ナトリウム水溶液もしくは硫化水素ガスを使用する。まず，カドミウムイオンを含む水溶液をAOTヘプタン溶液に加えることで逆相ミセルを形成させる。これと同様に硫化物イオンを含む溶液も調製する。そして，二つの溶液を混合し，逆相ミセルのウォータープール内にて反応を生じさせることにより，ナノ粒子を

合成する。この手法で得られたナノ粒子からはエキシトンの再結合による発光は見られず，より高波長側にて欠陥に由来する半値幅の広い発光を示す。また量子収率は数％という低い値であることが知られている。しかしながら，逆相ミセルのウォータープールという限られた空間を反応場として用いることでナノ粒子合成を実現しており，水と界面活性剤の濃度比により反応場の大きさをコントロールできるため後に紹介する手法と比べるとサイズ制御が非常に簡便であるという利点がある。実際に反応場のサイズを制御することにより，直径2～10nm程度のナノ粒子を得ることができる。このナノ粒子はミセル内に存在しているため，ミセルの崩壊が生じる条件下では容易に凝集してしまう。しかし，ナノ粒子分散逆相ミセル溶液にアルカンチオールなどのナノ粒子表面に対して親和性を有する分子を添加することで，配位子交換反応を生じさせ，表面を界面活性剤ではなくチオールなどの分子にて保護することができる。これにより，過剰な有機分子の除去ならびに固体状態での回収などが可能となる[16]。

2.2 有機金属熱分解法

　有機金属熱分解法では，溶媒かつ有機配位子としてトリオクチルホスフィンオキシド（TOPO）を約300℃に加熱し，ジメチルカドミウム／トリオクチルホスフィン（TOP）溶液とセレン／TOP（TOPSe）溶液を注入することによりCdSeナノ粒子を合成する。この手法は非常に高温下で反応を行うため，核形成過程と粒子成長過程を分離できることが特徴である。これにより直径2nmから10nm程度までの単分散なナノ粒子を合成することが可能である。また高温下にて行う利点は他にもあり，得られるナノ粒子は結晶性に優れ，表面欠陥の形成が抑制される。半導体ナノ粒子は表面を構成する原子の割合が大きいため，発光効率が表面欠陥の存在に大きく左右されることが知られている。したがって，有機金属熱分解法により得られたナノ粒子は優れた発光効率を示す。近年では，様々な改良法が開発されており，カドミウム前駆体として酸化カドミウム，保護分子としてヘキサデシルアミン，Seの溶媒としてトリブチルホスフィンなどを用いることで量子収率が50％に達する光発光性ナノ粒子を得ることが可能となっている。また，この合成法はCdSeナノ粒子に代表されるII-VI族半導体ナノ粒子の合成のみならず，InAsやInPなどのIII-V族半導体ナノ粒子の合成[17～19]にも適用可能であり，広く使用されている。この手法で合成したナノ粒子は，TOPOあるいはTOP分子により保護されており，外向きにアルキル鎖が向いているため無極性あるいは比較的極性の小さい溶媒などに分散させることができる。また，配位子交換反応を利用することでナノ粒子を水溶液に分散させることも可能となるが，CdSeナノ粒子に対してチオール分子を用いるとチオール分子がナノ粒子内で生じたホールを捕捉するため発光効率が劇的に低下することが知られているので注意されたい[20]。

第5章 半導体ナノ粒子の合成と発光特性制御

2.3 水溶液合成法

水溶液合成法は，主にCdTeナノ粒子の合成時に適用される手法であり，ほとんどのアプローチにおいて脂溶性ナノ粒子が得られるのに対し，水溶性ナノ粒子が得られる点が特徴である。手順は，水溶性チオール分子（メルカプト酢酸など）を含む過塩素酸カドミウム水溶液を作製し，pHを10程度に調整する。この溶液にテルル化水素ナトリウム水溶液（金属テルルと水素化ホウ素ナトリウムを反応させて調製）を添加する，あるいはテルル化水素ガス（テルル化アルミニウムに濃硫酸を滴下することで発生）を導入する。反応後に還流を施すことにより直径2～10nmのナノ粒子を調製することができる。このアプローチは，室温下にてまず粒子を合成しその後還流を行うが，有機金属熱分解法と比較すると低温条件であるためナノ粒子表面の欠陥形成抑制能力は低いと考えられており，得られるナノ粒子は有機金属熱分解法により得られるナノ粒子と比較して発光効率に劣るとされてきた。しかし，近年ではカドミウムイオンとチオール分子のモル比を調整することにより非常に高い発光効率を有するナノ粒子の調製も可能となっている。

2.4 コアシェルナノ粒子合成法

コアシェルナノ粒子合成法は現在，最も主流となっているナノ粒子合成法である。一般的にコアシェルナノ粒子ではコア材料がよりバンドギャップの大きい材料で被覆されており，シェル材料の伝導帯エネルギー準位がコア材料の準位より高く，価電子帯のエネルギー準位がコア材料の準位より低くなるように設計される。このシェル形成によりコア内に発生した励起子が粒子全体に広がるのが抑制され，コア内に空間的に閉じ込められるため励起子の再結合が生じやすくなる。その結果，ナノ粒子の発光効率が飛躍的に増大するようになる。このコアシェルナノ粒子の初期の報告は，$CdS/Cd(OH)_2$タイプである。これは逆相ミセル法あるいは水溶液合成法にてCdSナノ粒子溶液に再度カドミウムイオンを添加し，溶液を塩基性にすることにより調製することができる。前述したように逆相ミセル法により合成したCdSナノ粒子は，バンド端発光を示さず欠陥に由来する発光のみが観測されるが，このシェル形成を行うと欠陥発光は消失しバンド端発光の発現を誘発することができ，さらには量子収率が増大することも知られている。1990年後半には有機金属熱分解法を利用したコアシェルナノ粒子合成法が報告され，現在の半導体ナノ粒子に関する報告はほとんどこの手法にてナノ粒子を合成している。最も報告例が多いのがCdSe/ZnSタイプである。まず有機金属熱分解法によりコアとなるCdSeナノ粒子を合成し，ジエチル亜鉛とビス（トリメチルシリル）スルフィドを200℃程度のCdSeナノ粒子分散溶液にゆっくりと滴下することでコアシェルナノ粒子を得ることができる。この他にもCdSe/ZnSe，CdSe/CdS，そしてInAs/InPタイプなどさまざまなコアシェルナノ粒子を合成することが可能である。前述したように半導体ナノ粒子においては，粒子表面に欠陥が存在することで発光効率が著しく

低下することが知られており，表面状態の制御は非常に重要な研究課題となっている。有機金属熱分解法では欠陥形成をかなり抑制することが可能である。このコアシェル型ナノ粒子は，発光層としての役割を担うコアの表面が被覆されることでほぼ完全に欠陥が補填され，およそ50％の発光効率を示すようになる。近年では，発光効率70％以上のナノ粒子の調製も可能となってきている。

2.5 合金型ナノ粒子合成法

前述した全ての方法は，ナノ粒子のサイズをコントロールすることでナノ粒子の発光波長を制御しているが，この合金型ナノ粒子合成法では，ナノ粒子のサイズを変化させることなく発光波長を制御することが可能である。その原理は非常にシンプルで，すでにバルク状態でも知られている組成比を変化させることによりバンドギャップを調節するというものである。合成法は有機金属熱分解法を応用したものであり，複数の前駆体（例えば，ジメチルカドミウムとジエチル亜鉛）をあらかじめ混合し，反応させることで合金型ナノ粒子を得ることができる。もう一つのアプローチが，まずコアシェル型ナノ粒子を合成し，高温での熱処理を行うことで合金化させる手法である。これらの手法により得られた合金型ナノ粒子は，50％を超える高い発光効率を有しており，また酸化耐性も他の粒子と比較すると優れているという報告例もある。

3 半導体ナノ粒子の発光波長制御

上述のように，合金型ナノ粒子を除いて半導体ナノ粒子の発光波長は合成時におけるサイズ制御によって調整することができる。著者らは，あらかじめ調製したCdTe半導体ナノ粒子の表面を有機分子により機能化することに着目し，同時に発光波長を制御することに成功したので本項にて概説する。

3.1 半導体ナノ粒子の合成

CdTeナノ粒子の合成は，前述の水溶液合成法により行った[21]。通常，バルク状態のCdTeは黒褐色であるが，この反応により得られた水溶液は鮮やかな橙色を呈しており，水溶液中にナノ粒子が形成していることを示している。さらに得られた水溶液を還流し，ナノ粒子のサイズ成長を試みた。この時のCdTeナノ粒子の吸収ならびに発光スペクトル変化を図1に示す。合成直後のCdTeナノ粒子（粒子直径：2.5nm）の吸収端は約520nmであり，バルクの値（約860nm）と比較すると大幅に短波長側へシフトしていることがわかる。また，還流時間の増大に伴って吸収および発光スペクトルがいずれも長波長側へとシフトしており，溶液色は橙色から濃赤色，発

第5章 半導体ナノ粒子の合成と発光特性制御

光色は緑色から赤色へと変化した。この変化は粒子サイズが増大したことによるものであり，10時間還流を施した試料の粒子サイズは直径3.3nmと合成直後と比較して増大していることが明らかとなった。

3.2 半導体ナノ粒子の発光波長制御

前項にて得られたCdTeナノ粒子溶液内に存在している未反応物質を除去するために，沈殿精製を行った。この手法はナノ粒子を精製する際に最も一般的に用いられる手法であり，ナノ粒子が分散性を示さず，かつ未反応物質は分散する溶媒に合成溶液を添加することによりナノ粒子の精製を行う。我々は多量のメタノールにCdTeナノ粒子合成溶液を添加することで，ナノ粒子のみを回収し，それらをスターティングマテリアルとした。このナノ粒子を水に再分散させ，カチオン性界面活性剤

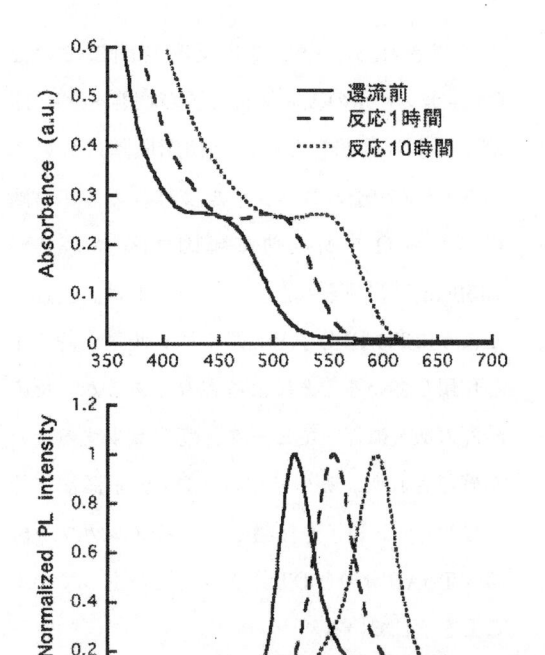

図1 還流時におけるCdTeナノ粒子の吸収および発光スペクトル変化

であるテトラ-n-オクチルアンモニウムブロミド（TOAB）トルエン溶液を加えたところ，ナノ粒子が水層からトルエン層へと移層することが明らかとなった。これはナノ粒子表面に存在するカルボキシル基とTOAB分子が静電的に相互作用し[22]，ナノ粒子／有機保護分子複合体の末端がカルボキシル基ではなくメチル基になり，トルエンに対する分散性が向上したためである。これにより得られたCdTeナノ粒子トルエン溶液に1-デカンチオール（DT）分子を加えることにより，溶液色が赤色から黄色，発光色が赤色からシアン色へと変化することが分かった。この変化の際の吸収スペクトルの吸収端および発光ピーク波長は反応前560nmおよび595nmであったが，DT分子添加後15分，1時間，そして2時間経つとそれぞれが550nmおよび575nm，520nmおよび545nm，そして470nmおよび520nmとブルーシフトすることが明らかとなった（図2）。この発光波長のブルーシフトはDT分子添加量に依存しており，添加量を調節することにより発光波長制御ができる。また，この反応は空気中で行ったときにのみ進行するため，目的とする発光波長に到達した際にアルゴン雰囲気にすることでブルーシフトを停止させることも可能である。一般にチオール分子はナノ粒子の保護分子として幅広く用いられている。本プロセスでは，ナノ粒子溶液に新たにDT分子を添加しており，ナノ粒子の表面保護分子は変化している

と予想される。そこで各反応時間における CdTeナノ粒子の表面保護分子の状態をFT-IR 測定により確認した。反応初期段階における CdTeナノ粒子のスペクトルより，カルボン酸 塩のC＝O伸縮振動に起因するバンドが $1550cm^{-1}$ に見られた。このバンドは，前述し たようにTOAB分子とカルボキシル基が静電相 互作用していることによるものであるが，反応 時間の増大に伴ってピーク強度が減少すること が確認された。この結果は，DT分子添加に伴 いCdTeナノ粒子を保護しているメルカプト酢 酸・TOAB分子とDT分子の置換が生じている ことを示している。

3.3 発光波長変化のメカニズム

ではなぜ発光波長のブルーシフトが生じるの かという疑問が生じる。以前，CdTeナノ粒子 水溶液と1-ドデカンチオール（DDT）分子を混合することによりナノ粒子を水層からDDT層へ の移層に成功している報告がある[23]。この報告においては，ブルーシフトではなく粒子同士の 凝集に伴うレッドシフトが生じることが確認されている。したがって，我々の実験では全く異な る現象が生じていることが明らかである。本稿の初めに記述しているように半導体ナノ粒子の発 光波長は粒子サイズに依存していることが知られている。この理論をふまえ，我々の実験におい て観測された発光波長変化のメカニズムを解明するために評価を行った。

添加前の試料のTEM観察結果より，非常に結晶性に優れたナノ粒子が確認でき，平均粒子サ イズを算出したところ3.3nm（標準偏差：0.41nm）であることが分かった。また電子線回折パ ターンより（111），（220），そして（311）面を確認することができ，得られたナノ粒子は閃亜 鉛鉱型結晶構造であった。同様の観察をDT添加5時間後の試料において行ったところ，平均粒 子サイズは3.2nm（標準偏差：0.36nm），結晶構造は閃亜鉛鉱型であり，反応前後で粒子サイズ および結晶構造のいずれも変化していないことが明らかとなった。

そこで元素分析を行ったところ，興味深いことに反応時間の増大に伴いTe含有量が減少し，S 含有量が増大することが確認された。さらに，TeおよびS合計含有量とCd含有量の比を算出し たところ一定であることも確認された。また元素分析結果の確証を得るため，ICP測定を行った

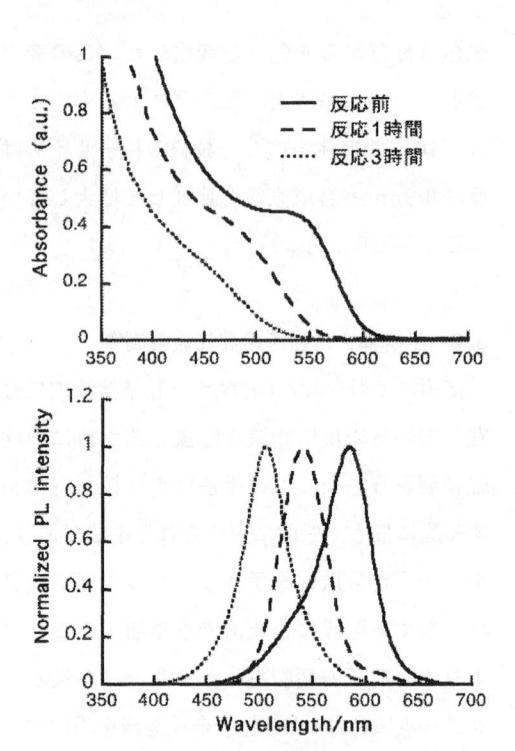

図2 デカンチオール分子添加に伴うCdTeナ ノ粒子の吸収および発光スペクトル変化

第5章　半導体ナノ粒子の合成と発光特性制御

ところが，精製の際に得られた濾液からはTeのみが検出され，Cdは検出されなかった。これらの結果より，ブルーシフトのメカニズムは二つのパターンが予想される。一つは粒子表面のTe原子が溶解し，その生じた欠陥にS原子が供給されることにより，CdTeを構成するコアサイズが減少するためにブルーシフトが生じる。もう一つはTe原子の溶解およびS原子の供給は同様であるが，最終的に合金状態になることでブルーシフトが生じるというパターンである。しかしながら，本実験は室温で行っているため後者のパターンが生じるとは考えにくい。したがって，前者のパターンによりブルーシフトが生じると考えられる。そこでXPS測定を行い，得られたS 2pスペクトル解析（カーブフィッティング）を行った。S2 pピークはS $2p_{3/2}$およびS $2p_{1/2}$に分離することができ，それぞれの結合エネルギーの違いは1.18eVそしてピーク面積比は2と仮定した。その結果，S $2p_{3/2}$ピークの結合エネルギー163.3eV（反応前）および163.2eV（5時間反応後）はチオール分子に起因するものであることが明らかとなった。この結果より，詳細なメカニズムは以下の通りであると考えている。DT添加により粒子表面のTe原子が溶解し，それと同時にDT分子がその欠陥サイトを埋め，最終的に$CdTe_{1-x}(SC_{10})_x$というシェルを形成することで，CdTeコアサイズが減少するため発光波長のブルーシフトが生じる（図3）。この仮定を証明するためにEDX組成分析結果をもとにサイズの概算を行った。粒子サイズ3.3nmのCdTeナノ結晶はおよそ276個のTe原子を含んでいる。元素分析結果では5時間反応させることにより276個の約57％が溶解することになる。すなわち117個のTe原子がCdTeコアを形成していると考えられる。これは2.5nmCdTeナノ結晶を構築するために必要なTe原子数とほぼ一致しており，発光ピーク波長と非常に一致した結果であることが明らかとなった。

4　おわりに

本稿では，今後さまざまな分野にて応用が期待される半導体ナノ粒子を取り上げ，代表的な合成方法ならびに我々が行ってきた新たな発光波長制御アプローチである有機分子の化学的表面修

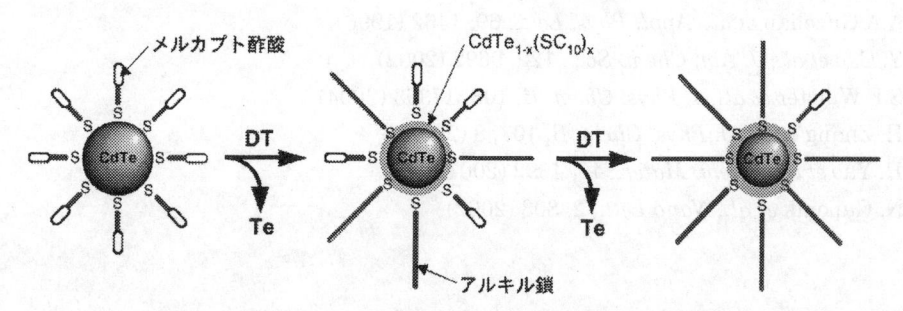

図3　デカンチオール分子添加に伴うCdTeナノ粒子の状態変化

飾によるCdTeナノ粒子の発光波長制御法について紹介した．新規機能性材料として注目を集める半導体ナノ粒子そのものの合成方法ならびに発光特性制御法に関する報告が数多くなされているが，より簡便な合成法ならびに発光特性制御法の開発が望まれている．本法では室温下にて容易にCdTeナノ粒子の発光波長制御が可能であり，さらに粒子表面の修飾過程を同時に行えることから新規発光波長制御プロセスとして有望である．また半導体ナノ粒子の安定性において未だ解明されていない問題は多く，その問題点を解明するという点においても非常に重要な知見の一つであると考えられる．

文　　献

1) A.P Alivisatos, *J. Phys. Chem.*, **100**, 13226 (1996)
2) M. Steigerwald *et al.*, *J. Am. Chem. Soc.*, **110**, 3046 (1988)
3) B.A Harruff *et al.*, *Langmuir*, **19**, 893 (2003)
4) C.B Murray *et al.*, *J. Am. Chem. Soc.*, **115**, 8706 (1993)
5) Z.A Peng *et al.*, *J. Am. Chem. Soc.*, **123**, 183 (2001)
6) L. Qu *et al.*, *Nano Lett.*, **1**, 333 (2001)
7) A.L Rogach *et al.*, *Ber. Bunsen-Ges. Phys. Chem.*, **100**, 1772 (1996)
8) H. Bao *et al.*, *Chem. Mater.*, **16**, 3853 (2004)
9) B.O Dabbousi *et al.*, *J. Phys. Chem. B*, **101**, 9436 (1997)
10) P. Reiss *et al.*, *Nano Lett.*, **2**, 781 (2002)
11) D.V Talapin *et al.*, *Nano Lett.*, **3**, 1677 (2003)
12) J.J Li *et al.*, *J. Am. Chem. Soc.*, **125**, 12567 (2003)
13) R.E Bailey *et al.*, *J. Am. Chem. Soc.*, **125**, 7100 (2003)
14) Z. Zhong *et al.*, *J. Am. Chem. Soc.*, **125**, 8589 (2003)
15) K. Akamatsu *et al.*, *J. Am. Chem. Soc.*, **127**, 1634 (2005)
16) T. Tsuruoka *et al.*, *Langmuir*, **20**, 11169 (2004)
17) A.A Guzelian *et al.*, *J. Phys. Chem.*, **100**, 7212 (1996)
18) A.A Guzelian *et al.*, *Appl. Phys. Lett.*, **69**, 1462 (1996)
19) Y. Cao *et al.*, *J. Am. Chem. Soc.*, **122**, 9692 (2002)
20) S.F Wuister *et al.*, *J. Phys. Chem. B*, **108**, 17393 (2004)
21) H. Zhang *et al.*, *J. Phys. Chem. B*, **107**, 8 (2003)
22) H. Yao *et al.*, *Chem. Mater.*, **13**, 4692 (2001)
23) N. Gaponik *et al.*, *Nano Lett.*, **2**, 803 (2002)

第Ⅱ編
量子ドットの製造

第Ⅱ部

電子レンジの構造

第6章　光化学反応を用いる単分散半導体ナノ粒子の作製と光機能材料への応用

鳥本　司[*1]，岡崎健一[*2]，大谷文章[*3]

1　はじめに

　半導体ナノ粒子あるいは量子ドットと呼ばれる，ナノメートルサイズの半導体粒子は，量子サイズ効果の発現によって，化学組成は全く同じであってもそのサイズ・形状に依存した物理化学特性をもち，小さな分子やより大きなバルク結晶にはないユニークな特性を示す[1〜3]。現在，発光材料，レーザー，高活性光触媒や太陽電池など，半導体ナノ粒子の特徴を活かして新規光機能性材料を開発する研究が盛んに行われている。

　ナノ粒子は，体積に対して粒子表面積の割合が非常に大きいために，極めて凝集しやすい。半導体ナノ粒子の多くは液相法により合成できるが，その凝集を妨げて安定に存在させるために，これまでに様々な方法が開発されている。それらは主に，①ガラス，ゼオライトあるいはナフィオンなどの固体／高分子マトリクス中への粒子の取り込みによる物理的な隔離[4〜7]と，②粒子表面と高い親和性をもつ低分子有機化合物（チオール化合物，長鎖アルキルアミンなど）を用いた化学修飾による粒子表面の不活性化[8〜13]の，2つに大きく分類できる。これらの手法のいずれにおいても，その反応条件を変化させることによって，生成するナノ粒子の粒径を任意に制御することが可能である。

　図1に，代表的な半導体ナノ粒子の粒径とエネルギーギャップの関係を示す[11〜15]。量子サイズ効果の発現によって，半導体粒子の電子エネルギー構造は粒径減少とともに大きく変化する。すなわち，バルク半導体で見られたエネルギーバンドの縮退が解けて軌道が離散化し，伝導帯下端の電位が負電位側に，価電子帯上端の電位が正電位側にシフトするとともにエネルギーギャップが増大する。このことは，ナノ粒子やこれを用いた機能性材料の特性を評価する際に，ナノ粒子の粒径に加えてその単分散性が非常に重要となることを意味している。

　著者らのグループでは，単分散な半導体ナノ粒子を精度良く合成する手法として，半導体の光化学反応と，ナノサイズ化された粒子が示す量子サイズ効果とを利用するサイズ選択的光エッチ

---

*1　Tsukasa Torimoto　名古屋大学　大学院工学研究科　教授
*2　Ken-ichi Okazaki　名古屋大学　大学院工学研究科　助教
*3　Bunsho Ohtani　北海道大学　触媒化学研究センター　教授

ング法を開発した。本章では，この手法の原理と有用性を解説するとともに，これを利用する新規コア・シェル構造体（ジングルベル型構造体）の合成について述べる。さらに，得られるナノ複合体粒子の光化学特性と機能性材料への応用について実験例をもとに紹介する。

2 サイズ選択的光エッチング法：光を用いる半導体ナノ粒子の単分散化

前述したように，半導体粒子の電子エネルギー構造は，量子サイズ効果によって粒径減少とともに大きく変化する。しかしながら，液相化学合成法で作製した半導体ナノ粒子は，比較的幅広い粒径分布を有しており，そのままではナノ粒子のもつ特性を精密に評価することができない。そこで，調製直後の多分散な粒子から単分散粒子を分離する試みが，いくつかの化学的手法を用いて行われ，成果を上げている。たとえば，粒子表面電荷の粒径依存性を利用した電気泳動分離法[16, 17]，保持時間の差を利用した排除クロマトグラフィー[18, 19]，粒子サイズの違いによる溶媒への分散性の差を利用するサイズ選択的沈殿法[11, 20]などが報告されており，いずれも単分散性の高い半導体ナノ粒子を得ることができる。

著者らのグループでは，高精度に粒径を制御した単分散半導体ナノ粒子を作製する手法として，サイズ選択的光エッチング法を独自に開発した（図2）[21～25]。この方法は，従来型の化学的な粒径分離法とは全く異なったものであり，粒径減少にともなう半導体ナノ粒子のエネルギーギャップの増大（量子サイズ効果）と，溶存酸素存在下で金属カルコゲナイドなどの半導体が示す光酸化自己溶解反応とを，巧みに組み合わせたものである。あらかじめ合成した比較的広い粒径分布を持つ半導体ナノ粒子に，その吸収端の波長よりもわずかに短い波長の単色光を溶存酸素存在下で照射すると，粒径の大きな半導体ナノ粒子が選択的に光励起され，光酸化溶解反応が進行する。その結果，光励起されているナノ粒子の粒径のみが減少し，量子サイズ効果によるエネルギーギャップの増大が起こる。光酸化溶解反応は，照射する単色光を吸収できなくなるまで，すなわち，粒径が小さくなりエネルギーギャップが十分に増大するまで続き，停止する。従って，光エッチング後に得られ

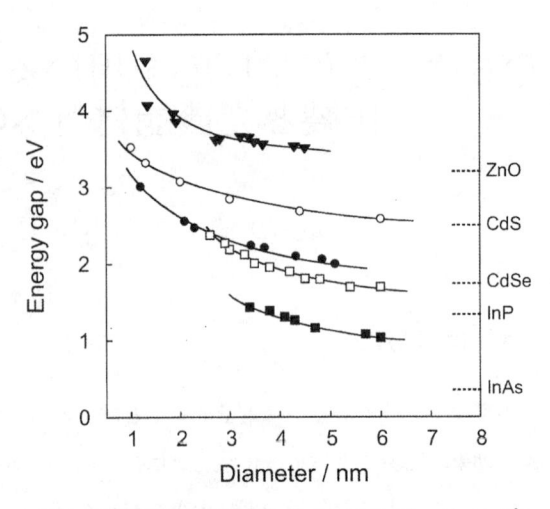

図1 球状半導体粒子におけるエネルギーギャップの粒径依存性
ZnO（▼）[14]，CdS（○）[15]，CdSe（●）[11]，InP（□）[12]，およびInAs（■）[13]。破線はバルク粒子のバンドギャップエネルギーを表す。

第6章 光化学反応を用いる単分散半導体ナノ粒子の作製と光機能材料への応用

た粒子は，エネルギー構造が均一な単分散ナノ粒子となる。この手法は，量子サイズ効果を示しかつ光溶解する半導体に，原理的に適用できるために極めて一般性が高い。これまでに，CdS[21〜25]，CdSe[26]，ZnS[27]，InP[28] などの半導体ナノ粒子に対して，この手法による単分散ナノ粒子の作製が報告されている。

図3に，サイズ選択的光エッチングにより作製したCdSナノ粒子の吸収スペクトルを示す[24]。ヘキサメタリン酸で安定化した調製直後のCdSナノ粒子は，比較的多分散（平均粒径6.5nm，標準偏差1.5nm）であった。この粒子に単色光照射を行うと，吸収スペクトルが短波長側にシフトし，同時にエキシトンピークがより顕著になった。また，いずれの波長の単色光を用いても，得られる吸収スペクトルの吸収端は最終的に照射光波長にほぼ一致した。このことは，量子サイズ効果によるCdS粒子のエネルギーギャップの増大によって，照射単色光が吸収できなくなるまで，式(1)の光酸化溶解反応が進行したことを示している。

$$CdS + 2O_2 \xrightarrow{h\nu} Cd^{2+} + SO_4^{2-} \quad (1)$$

458nmの光エッチングによって得られたCdS粒子の粒径分布を，透過型電子顕微鏡（TEM）観察により求めた。光エッチング前に存在した粒径4〜10nmの粒子はすべて消失し，それまでには全く存在しなかった平均粒径2.8nmの粒子が新たに生成していることがわかった。この粒径分布の

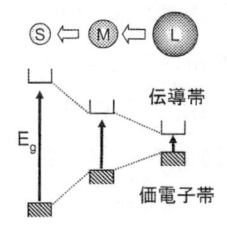

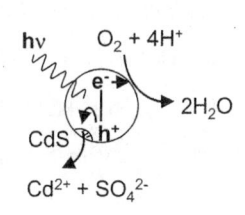

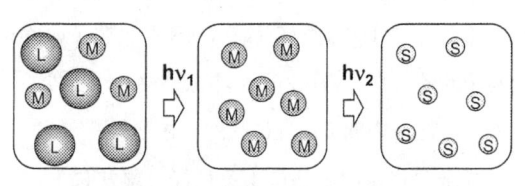

図2 サイズ選択的光エッチング法の原理
量子サイズ効果（a）および光酸化溶解反応（b）を利用するサイズ選択的光エッチングによる半導体ナノ粒子の単分散化（c）。照射光のエネルギー：$h\nu_1 < h\nu_2$，半導体ナノ粒子（X）のエネルギーギャップ（Eg（X））：Eg（L）＜Eg（M）＜Eg（S）。

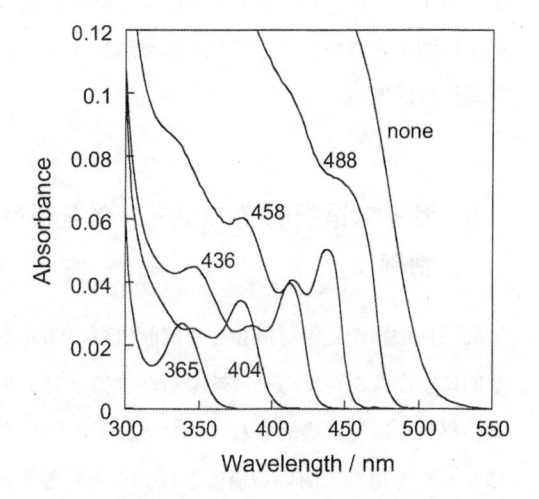

図3 サイズ選択的光エッチングにより得られたCdSナノ粒子の吸収スペクトル
図中の数字は光エッチングに用いた照射単色光波長（nm）。

標準偏差は0.16nmであり,平均粒径の約6％と非常に狭くほぼ単分散であるといえる。種々の波長の単色光を用いて光エッチングし,照射単色光波長（λ_{etch}）とCdS粒子サイズとの関係を得た（図4）[22, 24, 25]。照射光波長を短くするにつれ,より小さいサイズの粒子が生成することがわかる。また,照射光波長を514から365nmの間で変化させることにより,得られるCdSナノ粒子の粒子サイズを,約0.2nmの精度をもって3.7から1.7nmの間で自在に制御できた。

従来の化学的手法による粒径分離法においては,得られるナノ粒子の粒子サイズを高精度で再現性良く分離するためには,少なからず熟練した技術が必要とされた。しかし,サイズ選択的光エッチングを用いる単分散ナノ粒子の作製においては,光エッチングに用いる単色光波長を変化させることによって,得られるナノ粒子の粒径を自在に,かつ高精度で制御でき,極めて操作の簡便な手法といえる。また,以下に示すように,光エッチングによる単分散化は,ナノ粒子の固定状態に依存せず適用でき,基板上に固定されたナノ粒子でも単分散化することが可能である。このような特徴は,従来の粒径分離法には無い。

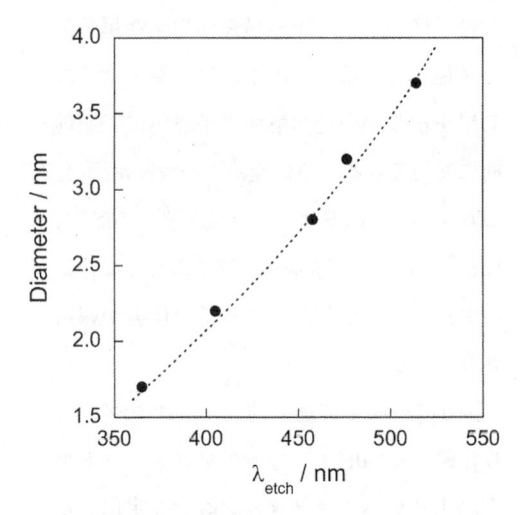

図4 CdSナノ粒子の粒径とサイズ選択的光エッチングに用いた照射単色光波長（λ_{etch}）との関係

3 サイズ選択的光エッチングを利用するコア・シェル構造粒子のナノ構造制御

高活性触媒や光学材料などの機能材料の開発を目指して,ナノ粒子をシリカや高分子などの化学的に安定な材料で均一に被覆したコア・シェル構造体が盛んに研究されている。これは,シェルの材料を適切に選択すれば,コア粒子の形状を保ったまま機能化することができ,コアあるいはシェルを単独で用いる場合とは異なる特性を発現させることが可能となるためである。一方,このようなコア・シェル構造粒子は,中空構造粒子を作製するための前駆体として有用である。熱処理あるいは化学エッチング処理によってコアを選択的に除去することにより,コアとほぼ同じサイズの空間をもつ中空粒子が作製できる。さらに,部分的にコアを除去することができれば,シェル内部に新たなナノ構造体を形成できると考えられ,コア・シェル構造体をさらに機能化す

第6章　光化学反応を用いる単分散半導体ナノ粒子の作製と光機能材料への応用

ることが可能となる。しかしながら，化学エッチングなどの従来の手法によるコア材料の除去では，内部に存在するコア粒子のエッチング反応を精密に制御することは難しく，均一な構造の粒子を得ることが困難である。

構造体のナノ構造制御のために著者らは，サイズ選択的光エッチング法に注目した。前述のようにこの手法では，照射単色光波長を制御することで，半導体粒子の光酸化溶解反応をサイズ選択的に制御できる。すなわち，コア・シェル構造体にサイズ選択的光エッチングを適用することによって，半導体ナノ粒子コアのサイズのみを減少させ，構造体のナノ構造を精密に制御した(図5)[25, 29, 30]。

CdSナノ粒子の表面を，3-メルカプトプロピルトリメトキシシラン（MPTS）により化学修飾したのち，トリメトキシシリル基を加水分解し，粒子表面にシリカ（SiO_2）薄膜を形成させた[25]。このシリカ被覆硫化カドミウム（SiO_2/CdS）粒子は，CdSコア粒子表面とSiO_2シェル薄膜が密に接したコア・シェル構造をもつことを，TEM観察により確認した。一方，SiO_2/CdS粒子を，水中に懸濁させて種々の波長の単色光を照射すると（サイズ選択的光エッチング），図6に示すような新規な構造をもつ複合体粒子が得られた。立方晶CdSの（111）面に由来する明瞭な格子縞をもつCdSナノ粒子が観察され，この粒子の周りを球状のSiO_2シェルが取り囲んでいる様

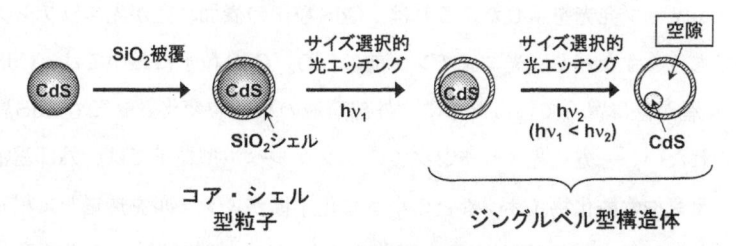

図5　サイズ選択的光エッチングを利用するジングルベル型構造体の作製法

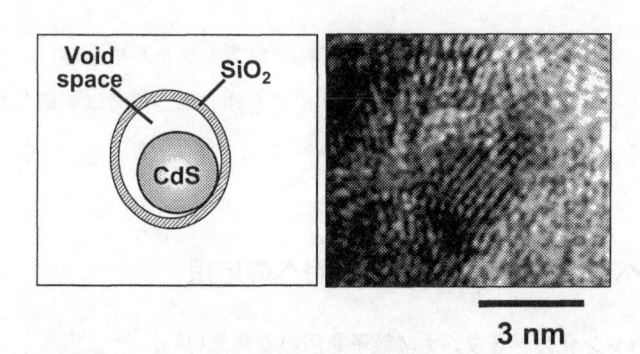

図6　光エッチングしたSiO_2/CdS粒子の典型的な透過型電子顕微鏡写真とその構造模式図
照射単色光波長：458 nm。

がわかる。また，SiO$_2$シェルとCdS粒子との間には，光エッチング前には見られなかった空隙が形成されており，"鈴"に類似した構造となっている。著者らはこの新規構造体を"ジングルベル型構造体"と名付けている。

　光照射前のCdSコア粒子サイズは平均5.0nmであるのに対し，光エッチング後の粒子ではこのような大きな粒子はみられず，照射単色光の波長を短くするにつれより小さいサイズのCdSコア粒子が生成していた（514および458nmの単色光照射後のCdS粒子サイズは，各々，3.7および2.8nmとなった）。一方，SiO$_2$シェルの大きさは，光エッチングに用いる照射光波長に依存せず，いずれの場合も，その平均サイズは約5nmであった。このことから，CdS粒子サイズが光エッチングにより減少しても，シェルは収縮せずにもとのサイズを保つことがわかる。シェル内部に生じた空隙サイズは，CdSコアとSiO$_2$シェルの平均サイズの差として見積もることができる。単色光波長を514から458nmへと短くすることにより，シェル内部の空隙サイズは，1.4から2.4nmに増大することがわかった。

　ジングルベル型SiO$_2$/CdS粒子のコア粒子は，光エッチングされたままのCdS粒子であるために未修飾表面が露出している[30]。調製直後および458nmの単色光照射により作製したSiO$_2$/CdS粒子は，いずれの粒子もpH7.0の水溶液中で650nm付近に粒子表面欠陥に由来する発光を示したが，カドミウムイオンを含むpH10の水溶液中では，光エッチング後の粒子のみが460nmにおけるバンドギャップ発光を示した。これは，CdS粒子の表面状態が光エッチング前後で大きく異なるためである。すなわち，光エッチング前のSiO$_2$/CdS粒子においては，CdSコア粒子表面をSiO$_2$シェル層が密に覆っているために，外部溶液の状態を変化させてもCdS粒子の発光はほとんど影響されない。一方，光エッチング後のジングルベル型粒子では，外部溶液中に存在するカドミウムイオンや水酸化物イオンなどの小さな化学種が，シェルを透過して構造体内部の空隙に侵入して未修飾のCdSコア粒子表面に吸着するために，発光特性が大きく変化したと考えられる。

　以上の結果から，半導体ナノ粒子をコアとして持つコア・シェル構造体にサイズ選択的光エッチングを適用することにより，コアとシェルのサイズを独立かつ任意に制御したジングルベル型構造体を作製できる。

4　ジングルベル型構造体の光機能材料への応用

4.1　シリカ被覆セレン化カドミウムナノ粒子を用いる発光材料

　セレン化カドミウム（CdSe）ナノ粒子は可視光領域に強い発光を示し，さらにナノ粒子サイズを変化させることにより発光波長を制御できることから，光エレクトロニクス材料や生体内の

第6章 光化学反応を用いる単分散半導体ナノ粒子の作製と光機能材料への応用

分子マーカーとして応用が期待されている材料である。従来の化学合成法では，目的の発光波長を得るために，反応温度・時間などの合成条件を変化させて粒子サイズの制御が行われており，その合成手順は極めて煩雑であった[11, 31]。

著者らは，CdSeナノ粒子をSiO_2薄膜で被覆してコア・シェル構造体（SiO_2/CdSe）とすることで，サイズ選択的光エッチングによる発光波長の自在制御が可能であることを見いだした[26]。コアとなるCdSeナノ粒子は，トリオクチルフォスフィンオキシド溶液中で酢酸カドミウムとセレンを150～175℃で反応させることにより作製した。さらに粒子表面をMPTSで化学修飾したのち，加水分解することにより，SiO_2/CdSeナノ粒子を形成させた。この際，ガラス基板を共存させておくことにより，Si-O-Siネットワークを介してSiO_2/CdSeをガラス基板上に積層し，ナノ粒子薄膜を形成させた。得られた薄膜を水中に浸漬して（光エッチング）すると，光照射とともにCdSeナノ粒子の吸収スペクトルがブルーシフトし，最終的にその吸収端は照射光波長に一致した。また，光照射前のSiO_2/CdSeはほとんど発光しなかったが，光エッチング後のCdSeナノ粒子は，いずれも強いバンドギャップ発光を示した（図7）。光エッチングに用いた単色光波長（λ_{etch}）と，CdSeナノ粒子のエキシトンピーク波長（λ_{exc}）およびバンドギャップ発光ピーク波長（λ_{PL}）との関係を，図8に示す。λ_{exc}およびλ_{PL}のいずれも，λ_{etch}が短くなるにつれて直線的に短波長側にシフトすることがわかる。λ_{exc}からCdSeコア粒子サイズを見積もると，λ_{etch}を630から460nmへと短くするにつれ，CdSe粒子サイズは4.3から1.7nmへと小さくなることがわかった。また，λ_{etch}を制御することにより，可視光領域のほぼ全領域にわたって，発光ピー

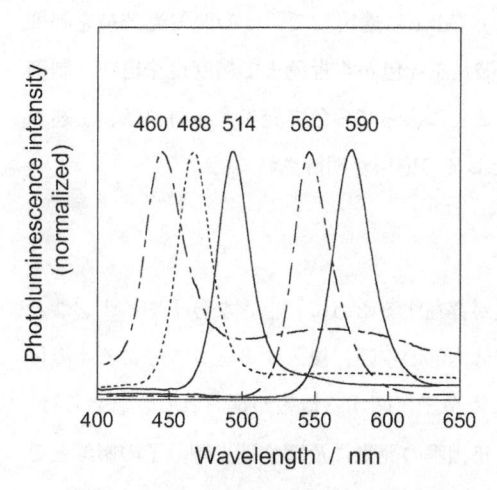

図7 光エッチング後のSiO_2/CdSe薄膜の発光スペクトル
図中の数字は光エッチングに用いた照射単色光波長（nm）。

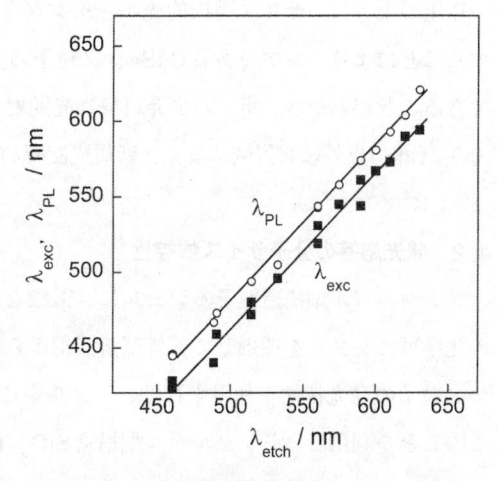

図8 サイズ選択的光エッチングにより得られたCdSeナノ粒子のエキシトンピーク波長（λ_{exc}，■）およびバンドギャップ発光ピーク波長（λ_{PL}，○）

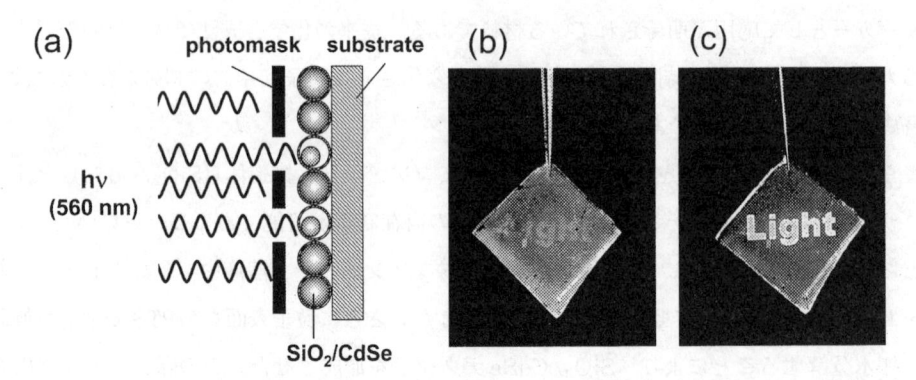

図9 フォトマスクを通したSiO$_2$/CdSe薄膜の部分的なサイズ選択的光エッチング
光エッチングの模式図（a）および，室内光（b），および室内光と紫外光の
同時照射下（c）でのSiO$_2$/CdSe薄膜の写真。

ク波長の制御が可能であることがわかる。とくに，λ_{etch}とλ_{PL}の間に良好な直線関係が得られることは，発光波長の精密制御に非常に有用であるといえる。

フォトマスクを通して部分的に光照射してSiO$_2$/CdSe薄膜のサイズ選択的光エッチングを行えば，CdSeナノ粒子のサイズを位置選択的に制御することが可能である。図9に，部分的に光エッチングした薄膜の写真を示す。室内光下では，光エッチングされた部分と光未照射部分の区別がほとんどつかない。しかし，これに紫外光を照射すると，光エッチングされてジングルベル型構造体を形成した部分のみが強く発光し，明瞭なコントラストを持つ発光像が観察できる。また，発光色は光エッチングに用いる照射光波長を変化させることにより制御できる。

以上のように，サイズ選択的光エッチングをSiO$_2$/CdSeに適用して，その照射光波長を制御することにより，コアであるCdSeナノ粒子の発光波長を赤色から青色まで精度良く自在に制御できることがわかる。単一の出発材料に光照射することによって多色で発光する材料は，上述のSiO$_2$/CdSe以外に報告例はなく，新規光記録材料としての応用が期待される。

4.2 発光応答の分子サイズ依存性

ジングルベル型構造粒子のシェルには微細な細孔が存在するために，小さな分子やイオンなどの化学種はシェルを透過して，外部溶液相から構造体内部の空隙に侵入する。コアである半導体ナノ粒子の発光特性を利用すれば，シェルを透過した分子に関する情報が得られる。著者らは，このことを利用し，ジングルベル型構造SiO$_2$/CdS集積膜の発光に及ぼす消光剤分子の影響とその分子サイズ依存性を調べることによって，シェルに存在する細孔のサイズを見積もった[32]。

LB膜作製法を用いてSiO$_2$/CdSをガラス基板上に積層させたのち，サイズ選択的光エッチングを行い，ジングルベル型構造SiO$_2$/CdS集積膜を作製した。光エッチング後のSiO$_2$/CdS薄膜

第6章　光化学反応を用いる単分散半導体ナノ粒子の作製と光機能材料への応用

は，CdSコア粒子の表面欠陥に由来する発光（ピーク波長：650nm付近）を示した。トリアルキルアミンを消光剤として溶液に添加すると，この発光強度は減少する。これは，アミン分子がCdSの粒子表面に吸着し，粒子中に光生成した正孔を捕捉するためである。発光消光の度合は，用いるトリアルキルアミンの種類により変化した。図10に示すように，トリエチルアミン（NEt_3），およびトリブチルアミン（NBt_3）を用いた場合，CdSの発光強度は緩やかに減少したが，トリオクチルアミン（$NOct_3$）では発光強度に変化は見られなかった。これはSiO_2/CdSのSiO_2シェルに，NBt_3より大きく，$NOct_3$より小さいサイズの細孔が存在すると考えるとうまく説明できる。サイズの小さいNEt_3およびNBt_3はSiO_2シェルの細孔を通して構造体内部に進入しCdSコア粒子表面に直接吸着するため，光生成した正孔を効果的に捕捉することができ，結果としてCdSの発光を消光する。これに対し，サイズの大きい$NOct_3$はSiO_2シェルの細孔を通過せず，コア粒子表面に吸着できないためにCdSの発光消光を引き起こさないと考えられる。NBt_3および$NOct_3$の分子サイズが，各々，0.7および1.4nmと見積もることができるので，SiO_2/CdSのSiO_2シェルに存在する細孔サイズは，0.7〜1.4nmであるといえる。

このように，ジングルベル型構造をもつSiO_2/CdS粒子は，SiO_2シェルが分子選択のためのフィルターとして，CdSコア粒子が分子検出サイトとして働く，ナノサイズの化学センサユニットと見なすことができる。今後，シェルのナノ構造を最適化することによって，目的とする分子を高感度検出できる発光検出型化学センサを構築できる可能性がある。

4.3　高活性光触媒への応用

上述したように，半導体ナノ粒子は，同じ化学組成であっても，粒径に依存して電子エネルギー構造が変化する。従って，粒径を精密に制御すれば，光触媒として働くときの酸化還元力を調節することが原理的に可能であり，より活性の高い光触媒が調製できるものと期待される。しか

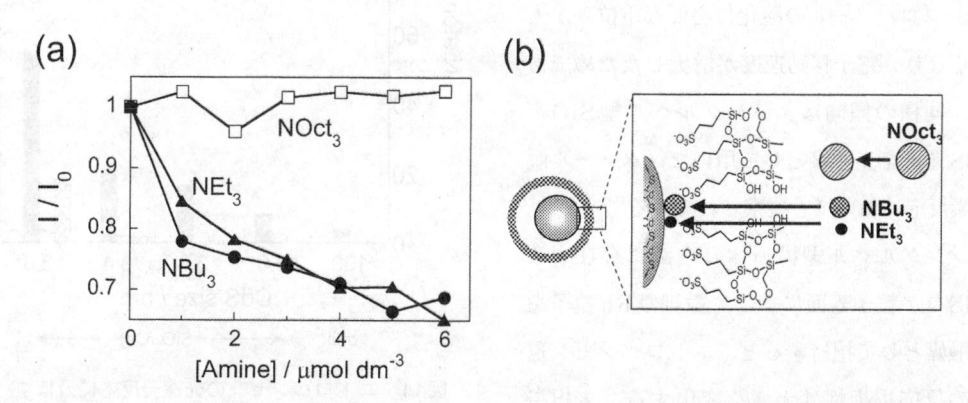

図10　トリアルキルアミンの添加によるジングルベル型構造SiO_2/CdS積層膜の発光強度変化（a）と発光消光機構（b）

量子ドットの生命科学領域への応用

し，表面化学修飾法などの従来法で調製された半導体ナノ粒子では，多くの場合，光触媒反応中にナノ粒子が凝集してより大きな粒子となり，高い光触媒活性を維持できなかった。また，安定化剤が粒子表面に強く吸着しており，対象とする反応基質の吸着を阻害する可能性がある。これに対し，ジングルベル型構造粒子では，未修飾表面をもつ半導体ナノ粒子がコアとして存在し，さらにシェルにより取り囲まれているために高い安定性をもつことから，従来の半導体ナノ粒子とは全く異なる光触媒活性を示すことが期待される。

ジングルベル型構造を持つSiO_2/CdS粒子は，ニトロベンゼンの光還元反応に対して高い光触媒活性をもつ[33)]。正孔捕捉剤として2-プロパノールの存在下，SiO_2/CdSを含む懸濁液に光照射を行ったところ，ニトロベンゼンが還元され，ニトロソベンゼン，アニリン，アゾキシベンゼンおよびアゾベンゼンが生成した。さらにそれらの生成量は光照射時間とともに増加した。種々の波長でサイズ選択的光エッチングを行うことによりCdSコア粒子サイズを変化させた構造体粒子を作製し，その光触媒活性を測定した。CdS粒子サイズと光照射24時間後の各生成物量との関係を図11に示す。市販のバルクCdS粒子（粒径：>100nm）を用いた場合，助触媒のRh粒子の担持の有無にかかわらず，低い光触媒活性しか示さなかった。一方，SiO_2/CdS粒子を用いた場合では，ニトロベンゼン還元による主生成物の生成量が，CdS粒子サイズの減少とともに増大する傾向を示した。これは，CdSナノ粒子サイズの減少による電子エネルギー構造の変化，すなわち，伝導帯下端の電位および価電子帯上端の電位がそれぞれ負側および正側にシフトすることによって，光励起電子によるニトロベンゼンの還元，および正孔による2-プロパノールの酸化に必要な電位差が大きくなり，電子移動速度が増大したためである。同様の傾向は，ジングルベル型SiO_2/CdS粒子を光触媒として用いたメタノール脱水素反応においても観察されている[34)]。

ジングルベル型構造体の内部に存在するCdSコア粒子表面に，ごく微細なRh粒子を助触媒として担持すると，ニトロベンゼン還元の反応選択性は大きく変化する。未担持SiO_2/CdSを用いた場合は，ニトロソベンゼ

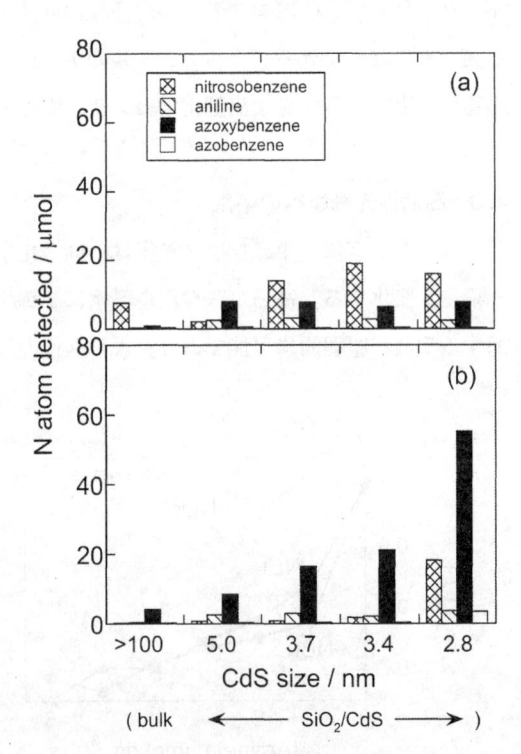

図11 ニトロベンゼンの光還元反応に及ぼすCdSコアサイズの影響
（a）未担持および（b）Rh担持光触媒。

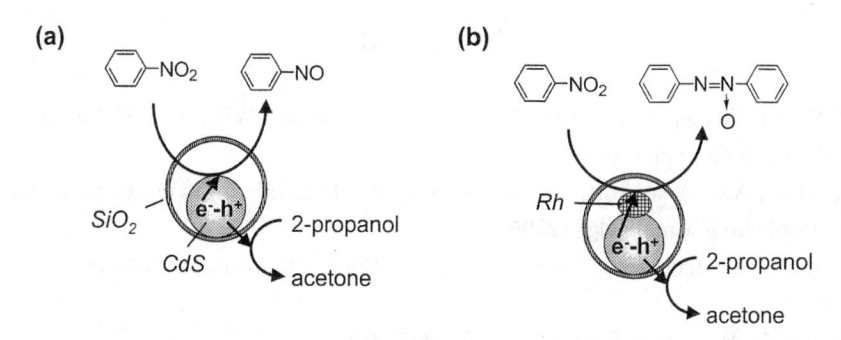

第6章　光化学反応を用いる単分散半導体ナノ粒子の作製と光機能材料への応用

図12　ジングルベル型構造SiO$_2$/CdS粒子を光触媒とするニトロベンゼンの還元反応機構

ンが主に生成した。光エッチングされたSiO$_2$/CdS粒子中のCdSコア粒子表面が未修飾であることを考えると，ニトロソベンゼン生成にはCdS表面が有利であると考えられる。一方，Rh担持SiO$_2$/CdSを用いると，いずれの場合もアゾキシベンゼンが主生成物として得られた。しかし，別に合成したPt粒子（粒径：約60nm）を助触媒として未担持SiO$_2$/CdSと混合して光触媒反応を行った場合では，主生成物はニトロソベンゼンでありアゾキシベンゼンの生成はごくわずかであった。これらのことから，CdSコア粒子中に生成した光励起電子が効率よくRh粒子に捕捉されたのちニトロベンゼンを還元することによって，アゾキシベンゼンが生成すると考えられる（図12）。以上のように，ジングルベル型構造体のナノ構造を精密に制御することにより，光触媒活性および反応選択性を自在に制御できることがわかる。

5　おわりに

サイズ選択的光エッチング法は量子サイズ効果と半導体ナノ粒子の光化学反応を巧みに利用するナノ粒子単分散化法であり，光エッチングに用いる単色光波長を変えることによって，簡便かつ高精度に単分散半導体ナノ粒子を作製することができる。さらにこの手法をコア・シェル構造体のナノ構造制御に利用することができ，ジングルベル型構造体の合成が可能となった。この新規構造体は，①コアとシェルの間に空隙が存在する，②コア粒子が未修飾な粒子表面を持つ，③シェルは分子サイズ選択的に物質を透過するという興味深い特徴を備えており，シェルの厚み・細孔サイズや半導体粒子コアのサイズなど，構造体のナノ構造をさらに精密に制御することによって様々な応用が期待される材料である。今後，半導体ナノ粒子の形状やシェル構造などのジングルベル型構造体のナノ構造を制御するだけではなく，このようなナノ構造体粒子を構成要素として，さらに他の材料と複合化させて粒子配列構造を制御することができれば，新たな機能性材料が創製できるにちがいない。半導体ナノ粒子を基盤材料とする機能性材料の開発やデバイス応用の研究が飛躍的に発展することを期待する。

文　献

1) G. Schmid, "Nanoparticles from Theory to Application", WILEY-VCH Verlag GmbH & Co. KGaA, Weinheim (2004)
2) G.A. Ozin, A.C. Arsenault, "Nanochemistry A Chemical Approach to Nanomaterials", RSC Publishing, Cambridge (2005)
3) T. Soga, "Nanostructured Materials for Solar Energy Conversion", Elsevier, Amsterdam (2006)
4) Y. Wang, N. Herron, *J. Phys. Chem.*, **91**, 257 (1987)
5) H. Yoneyama, S. Haga, S. Yamanaka, *J. Phys. Chem.*, **93**, 4833 (1989)
6) L. Spanhel, M. Haase, H. Weller, A. Henglein, *J. Am. Chem. Soc.*, **109**, 5649 (1987)
7) E.S. Smotkin, R.M. Brown, L.K. Rabenberg, K. Salomon, A.J. Bard, A. Campion, M.A. Fox, T.E. Mallouk, S.E. Webber, J.M. White, *J. Phys. Chem.*, **94**, 7543 (1990)
8) Y. Nosaka, K. Yamaguchi, H. Miyama, H. Hayashi, *Chem. Lett.*, **605** (1988)
9) M.L. Steigerwald, A.P. Alivisatos, J.M. Gibson, T.D. Harris, R. Kortan, A.J. Muller, A.M. Thayer, T.M. Duncan, D.C. Douglass, L.E. Brus, *J. Am. Chem. Soc.*, **110**, 3046 (1988)
10) M.A. Hines, P. Guyot-Sionnest, *J. Phys. Chem. B*, **102**, 3655 (1998)
11) C.B. Murray, D.J. Norris, M.G. Bawendi, *J. Am. Chem. Soc.*, **115**, 8706 (1993)
12) O.I. Micic, H.M. Cheong, H. Fu, A. Zunger, J.R. Sprague, A. Mascarenhas, A.J. Nozik, *J. Phys. Chem. B*, **101**, 4904 (1997)
13) A.A. Guzelian, U. Banin, A.V. Kadavanich, X. Peng, A.P. Alivisatos, *Appl. Phys. Lett.*, **69**, 1432 (1996)
14) M. Haase, H. Weller, A. Henglein, *J. Phys. Chem.*, **92**, 482 (1988)
15) Y. Wang, N. Herron, *Phys. Rev. B*, **42**, 7253 (1990)
16) A. Eychmueller, L. Katsikas, H. Weller, *Langmuir*, **6**, 1605 (1990)
17) H. Matsumoto, H. Uchida, T. Matsunaga, K. Tanaka, T. Sakata, H. Mori, H. Yoneyama, *J. Phys. Chem.*, **98**, 11549 (1994)
18) C.H. Fischer, J. Lilie, H. Weller, L. Katsikas, A. Henglein, *Ber. Bunsen-Ges. Phys. Chem.*, **93**, 61 (1989)
19) C.H. Fischer, H. Weller, A. Fojtik, C. Lume-Pereira, E. Janata, A. Henglein, *Ber. Bunsen-Ges. Phys. Chem.*, **90**, 46 (1986)
20) O.I. Micic, K.M. Jones, A. Cahill, A.J. Nozik, *J. Phys. Chem. B*, **102**, 9791 (1998)
21) H. Matsumoto, T. Sakata, H. Mori, H. Yoneyama, *J. Phys. Chem.*, **100**, 13781 (1996)
22) T. Torimoto, H. Nishiyama, T. Sakata, H. Mori, H. Yoneyama, *J. Electrochem. Soc.*, **145**, 1964 (1998)
23) M. Miyake, T. Torimoto, T. Sakata, H. Mori, H. Yoneyama, *Langmuir*, **15**, 1503 (1999)
24) T. Torimoto, H. Kontani, Y. Shibutani, S. Kuwabata, T. Sakata, H. Mori, H. Yoneyama, *J. Phys. Chem. B*, **105**, 6838 (2001)
25) T. Torimoto, J.P. Reyes, K. Iwasaki, B. Pal, T. Shibayama, K. Sugawara, H. Takahashi, B. Ohtani, *J. Am. Chem. Soc.*, **125**, 316 (2003)

26) T. Torimoto, S.Y. Murakami, M. Sakuraoka, K. Iwasaki, K.I. Okazaki, T. Shibayama, B. Ohtani, *J. Phys. Chem. B*, **110**, 13314 (2006)
27) Y. Ohko, M. Setani, T. Sakata, H. Mori, H. Yoneyama, *Chem. Lett.*, 663 (1999)
28) D.V. Talapin, N. Gaponik, H. Borchert, A.L. Rogach, M. Haase, H. Weller, *J. Phys. Chem. B*, **106**, 12659 (2002)
29) T. Torimoto, J.P. Reyes, S.Y. Murakami, B. Pal, B. Ohtani, *J. Photochem. Photobiol., A*, **160**, 69 (2003)
30) K. Iwasaki, T. Torimoto, T. Shibayama, H. Takahashi, B. Ohtani, *J. Phys. Chem. B*, **108**, 11946 (2004)
31) C.B. Murray, C.R. Kagan, M.G. Bawendi, *Annu. Rev. Mater. Sci.*, **30**, 545 (2000)
32) K. Iwasaki, T. Torimoto, T. Shibayama, T. Nishikawa, B. Ohtani, *Small*, **2**, 854 (2006)
33) B. Pal, T. Torimoto, K. Okazaki, B. Ohtani, *Chem. Commun.*, 483 (2007)
34) B. Pal, T. Torimoto, K. Iwasaki, T. Shibayama, H. Takahashi, B. Ohtani, *J. Phys. Chem. B*, **108**, 18670 (2004)

第7章 生体適合性材料を被覆したナノシリコン粒子の開発と半導体ナノ粒子の in Vitro, in Vivo 試験

佐藤慶介*

1 はじめに

現在,癌細胞の転移・進行状況を可視化検出するための技術には,非常に高価な装置が使用されている。この装置は,病院・研究施設などへの設置台数が少なく,その使用方法も複雑である。そのため,医師への負担が大きく,特に癌に関わる全ての患者に検査することが難しい状況となっている。そこで,癌細胞の状況を細胞レベルで可視化検出できる安価でかつ簡便な技術の開発が医療分野において要求されている。その一つの技術として,ナノメートルオーダーサイズの可視発光性半導体量子ドット粒子を癌の早期発見に利用する手法が検討されている。この手法では,マーカー材料として作用している可視光を放出する半導体量子ドット粒子と癌細胞を生体内において融合させることで,癌細胞の転移・進行状況を,光照射により生じるマーカー材料からの発光により可視化検出するものである。さらに,検出した癌細胞を薬剤により治療する新規な手法として,薬物送達システムも検討されている。この薬物送達システムにおいても,薬剤の移動経路のモニタリングや到達状況の認識用として,薬剤に直接マーカー材料をコーティングする技術も研究開発されている。しかしながら,現在,研究段階で使用されているマーカー材料は,セレン化カドミウム (CdSe) や硫化カドミウム (CdS) などの資源が希少で,材料費が高価で,特に人体に有害な重金属元素を含んだものが一般的である。そのため,可視発光性半導体量子ドット粒子による前記用途を目的とした医療研究には,人体への影響の少ない無害性・無毒性の材料が必須条件となるため,現状での研究では細胞や動物レベルの実験に留まっている。このように,現在使用されているマーカー材料では,今後,臨床応用に到達するまでに多くの解決すべき課題があり,実用化への障壁が高い状況となっている。

そこで,生体内への取り込み,毛細血管内での流動性,さらには生体への安全性に優れた新規のマーカー材料として,ナノシリコン粒子[1]が有望視されている。この材料は,今日の半導体産業を支えてきたバルクシリコン結晶のサイズ(直径)を4.3nm(この値は電子と正孔が静電引力

---

* Keisuke Sato ㈱物質・材料研究機構 量子ビームセンター イオンビームグループ NIMSポスドク研究員

第7章　生体適合性材料を被覆したナノシリコン粒子の開発と半導体ナノ粒子の in Vitro, in Vivo 試験

で弱く結合した粒子的状態，すなわち励起子のボーア半径に相当）以下に縮小したもので，粒子を構成する原子数も 10^2〜10^4 個（通常のシリコン結晶の原子数は 10^{23} 個である）と極小にしたものである[2]。また，材料自体もシリコン元素のみで構成されているため，資源面，環境面以外に，特に人体に優しい無害性・無毒性の物質であり，しかも材料費や製造費が安価な物質として最大のメリットを有している。さらに，このナノシリコン粒子の機能性に関しても，大変興味深い材料である。その主な機能として，粒子サイズ（直径）を 3.0nm 以下のシングルナノサイズにすると，バルクシリコン結晶では見られない可視領域での発光現象が現れる[3]。この可視領域発光は，その材料のもつバンドギャップエネルギー（E_g^*）が可視領域まで広がることで得られる。つまり，バルクシリコン結晶の場合，バンドギャップエネルギー（E_g）が 1.12eV（サイズ：>1000nm）であるため，近赤外領域での発光（熱放出）しか得られない。これに対して，ナノシリコン粒子の場合，バンドギャップエネルギー（E_g^*）を 1.68eV（粒子サイズ：3.0nm）から 2.88eV（粒子サイズ：1.9nm）まで自在に変化させることができるため，可視領域での発光を可能にしている（図1を参照）。

このバンドギャップエネルギー（E_g^*）を変化させる決め手となっているのが粒子サイズである[4]。ナノサイズ化に伴うバンドギャップエネルギー（図2の式の E_g^*）の変化は，バルクシリコン結晶のバンドギャップエネルギー（図2の式の E_g）に，粒子サイズに依存する量子閉じ込めエネルギー（図2の式の $7.16/L^2$, L は粒子サイズ（直径））が加算されることで生じる。つまり，粒子サイズが大きい場合，そのバンドギャップエネルギー（E_g^*）は小さいため，可視領域における発光色の波長も長波長側になる（図2を参照）。逆に，粒子サイズが小さい場合，そのバンドギャップエネルギー（E_g^*）は大きくなり，短波長側の波

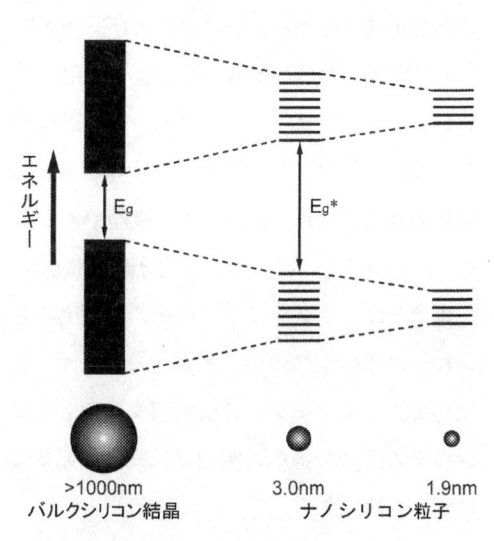

図1　粒子サイズの縮小に伴うバンドギャップエネルギーの増大の様子

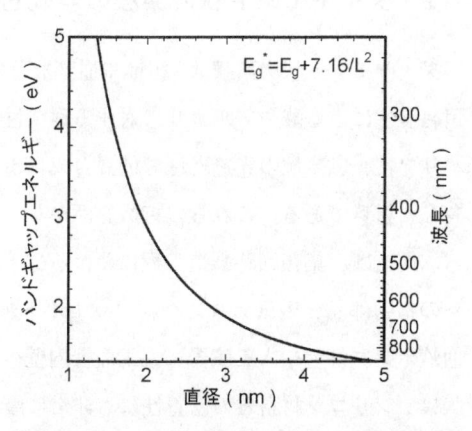

図2　ナノシリコン粒子のサイズ（直径）に対するバンドギャップエネルギーと発光波長の関係

$E_g^* = E_g + 7.16/L^2$

長を有する発光色が得られる（図2を参照）。

　実際に，1.9nmから3.0nmまでサイズ制御したナノシリコン粒子からは，青色（波長：430nm）から赤色（波長：740nm）までの発光を真空中，大気中，溶液中などの様々な環境下において，高輝度でかつ長期間安定した状態で得られている[5〜8]。そのため，生体や毛細血管内に直接投与されても，ナノシリコン粒子からの発光による可視化検出や毛細血管内での自在な循環が可能である。また，循環中の粒子は，生体内に蓄積されることなく，自然排出されることも期待される。これらの点から，ナノシリコン粒子の医療応用においては，癌細胞と正常細胞の識別用材料，細胞内の異なる遺伝子やタンパク質の動態観察用標識材料，癌細胞の転移・進行状況の可視化検出用マーカー材料および薬物送達システムによる薬剤の位置検出用マーカー材料以外にも，近赤外領域で熱放出する粒子を用いた局所的温熱療法など様々な用途での使用が期待できる。しかし，ナノシリコン粒子を各種用途での医療用材料として使用するには，粒子表面に癌細胞，遺伝子，タンパク質などの生体物質との適合性の高い材料を被覆する必要がある。そこで，生体適合性に優れており，人工臓器や人工血管などへのコーティングに使用されているダイヤモンド状炭素膜をナノシリコン粒子表面に直接被覆している[9]。

　本章では，ナノシリコン粒子の医療応用として，in Vitroおよびin Vivoにおけるナノシリコン粒子の機能性について概説する。まず，ダイヤモンド状炭素膜の基礎特性について記述し[9]，次いで，ダイヤモンド状炭素膜を被覆した粒子の諸特性について述べ[9〜13]，最後にナノシリコン粒子の医療分野への実用化に向けた基礎実験として，in Vitro試験[11]およびin Vivo試験[14]について解説する。

2　ダイヤモンド状炭素膜の基礎特性

　ダイヤモンド状炭素膜は，組織や血液などの生体に対する親和性，高硬度による母材の保護性，耐腐食性による酸やアルカリに対する耐久性，低摩擦係数による機械的摺動性，緻密によるガスバリア性，広帯域の光透過性，低温合成による低融点材料へのコーティングなどの様々な特徴を有した材料である。これらの特徴を活かし，ダイヤモンド状炭素膜は各種用途で実用化されている。例えば，集積回路製造工程におけるフォトリソグラフィー用マスク材料，切削工具，エンジンの摺動部品，磁気ディスク，ペットボトルやカテーテル，ステント，メスへのコーティング，血液ポンプ外壁や人工臓器・人工血管内壁への保護膜などである。さらに，ダイヤモンド状炭素膜は，シリコン材料との密着性にも非常に優れた材料である。

　そこで，本節では生体に対して安定した材料であり，各種医療用途で使用されているダイヤモンド状炭素膜の基礎特性として，可視域での光学的透過率と密着性について述べる[9]。

第7章 生体適合性材料を被覆したナノシリコン粒子の開発と半導体ナノ粒子の*in Vitro*, *in Vivo*試験

2.1 試料の作製方法

ダイヤモンド状炭素膜は，メタンガスによる一般的な高周波プラズマ化学気相成長（CVD）装置を用い，スライドガラス基板とシリコン基板上にそれぞれ堆積させている。光学的透過率測定には，スライドガラス基板上に堆積した試料を用い，堆積条件依存性ならびに膜厚依存性について調べている。堆積条件依存性については，高周波電力を50Wから150Wまで，ガス圧力を5.3Paから133Paまで変化させ，膜厚を100nm一定にしている。また，膜厚依存性については，高周波電力が50W，ガス圧力が133Paの条件で堆積させた試料に対して，堆積時間を可変させることにより50nmから150nmまで膜厚を変化させている。一方，密着性評価には，高周波電力が50W，ガス圧力が133Paの条件において，シリコン基板上に100nmの膜厚を堆積させた試料を用いている。

2.2 ダイヤモンド状炭素膜の光学的透過率およびシリコンとの密着性評価

可視域での光学的透過率については，図3(a)に示すように，堆積条件に強く依存していることがわかる。ここで，図3(a)の縦軸は，可視域である500nmから800nmまでの波長における光学的透過率を平均値で算出したものである。図3(a)より，高周波電力を減少させるか，あるいはガス圧力を増加させることで光学的透過率の向上が見られている。特に，高周波電力が50W，ガス圧力が133Paの条件で堆積させた試料において，最も良好な光学的透過率（92％）が得られている。この要因としては，ダイヤモンド状炭素膜内のグラファイト成分の増加による屈折率の低下が生じたためである[9]。さらに，膜厚を150nmまで増加させた場合，紫外域から500nmまでの可視域において，光学的透過率の急激な低下が起きている（図3(b)を参照）。これに関しては，ダイヤモンド状炭素膜内のグラファイト構造に対応しているsp^2構造とダイヤモンド構

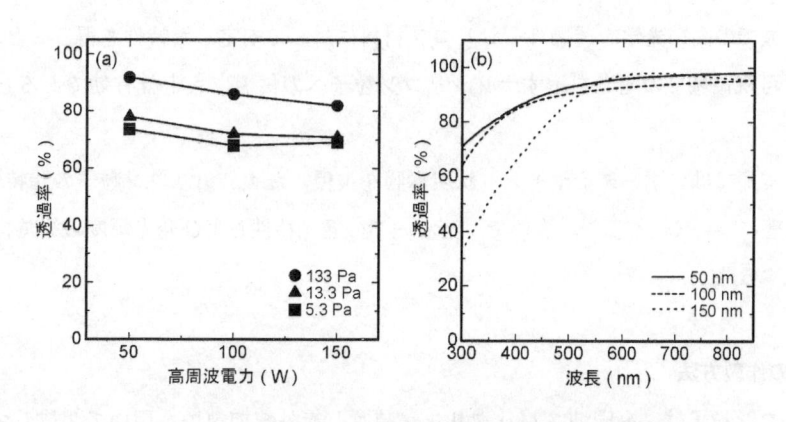

図3　ダイヤモンド状炭素膜の透過率
(a) 堆積条件依存性　(b) 膜厚依存性

に対応しているsp^3構造の組成比率の変化やダイヤモンド状炭素膜内に含有している水素量の変化などの影響によるものである[9]。

一方，ダイヤモンド状炭素膜とシリコン材料との密着性に関しては，テープ試験前後の試料をラマン解析することで評価している。シリコン基板上に堆積されたダイヤモンド状炭素膜のラマンスペクトルは，1260cm^{-1}にピークをもつDisordered-(D-)バンドと1530cm^{-1}にピークをもつGraphite-(G-)バンドに起因した信号で構成されている。各バンドのピーク強度は，テープ試験前後の試料に対して変化が見られておらず，シリコン材料とダイヤモンド状炭素膜との密着性が良好であることを示唆している（図4を参照）。このことは，基板最表面上のシリコン原子とダイヤモンド状炭素膜を構成している炭素原子が化学的に安定でかつ強い結合力で結ばれていることが密着性向上の要因として挙げられる。

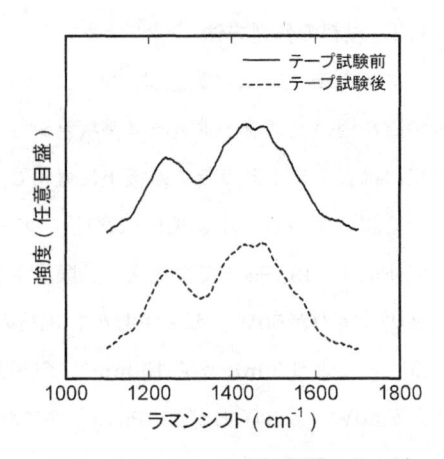

図4 ダイヤモンド状炭素膜のテープ試験前後のラマンスペクトル

本節の結果より，ナノシリコン粒子表面上へのダイヤモンド状炭素膜の被覆には，紫外域から可視域において最も高い光学的透過率を示し，さらにシリコン材料との良好な密着性が得られた100nmの膜厚を選択している。

3 ダイヤモンド状炭素膜を被覆したナノシリコン粒子の諸特性

前節で述べたように，ダイヤモンド状炭素膜は，各種材料へのコーティングに使用されており，しかも広帯域での高い光学的透過性やシリコン材料に対して安定した特性を得ることができる。そのため，可視領域での発光を示すナノシリコン粒子への被覆にも十分有効であると考えられる。

そこで，本節ではまず，ダイヤモンド状炭素膜を被覆したナノシリコン粒子の諸特性として，粒子表面状態について述べる[9]。次いで，溶液内での発光特性および発光輝度の経時特性評価について記述する[9]。

3.1 試料の作製方法

ナノシリコン粒子は，高周波スパッタリング装置と赤外線加熱炉を用いて生成している[10]。まず，高周波スパッタリング装置により，ターゲット材料として用いたシリコンチップと石英ガ

第7章 生体適合性材料を被覆したナノシリコン粒子の開発と半導体ナノ粒子の in Vitro, in Vivo 試験

ラスをシリコン基板上に同時に堆積することでシリコン原子を過剰に導入したアモルファス SiO_x 薄膜を形成する（図5(a)を参照）。この薄膜をアルゴン雰囲気中，1100℃，60分間加熱処理することで，SiO_2 薄膜内にナノシリコン粒子が生成される（図5(b)を参照）。このアモルファス SiO_x 薄膜からナノシリコン粒子が生成される様子は，試料加熱ホルダーを装備した高分解能透過型電子顕微鏡により世界で初めて実時間でビデオに収録されている[10]。加熱処理後，薄膜内の粒子を抽出するために，フッ酸蒸気雰囲気中にて加熱処理した試料をさらすことで，SiO_2 領域を除去し，高密度の粒子をシリコン基板表面上に一様に露出させている（図5(c)を参照）[11]。そして，粒子が露出した試料を超音波処理することで，揮発性の高いエタノール溶液内に粒子を一様に分散させている（図5(d)を参照）[12]。

エタノール溶液内に分散されているナノシリコン粒子のサイズは，図6に示す高分解能透過型電子顕微鏡観察像より確認することができる。観察像内の格子縞は，原子間隔距離0.314nmの(111)面をもつダイヤモンド構造のシリコン結晶に相当したナノシリコン粒子である（図6(a)の〇印を参照）[13]。この粒子は球形状をしており，その平均粒子サイズは2.5nmになっている。また，この溶液に，313nmの光学バンドパスフィルターを装着したキセノンランプを照射すると，2.5nmのサイズに対応した発光色である赤色の発光が確認できる（図6(b)を参照）。

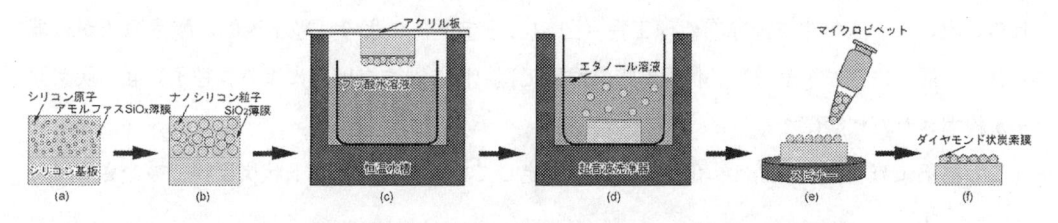

図5　ダイヤモンド状炭素膜を被覆したナノシリコン粒子の製造プロセス工程
(a) スパッタリング後の試料，(b) 熱処理後の試料，(c) フッ酸蒸気処理，
(d) 溶液分散処理，(e) 塗布処理，(f) ダイヤモンド状炭素膜を被覆後の試料

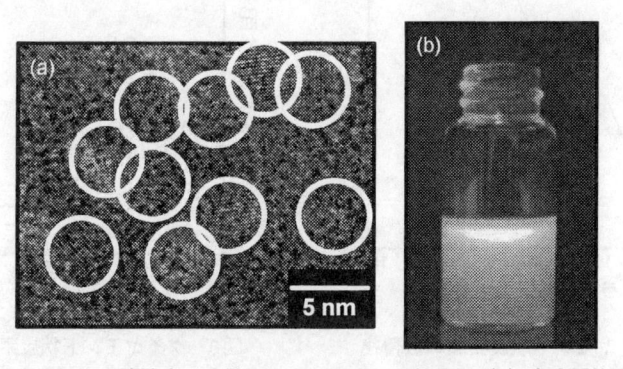

図6　エタノール溶液内に分散したナノシリコン粒子の (a) 高分解能透過型電子顕微鏡観察像と (b) 光照射後の発光写真（カラー口絵参照）

次に,エタノール溶液内の赤色発光性ナノシリコン粒子をマイクロピペットにより抽出し,スピナーによりシリコン基板上に粒子を一様に塗布させる(図5(e)を参照)。そして,シリコン基板上に塗布された粒子表面上に,前節で述べた高周波電力が50W,ガス圧力が133Paの条件により,100nmの膜厚を有するダイヤモンド状炭素膜を堆積させている(図5(f)を参照)。

3.2 ナノシリコン粒子の表面状態

ダイヤモンド状炭素膜を被覆したナノシリコン粒子の表面状態については,ラマン分光法とフーリエ変換赤外分光法により調べている。ラマン分光測定より,前節で述べたシリコン基板上に堆積されたダイヤモンド状炭素膜から観測された信号(図4を参照)と同様の信号が確認されている(図7を参照)。このことは,ナノシリコン粒子の表面に,高い光学的透過率を示すダイヤモンド状炭素膜が存在していることを示唆している。

また,フーリエ変換赤外分光測定より,806cm^{-1}にピークをもつSi-C結合,910cm^{-1}と2100cm^{-1}にピークをもつSi-H結合,1080cm^{-1}にピークをもつSi-O結合に起因する信号が観測されている(図8を参照)。これより,粒子の最表面領域は,様々な元素と結合状態にあることがわかる。各元素との終端については,試料の製造プロセスの各工程において生じている。まず,フッ酸蒸気雰囲気中での処理工程(図5(c)を参照)により,粒子表面に水素原子が終端される。次いで,大気中での塗布処理工程(図5(e)を参照)により,粒子表面に酸素原子が終端される。最後に,ダイヤモンド状炭素膜の堆積工程(図5(f)を参照)により,粒子表面に炭素原子が終端された状態になる。

この結果より,粒子表面は,化学的に最も安定しているダイヤモンド状炭素膜で被覆されてお

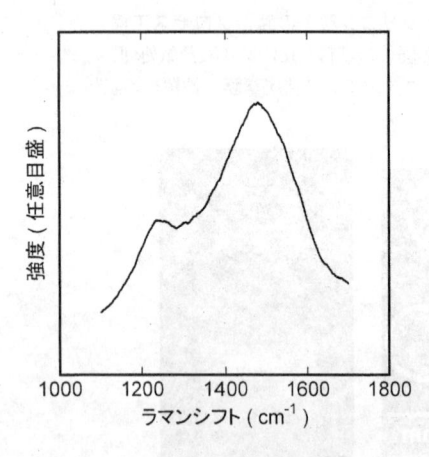

図7 ダイヤモンド状炭素膜の被覆後のナノシリコン粒子に対するラマンスペクトル

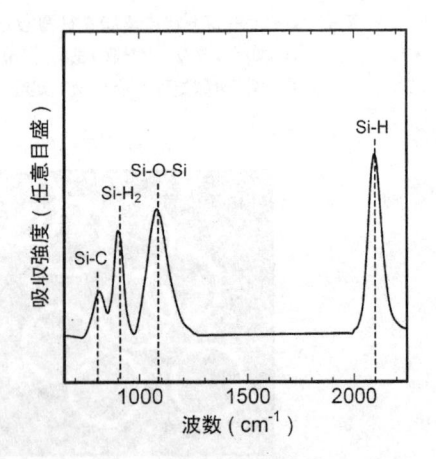

図8 ダイヤモンド状炭素膜の被覆後のナノシリコン粒子に対する赤外線吸収スペクトル

第7章 生体適合性材料を被覆したナノシリコン粒子の開発と半導体ナノ粒子の*in Vitro*, *in Vivo*試験

り，しかもそのダイヤモンド状炭素膜は非常に強い結合力であるSi-C結合の生成[9]により完全に密着された状態になっている。

3.3 溶液内での発光特性および発光輝度の経時特性評価

ダイヤモンド状炭素膜で被覆されたナノシリコン粒子は，*in Vitro*および*in Vivo*で使用するため，まず，純水内での発光特性と発光輝度の経時特性について検討を行っている。純水中に浸漬された粒子からは，710 nmにピークをもつ赤色発光が確認されている（図9(a)を参照）。この赤色発光の輝度は，ダイヤモンド状炭素膜を被覆した試料（図9(b)を参照）に，313 nmの光学バンドパスフィルターを装着したキセノンランプを照射することにより，室内照明下において肉眼ではっきりと確認することができている（図9(c)を参照）。

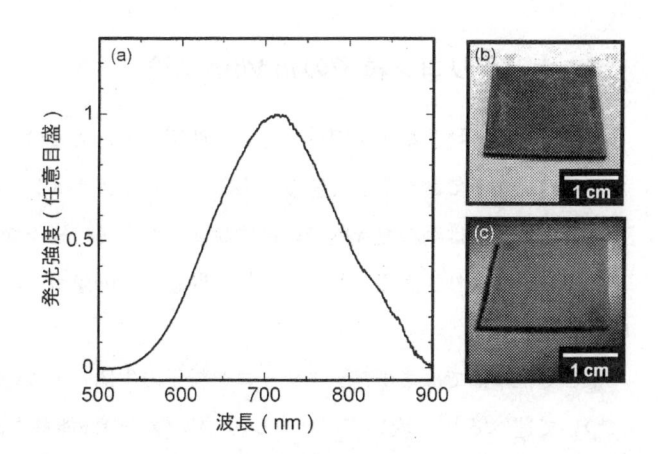

図9 (a) ダイヤモンド状炭素膜の被覆後のナノシリコン粒子に対する発光スペクトル，(b) 光照射前の写真，(c) 光照射後の発光写真（カラー口絵参照）

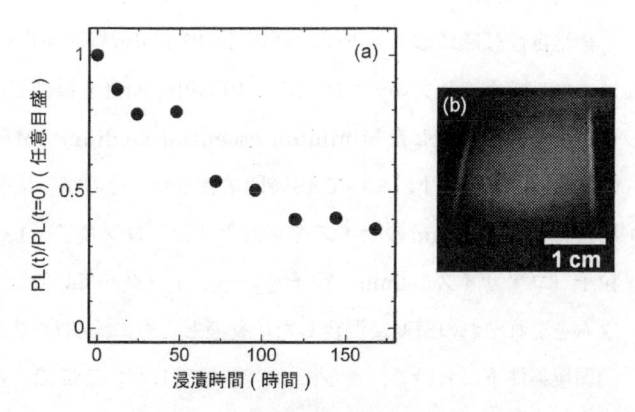

図10 (a) ダイヤモンド状炭素膜の被覆後のナノシリコン粒子における浸漬時間に対する発光輝度の経時変化，(b) 170時間経過後の試料の発光写真（カラー口絵参照）

さらに，純水中における発光輝度の安定性については，72時間までの浸漬において約50％の輝度の減衰が生じているが，それ以上の浸漬時間では輝度の安定した発光が得られている（図10(a)を参照）。170時間浸漬された試料からの赤色発光は，313 nmの光学バンドパスフィルターを装着したキセノンランプでの照射において，肉眼で十分に目視することができている（図10(b)を参照）。

本節の結果より，ナノシリコン粒子表面上へのダイヤモンド状炭素膜の被覆は，純水などの溶液中において，輝度の安定した発光を実現できることを示唆している。

4 ナノシリコン粒子の in Vitro 試験

ナノシリコン粒子を医療用材料として使用するためには，その材料が生体にどのような影響を与えるのか知っておくことは重要である。それは，ナノシリコン粒子を生体や毛細血管内に投与した後，あるいは毛細血管内での循環状態において，様々な部位に異変をもたらす恐れがあるからである。つまり，医療における材料の問題は，即患者への負担に伴う障害につながることを意味している。

そこで，本節ではまず，ナノシリコン粒子の生体安全性の評価として，基礎的な細胞毒性試験について述べる[11]。次いで，ナノシリコン粒子の機能性を確認するために，細胞内での発光観察について記述する[11]。

4.1 実験方法

細胞毒性試験には，ヒト子宮頸癌細胞株HeLa細胞を用いた（図11の写真を参照）。この細胞は，マルチウェルプレート内に$5×10^4$cells/wellを播種し（図11(a)を参照），10％の仔牛血清と抗生物質を添加したMinimum essential medium（MEM）を培養液として，37℃，5％のCO_2湿潤環境条件下において48時間培養した。その後，培養液を取り除き，各ウェルに毒性試験用材料として2.3nmのサイズをしたナノシリコン粒子，18nmのサイズをしたCdSe量子ドット粒子（コアサイズ：6nm，粒子をコーティングしているポリマーサイズ：12nm），塩化カドミウムをそれぞれの濃度で混合した培養液とともに添加し（図11(b)を参照），37℃，5％のCO_2湿潤環境条件下において，さらに48時間培養した。ここで，各材料の濃度としては，ナノシリコン粒子に対して$2×10^{-4}\mu$Mから200μMまで，CdSe量子ドット粒子に対して$2×10^{-4}\mu$Mから$2×10^{-2}\mu$Mまで，塩化カドミウムに対して2μMから200μMまで可変させた。また，毒性試験用材料を添加しないで培養した細胞は，コントロール（参照）として使用した。この実験で使用しているナノシリコン粒子は，製造プロセス工程において，一度フッ酸蒸気にさらされているため，純水溶液中に浸漬して数回洗浄を行うことで粒子表面からフッ酸粒子を完全に除去している。

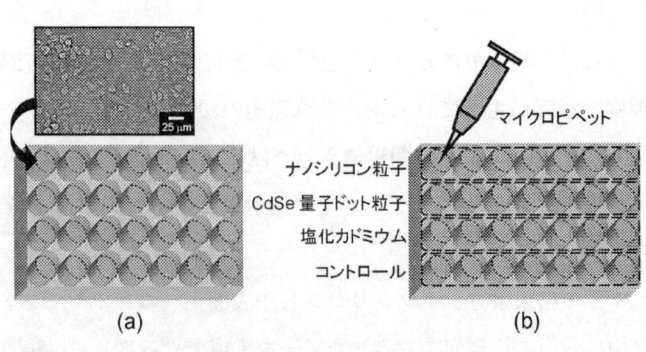

図11 細胞培養工程
(a) 細胞培養，(b) 各種材料を添加後の細胞培養

第7章　生体適合性材料を被覆したナノシリコン粒子の開発と半導体ナノ粒子の in Vitro, in Vivo 試験

これは，フッ酸粒子自体が細胞に対して非常に高い毒性を有しているため，細胞への安全性を確保するために行っている。

次に，毒性試験用材料を含んだ状態で培養された細胞は，MTTアッセイ試薬と培養液を1：1の比率で混合した溶液を各ウェルに20μlずつ添加し，37℃，5％のCO_2恒温装置で発色している。各ウェルにおける細胞の生存率より，毒性評価をしている。この生存率については，プレートリーダーで450nmの吸光度を測定し，各状態での吸光度値を用いて計算式により算出している。

4.2　細胞生存率評価

細胞生存率は，各材料に対して異なった傾向を示していることがわかる。ナノシリコン粒子の場合，$2 \times 10^{-2} \mu M$以下の濃度において，コントロールと同様の生存率を得ている（図12を参照）。また，濃度を$2 \times 10^{-1} \mu M$から200μMに増やすと約10％近い低下が生じるものの，全体として比較的安定した生存率を示している。これに対して，CdSe量子ドット粒子や塩化カドミウムなどのカドミウム系材料は，濃度の増加とともに急激に減衰していくことがわかる（図12を参照）。これは，カドミウムが細胞に悪影響をもたらすことで，細胞の死滅が生じたためである。

この結果より，200μMまでのナノシリコン粒子含有量において，細胞の増殖に対する障害が少ないことが示唆され，さらに細胞に与える毒性も低いことが実証されている。

4.3　細胞内での発光観察

48時間の培養期間において，ナノシリコン粒子は，HeLa細胞内に分散状態で容易に貪食されていく様子が光学顕微鏡観察像より確認されている（図13(a)を参照）。現在までに，細胞内に貪食される粒子濃度は，前項で述べた比較的低い毒性を示す200μMまで確認されている。粒子が貪食された細胞に，可視光線を照射することで，図13(b)に示される緑色の発光を確認することができる。これは，細胞内に貪食されたナノシリコン粒子からの発光であり，その発光色はこの実験で用いた粒子サイズ（2.3nm）に対応している。また，この緑色発光の輝度は，貪食濃度の増加とともに強くなり，200μMの濃度において，室内照明下でも肉眼で鮮明に確認でき，しかも輝度の安定

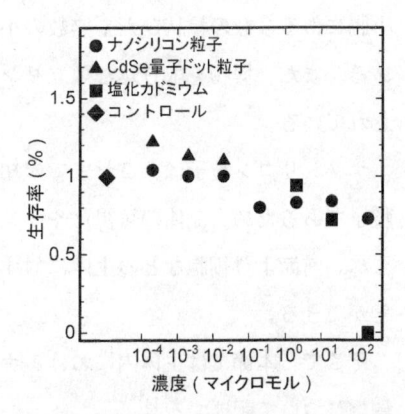

図12　各種材料の濃度に対する細胞生存率

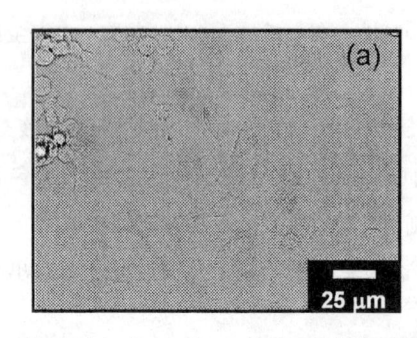

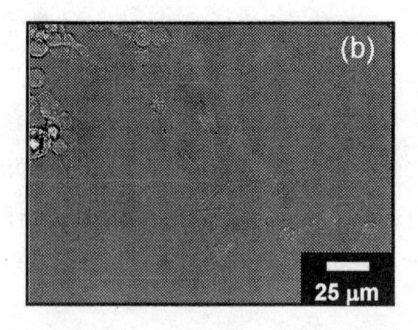

図13 (a) ナノシリコン粒子の貪食後の写真，(b) 光照射後の発光写真（カラー口絵参照）

した発光を得ている。

本節の結果より，ナノシリコン粒子は，癌細胞に対して悪影響を与えずに貪食され，しかも癌細胞内での可視化も実現できている。そのため，この材料は，癌細胞の動態観察用マーカー材料として有効であることを明らかにしている。

5 ナノシリコン粒子の in Vivo 試験

生体の血流状態を可視化することは，現代社会の病気の予防ならびに治療に有効な手法となっている。具体的には，心臓疾患の病変部位の特定や脳内血流障害の観察がこれに相当する。心臓においては，冠動脈血管内の狭窄や瘤の発生によって，重大な症状が出現する。このため，心臓の血流観察には，ヨード系の血管造影剤が利用されているが，アレルギー反応やX線被爆の問題が派生する。そこで，生体に対して安定な血流観察用造影剤の開発が進められている。さらに，消化器系臓器内での物質の流動性吸収などの評価には，微細なトレース物質が必要となる。特に，小腸にある多数の輪状ひだや無数の小突起（小腸絨毛）での吸収過程を可視化することは重要である。また，異物を取り込む孤立リンパ小節の働きを簡便に観察することも医学的知見から期待されている。

ナノシリコン粒子は，これまでの知見より，シングルオーダーサイズをした極小の可視発光性粒子であるため，流体の可視化やトレース材料として十分に活用できる可能性を秘めている。さらに，前節より細胞などの生体に対する安全性が見込めることから，血流観察への応用も望むことができる。

そこで，本節では生体内におけるナノシリコン粒子の流動性と生体内の各部位における可視化観察について記述する[14]。

第7章　生体適合性材料を被覆したナノシリコン粒子の開発と半導体ナノ粒子の in Vitro, in Vivo 試験

5.1　実験方法

　生体内への循環用試料として，生理食塩水溶液内に分散された2.5nmのサイズを有するナノシリコン粒子を用いた。この試料に対しても，製造プロセス工程において，粒子が一度フッ酸蒸気にさらされているため，純水溶液中での洗浄によるフッ酸粒子の除去処理を行うことで，生体への安全性を確保している。この分散溶液を用いて，生体内の各部位におけるナノシリコン粒子の流動性評価ならびに発光観察を行っている。

5.2　生体内におけるナノシリコン粒子の流動性評価および発光観察

　生体内における粒子の流動性と発光観察は，マウス（♂）の皮下静脈，小腸，リンパ管・リンパ節ならびに羊の心臓の冠動脈などの各部位に対して行っている。粒子を投与する前の観察像では，皮下静脈（図14(a)の左側を参照）や冠動脈の血管（図15(a)を参照）の存在は確認できるが，視覚的に血流の動的な流れは見られない。しかし，粒子をシリンジにより直接投与した観察像では，図14(a)の右側や図15(b)の○印に示しているように，静脈や血管内において，肉眼で十分認識できる輝度での赤色光（この実験で使用したナノシリコン粒子のサイズ（2.5nm）に対応した発光色）を得ており，しかも粒子の円滑な流動により，血流状態を明確に可視化できている。この可視化計測は，粒子の流動箇所に，313nmの光学バンドパスフィルターを装着したキセノンランプを照射することにより行っている。

　また，マウスの足裏の静脈に，粒子を直接投与し，小腸までの流動試験と小腸での蠕動運動の

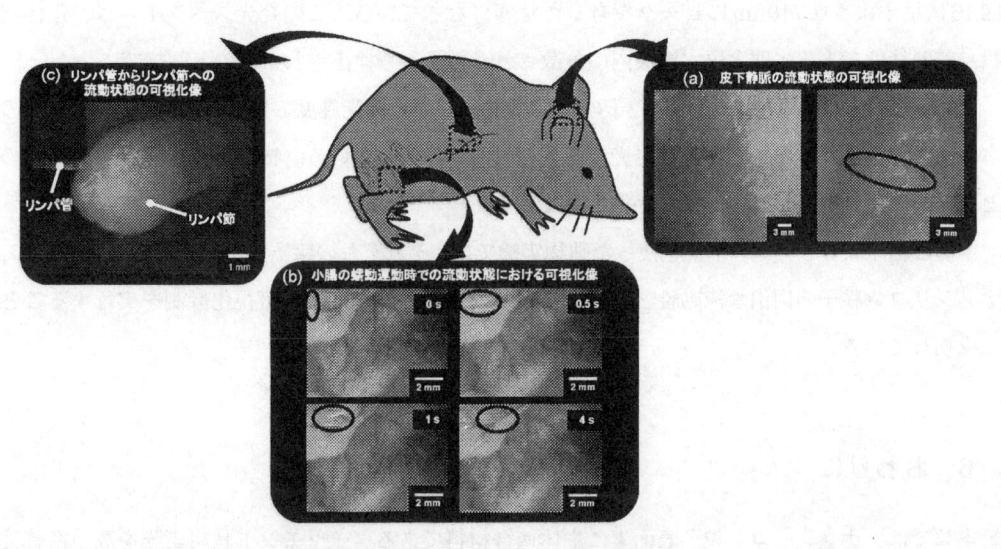

図14　マウス内の各部位におけるナノシリコン粒子の観察像（カラー口絵参照）
(a) 皮下静脈，(b) 小腸，(c) リンパ管・リンパ節

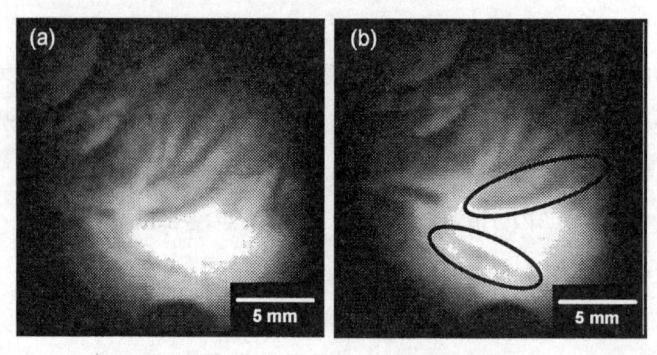

図15 羊の冠動脈におけるナノシリコン粒子の観察像（カラー口絵参照）
(a) 流動前, (b) 流動後

可視化計測を行ったところ，粒子は赤色光を発しながら，足裏静脈から小腸までスムーズに流動することができている．小腸に流れた粒子は，その後，蠕動運動状態においても赤色光を失うことなく，左側（図14(b)の0sの○印を参照）から右側（図14(b)の4sの○印を参照）方向へ小腸壁に接触せずに安定的に流動している様子も確認されている．このときの観察像は，蠕動運動時における粒子の流動状態の変化をビデオ録画した一断面映像の連続写真である．さらに，ナノシリコン粒子は，極小径血管であるリンパ管からリンパ節への流動に対しても良好であることが示されている（図14(c)を参照）．同時に，高い輝度での赤色光によるリンパ管やリンパ節の状態観察の可視化も鮮明に行われており，しかもその輝度は安定状態にあることが確認されている．ここで，各部位におけるナノシリコン粒子の流動状態で観測された赤色光の発光スペクトルは，図16に示すような710nmにピークを有した状態になっている．この発光スペクトルは，生体内投与前の状態である生理食塩水溶液内に分散された粒子から検出されたものと同様であった．

また，各部位でのナノシリコン粒子の流動濃度に対する発光輝度の関係については，図17のように，流動濃度の増加とともに発光輝度も相対的に増大している．特に，流動濃度が4.5mgのとき，最も高い輝度（$17cd/m^2$）が得られている．

本節の結果より，マウスや羊を使った動物実験では，それぞれの臓器のすべての箇所において，ナノシリコン粒子の円滑な流動性と高輝度でかつ安定した発光による可視化計測を実行することに成功している．

6 おわりに

本章では，ナノシリコン粒子表面上に生体適合材料であるダイヤモンド状炭素膜を高い密着性により完全に被覆できることを述べてきた．また，ナノシリコン粒子は，溶液中のみならず，細

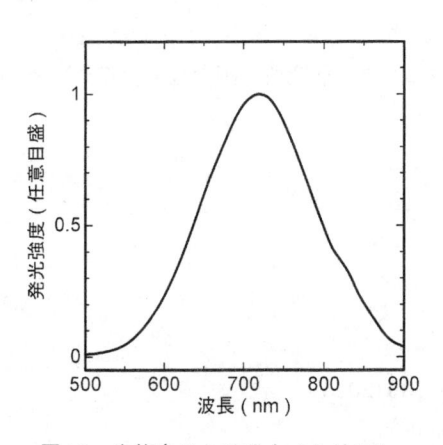

第7章　生体適合性材料を被覆したナノシリコン粒子の開発と半導体ナノ粒子の*in Vitro*, *in Vivo*試験

図16　生体内におけるナノシリコン粒子の発光スペクトル

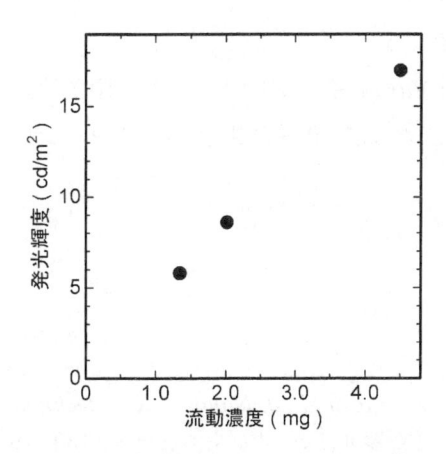

図17　生体内におけるナノシリコン粒子の流動濃度に対する発光輝度

胞や静脈，血管などの生体内でも安定した発光を得ることができ，しかも生体内での様々な状況下において，円滑な流動性を実現できることを示唆してきた。この材料の応用技術としては，医療分野で十分活用し得るものであり，その優位性を明らかにしてきた。特に，医療用材料として新規な材料であるナノシリコン粒子が細胞や生体への安全性の面からも保障できたことは，今後の医療技術ならびに医薬品の製造などの発展に大いに貢献するものであり，患者・医師の両方の立場からもその成果は非常に高く評価できる。今回の内容では示していないが，ナノシリコン粒子から観測される発光色は，赤色，緑色以外にも，橙色，黄色，青色の波長を制御した発光も実現されている。そのため，同一生体内の動態観察用標識材料や種々の癌細胞に対応した薬物送達システム用マーカー材料として，多種類の発光色を示すナノシリコン粒子を導入することも視野に入れることができる。

　今後の展開としては，現在開発中であるナノシリコン粒子表面に，アミノ基やカルボキシル基などを修飾する技術を確立することが挙げられる。このアミノ基やカルボキシル基は，タンパク質や癌細胞を特異的に認識する抗体などの生体分子に対して高い反応性を示すため，今後，医療分野のより広い範囲で利用できる材料を開発する上で非常に重要な技術である。また，発光輝度の更なる向上も必要不可欠な要素になる。これに関しては，ナノシリコン粒子表面に化学的に安定した原子（炭素原子，酸素原子，窒素原子など）をより多く終端させることで大幅な向上が見込める[15]。

　最後に，近い将来，材料・物理分野で生まれたナノシリコン粒子がナノバイオテクノロジー分野の支えを受け，ナノイメージングやナノメディカルデバイスなどの様々な用途における新たな医療用材料の一翼を担うものとして実用化されていくことを期待したい。

謝辞

In Vitro 試験にご協力いただいた国立国際医療センター研究所・国際臨床研究センターの山本健二氏ならびに藤岡宏樹氏に深く感謝します。

文　献

1) K. Sato *et al.*, *J. Nanosci. Nanotechnol.*, **5**, 738 (2005)
2) 佐藤慶介ほか, オプトニューズ, **139**, 79 (2004)
3) K. Sato *et al.*, *J. Nanosci. Nanotechnol.*, **6**, 200 (2006)
4) K. Sato *et al.*, *J. Nanosci. Nanotechnol.*, **7**, 653 (2007)
5) K. Sato *et al.*, *J. Nanosci. Nanotechnol.*, **5**, 271 (2005)
6) K. Sato *et al.*, *J. Nanosci. Nanotechnol.*, **6**, 195 (2006)
7) K. Sato *et al.*, *J. Vac. Sci. Technol. B*, **24**, 604 (2006)
8) K. Sato *et al.*, *J. Appl. Phys.*, **100**, 114303 (2006)
9) K. Sato *et al.*, *J. Appl. Phys.*, **102**, 014302 (2007)
10) K. Sato *et al.*, *Appl. Sur. Sci.*, **216**, 376 (2003)
11) 佐藤慶介, ㈱技術情報協会「ケイ素化合物の選定と最適利用技術」―応用事例集―下巻, 460 (2006)
12) K. Sato *et al.*, *J. Nanosci. Nanotechnol.*, (in press)
13) K. Sato *et al.*, *Thin Solid Films*, **515**, 778 (2006)
14) K. Sato *et al.*, *Mat. Res. Soc. Sympo. Proc.*, **958**, L10.19 (2007)
15) K. Sato *et al.*, *J. Appl. Phys.*, **97**, 104326 (2005)

第8章 フォトニックナノ粒子の近赤外励起バイオフォトニクスへの応用

曽我公平*

1 はじめに

バイオフォトニクスは，バイオテクノロジー研究や医療における診断・予防・治療のための重要技術であり，ライブセルイメージング，in vivo イメージングといった生体における現象を可視化する蛍光バイオイメージングや，蛍光イムノアッセイなど計測・検査のための要素技術である。現在行われている蛍光バイオイメージングでは，発光プローブとして主に蛍光色素や蛍光タンパクが用いられているが，多くの場合紫外線や可視光の短波長光を光源に用いるため，色素そのものの退色や生体物質・組織が破壊される光毒性が問題となっている。例えば有機色素に紫外線を照射して顕微鏡を用いた細胞の蛍光バイオイメージングを行った場合，数十秒から数分で色素が退色してしまう。この問題を解決すべく，近年では量子ドットが用いられるようになってきたが，直接遷移発光を示す半導体量子ドットはその成分に毒性があることや，依然として紫外・可視光の照射が必要なため，保護高分子や生体物質がダメージを受けてしまうことが問題である。これらの諸問題のほとんどは励起光として紫外・可視光を用いていることに起因しており，最近では近赤外光を励起光として用いた蛍光バイオイメージングが提案され始めている。「赤外」というと分子振動の共鳴吸収による発熱がイメージされるが，ここでいう「近赤外」というのは波長にして約 $1\sim2\mu m$ の，生体においてほとんど吸収のない波長域を指す。この波長域は「生体の窓」と呼ばれ，生体内物質による光吸収が比較的少ない波長域と考えられている[1]。一方，希土類イオンをドープしたセラミックスは効率の高い近赤外励起発光を発現することで知られており，これらはすでに固体レーザーや光ファイバー通信における光増幅器に応用されている[2〜4]。なかでも近赤外光の照射により可視光を発するアップコンバージョン（UC）発光は希土類イオンに特有の現象として興味深く，バイオフォトニクス分野への応用が積極的に図られている。本稿では，フォトニックナノ粒子として希土類含有セラミックスナノ粒子（RED-CNP）を取り上げ，特に RED-CNP による UC 発光についてバイオフォトニクスへの基礎から応用にわたって概説する。

---

* Kohei Soga 東京理科大学 基礎工学部 材料工学科 准教授

2 希土類発光体と近赤外励起発光

一般に遷移金属は，不完全殻内の電子遷移により光吸収や発光を示す。いわゆる遷移金属は不完全殻が最外殻であるため，遷移を起こす電子は外場（周囲のイオンや原子からの電磁場や原子振動に伴って振動する電磁場）に対してむき出しであり，電子遷移に伴う吸収は起こすものの，外場との相互作用により室温では発光しないことが多く，また広い吸収・発光線幅を有する。一方，3価の希土類イオンは4f軌道に空軌道を持ち，一種の遷移金属と考えられるが，いわゆる遷移金属と大きく異なるのは，図1に示すように空間的には外側に位置する$5s^25p^6$軌道の方が内側の4f軌道よりもエネルギーが低いために，空軌道のある$4f^{N-1}$軌道が充満した$5s^25p^6$により遮蔽されている。このシールド効果によって，外場からの影響は大幅に弱められ，光吸収や発光の線幅は狭く，室温においても効率の高い発光を示す。また，励起状態の寿命が長いことも特徴であり，遷移金属や有機色素では励起状態寿命が数μsec以下であるのに対し，希土類イオンの4f軌道における励起状態寿命は数msecとなることが珍しくない。したがって，3価希土類イオン，特にセラミックホストにおける3価希土類イオンは，狭くて離散的な電子準位，高い発光効率，長い励起状態寿命を特徴とする。これらは特に近赤外域における光吸収や発光に向いている。Nd^{3+}をドープしたイットリウムアルミニウムガーネット（Nd:YAG）における1.064μm発光は最も一般的な高出力固体レーザーに用いられており[4]，また長距離ファイバー光通信における光増幅には石英系ファイバーにドープされたEr^{3+}の1.55μmの発光が用いられている[3]。中でもユニークな発光が上述のアップコンバージョン（UC）発光である。UC発光は希土類イオンの狭くて離散的な電子準位と長い励起状態寿命を応用したもので，図2に示すように多段階で励起光を吸収し，一気に基底状態まで発光緩和することにより励起光よりも高いエネルギー，すなわち

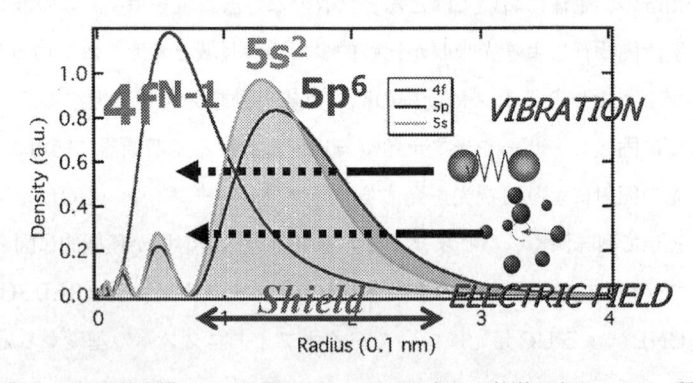

図1 3価の希土類イオンは最もエネルギーの高い4f軌道に空きのある一種の遷移金属だが，空間的にはさらに外側に位置する$5s^25p^6$軌道が充満しておりシールドとして働くために，電子遷移に伴う光吸収や発光がイオン周囲の外場や振動の影響を比較的受けにくい

第8章　フォトニックナノ粒子の近赤外励起バイオフォトニクスへの応用

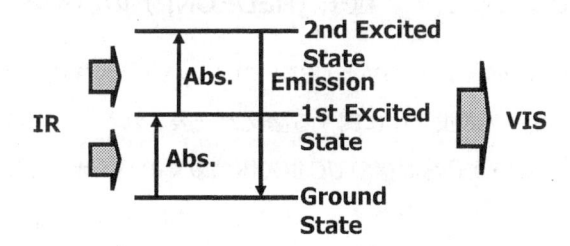

図2　アップコンバージョン発光は希土類イオンの離散的なエネルギー準位において起こる特異的な発光で，多段階で励起光を吸収し，励起光よりも波長が短く，エネルギーが高い発光が得られる

短い波長の光を発することのできる現象である。特にEr^{3+}をドープした特定のセラミックスホストにおける980nm励起による緑色（550nm）と赤色（660nm）の発光は有名である。これらのセラミックスホストにおける希土類イオンの近赤外励起発光には，近年特にバイオフォトニクスへの応用が期待されている[5]。

　UC発光自体は1960年代後半にゲルマネートガラス中にドープされたEr^{3+}とYb^{3+}において最初に発見されたが，以降約20年間ほとんど論文による報告がなされていない。それは希土類がこの現象を起こすためにはホストに制約があり，条件を満たすホストがなかなか見つからなかったことや，手軽な近赤外光源が入手困難であったことに起因する。1980年代後半から約10年間，波長変換材料として盛んにUC発光の研究が行われるようになるまでに起こった重要なテクノロジーの進歩の一つは光ファイバー通信の発達である。効率の良いUC発光を起こすためには励起準位の寿命を保つために熱振動緩和を抑制する必要があり，そのためにはフォノン（振動量子）のエネルギーが小さいホストが必要であった。これの指針は現在も主翼を担っている石英ファイバーよりも低損失のファイバー材料の開発指針と偶然一致しており，結果として生まれたフッ化物ガラスにおいてUC発光が観測されたことが1980年代後半からの研究の波のきっかけになっている。また石英ファイバーの伝送損失が小さくなるのは近赤外域であり，その波長域での半導体レーザーの急速な発達もUC発光研究に拍車をかけた[3]。しかし1990年代半ばには優れた非線形光学効果を示す安価な材料が実用化し始め，波長変換材料としてのUC発光材料の開発は影を潜めていった。一方で1990年代後半にはフルカラー3次元ディスプレイをはじめとしてUC発光を利用した新たなイメージングデバイスの提案がなされるようになった[6]。UC発光材料のバイオフォトニクス応用はこうした流れの中で1999年に発表された論文をきっかけに盛んに研究が行われるようになった。

3 希土類発光セラミックナノ粒子（RED-CNP）のバイオイメージング応用

1999年，STC Technologies Inc.（PA, USA）のメンバーと大学関係者からバイオフォトニクスに応用可能なセラミックス蛍光体に関する論文が発表された[7]。UPT ™（up-converting phosphor technology）という登録商標のUC蛍光体は多くのバイオフォトニクス研究者の期待を集め，DNAと複合化することによりイメージングをはじめとして様々な応用展開が始まった[8〜11]。最近では特に蛍光イムノアッセイや希土類イオンにおけるエネルギー移動現象とUC発光および近接場を組み合わせた医療診断へ向けての応用展開が盛んである[12〜15]。表1に上記論文[7]より引用したRED-CNPの一覧を示す。いずれもフォノンエネルギーが小さいことで知られるホストを用いており，またゲストイオンである希土類イオンとしては緑と赤の発光のためにはEr^{3+}（エルビウム），青の発光にはTm^{3+}（ツリウム）が主に用いられている[16, 17]。

3.1 RED-CNPに要求される条件

良好なUC発光を示すためにはまず，適切なホスト材料としてのセラミックスの選定が重要で

表1 種々のバイオイメージングプローブ用アップコンバージョン発光体[7]

Up-Converting Phosphor Compositions			
Host material	Absorber ion	Emitter ion	Emission (s)
Oxysulfides (O_2S)			
Y_2O_2S	Ytterbium	Erbium	Green
Y_2O_2S	Ytterbium	Thulium	Blue
Gd_2O_2S	Ytterbium	Erbium	Red
La_2O_2S	Ytterbium	Holmium	Green
Oxyhalides (OX_y)			
YOF	Ytterbium	Thulium	Blue
Y_3OCl_7	Ytterbium	Terbium	Green
Fluorides (F_x)			
YF_3	Ytterbium	Erbium	Red
GdF_3	Ytterbium	Erbium	Green
LaF_3	Ytterbium	Holmium	Green
$NaYF_3$	Ytterbium	Thulium	Blue
$BaYF_5$	Ytterbium	Thulium	Blue
BaY_2F_8	Ytterbium	Terbium	Green
Gallates (Ga_xO_y)			
$YGaO_3$	Ytterbium	Erbium	Red
$Y_3Ga_5O_{12}$	Ytterbium	Erbium	Green
Silicates (Si_xO_y)			
YSi_2O_5	Ytterbium	Holmium	Green
YSi_3O_7	Ytterbium	Thulium	Blue

第8章 フォトニックナノ粒子の近赤外励起バイオフォトニクスへの応用

ある。上述のようにUC発光の効率を支配する最も重要なホストの物性はそのフォノンエネルギーであり，フォノンエネルギーが小さいほど中間励起準位の寿命は長くなり，高い効率でUC発光が得られる。フォノンエネルギーは原子やイオンの振動の振動数ωに比例する。簡単なばねの振動数を考えると，その共鳴振動数は$\omega=(k/m)^{1/2}$に比例する。ばね定数であるkは結合の強さに相当し，mは原子の質量に相当する。すなわちホストの選択の要件は「結合が弱く，構成元素の質量が重い」ということになる[18]。しかし，この条件は同時にホストとなるセラミックスの結合の強さの低下に伴う化学的耐久性の低下を招く。一般に効率の高いUC発光を示すセラミックス材料は，他のセラミックス材料に比べると化学的耐久性が低く，ナノサイズに作りこむことで比表面積が増大することも考えに入れると，生体中における良好な発光の維持と細胞毒性を抑制する目的で，表面の処理により発光ナノ粒子に化学的耐久性を付与することが重要課題の一つである。

ホストの選定と同様に重要なのが，希土類イオン種と濃度の決定である。図3に$LaCl_3$中の希土類イオンの準位図を示す[4]。前節に述べたように，3価の希土類イオンの$4f^{N-1}$電子のエネルギー準位は，$5s^25p^6$電子による遮蔽効果で基本的にあまり大きく動かず，ホストが変わっても光吸収や発光のエネルギー準位の位置はさほど変わらない。したがってこの準位図を元に光吸収と発光の波長を推定することが可能である。実際に発光を示すかどうかや吸収の効率の推定にはさらに専門的な考察を必要とするので，これらは専門的な図書に譲る[4]として，吸収や発光の他に考えなければならないのがエネルギー移動である。エネルギー移動は希土類イオン間で発光や光吸収を伴うことなくエネルギーをやり取りする現象で，エネルギー移動現象はイオン間距離のべき乗に反比例して起こるためその効率は濃度に依存する。希土類イオンを発光体として用いる場合，sensitizer（donor）と呼ばれる光吸収効率の高いイオンと，acceptorと呼ばれる良好な発光は示すが光吸収効率の低いイオンの間でのエネルギー移動を利用する増感と呼ばれる方法を用いることがよくある。sensitizerとしてYb^{3+}，acceptorとしてEr^{3+}を用いたUC発光体は良い例である。しかし，これらのイオンの濃度比は光吸収効率のみならず，発光色を変化させることが多い。図4に示すように，Yb-Er共ドープ系では，Ybの濃度を変化させることにより，緑色発光と赤色発光の比が変化する。従って，良好な発光を得るためにはホスト，希土類イオン種，希土類イオン濃度を適切に選定しなければならない[16, 17]。

次にRED-CNPに要求されるのが粒径制御である。粒径の条件はその用途によって異なり，大きいものを見る時にはそれなりに大きな粒子でかまわないが，細胞や分子のイメージングの場合は観察しようとしている物体に対して十分に小さくなければならない。まず粒子サイズの上限であるが，RED-CNPを分散した状態で用いなければならない用途では，その上限は数百nm以下である。それよりも大きくなると，粒子に対してどのような表面処理を施しても生体環境に相

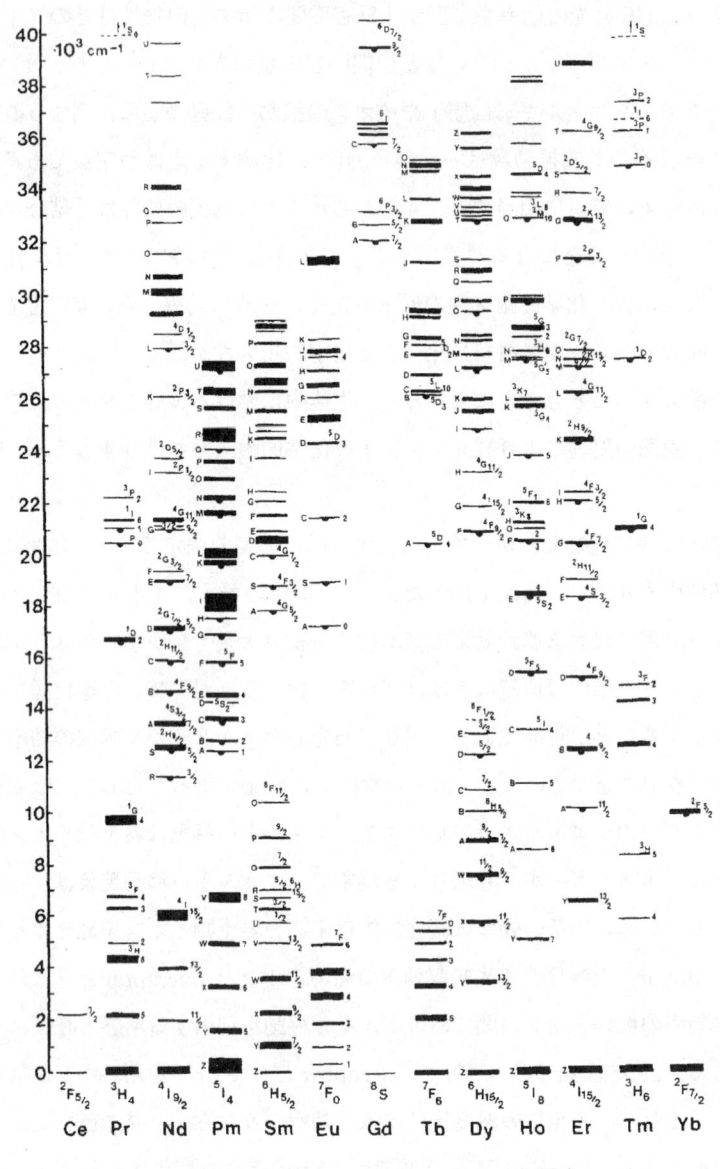

図3 3価希土類イオンのエネルギー準位図[4]

当する水溶液中では沈降してしまう。また下限は10～20nmである。下限に関する定量的な研究例は少なく筆者らは現在研究を進めているが，希土類イオンに及ぶ静電場や振動の影響の理論的な考察に基づけば，100nm未満の粒径でRED-CNPの発光スペクトルや発光効率に影響が出始め，特にUC発光に関しては10nmを切ると多くの場合発光を示さなくなる[19]。従ってRED-CNPの合成技術としては，10～200nmの範囲で粒径を制御し，分散した状態で粒子を合成する技術が必要となる。

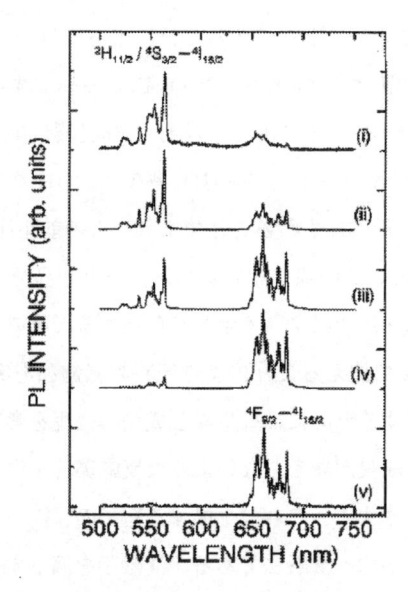

第8章　フォトニックナノ粒子の近赤外励起バイオフォトニクスへの応用

図4　ErとYbを共ドープしたY$_2$O$_3$のアップコンバージョン発光スペクトル
(i) 0 at.%Yb〜99Y-1Er，(ii) 1 at.%Yb，(iii) 3 at.%Yb，
(iv) 5 at.%Yb，(v) 20 at.%Yb。Erはすべて1 at.%[16]。

　セラミックス粒子として考えた場合，希土類イオンの良好な発光を得るためには不純物の除去も重要である。特に水酸基や炭酸基，有機系の結合のセラミックス粒子への残留はUC発光には致命的である。これらの結合はUC発光セラミックスの500cm^{-1}程度[18]に比べると極めて大きな振動エネルギーを持つため，中間励起準位の熱緩和をもたらし発光を損なう原因となってしまう。従ってホストからのこれらの成分の除去はUC発光体を合成する上での必須要件である。

3.2　希土類発光セラミックナノ粒子の合成

　10〜200nmの範囲で，粒径を制御し，分散した状態でセラミックス粒子を合成する方法には様々あるが，大別してこれらは予め大きなサイズの材料を合成して解砕・解粒によりナノ粒子を作製するブレークダウン法と，析出段階でナノ粒子を得るボトムアップ法に大別できる。

　ブレークダウンを行う上で材料を選ばず最も簡単な方法は種々のミルやシェーカーを用いた方法である。しかしこの方法のデメリットは均一な粒径を得ることが難しく，解砕・解粒後に分級を要することである。また機械的に粒子を破砕するために表面への欠陥の導入なども問題となる。さらに解砕・解粒する際に用いる分散媒に注意しないと，上述のように化学的耐久性に乏しいUC発光体の場合は溶解してしまうことがある[20]。

　セラミックスナノ粒子のボトムアップ製法には，噴霧分解法，プラズマCVDなど様々あるが，本稿では特にセラミックス前駆体を水溶液中に析出させる沈殿法について取り上げる。イットリ

ア（Y_2O_3）は種々の希土類イオンをドープすることによってUC発光を示すことで知られるが，例えば数mol％のErをドープしたY_2O_3粒子（Y_2O_3:Er）を作製する場合を考える。セラミック粒子の前駆体析出に用いられるのはアルカリ沈殿法や炭酸沈殿法である。これらは$Y^{3+}+3OH^- \rightarrow Y(OH)_3$，あるいは$Y^{3+}+OH^-+CO_3 \rightarrow YCO_3OH$などの反応により，$Y(OH)_3$，$YCO_3OH$などのセラミックス前駆体を得る方法であり，この前駆体を900〜1200℃にて焼成することによりY_2O_3粒子を得る。この際に重要なのが粒径と粒径分布の制御である。上記の前駆体の析出は，硝酸塩などの水溶液中にY^{3+}イオンが存在する環境で，アルカリの水酸化物や炭酸塩の濃厚水溶液を沈殿剤として加えることにより原料の過飽和を実現し前駆体粒子を析出させる。析出粒子をナノサイズにするためには核生成と成長の過程を考え，成長を起こす前に核析出が完了し，原料の不足により成長が起こらないような反応環境を作る必要がある。しかし沈殿剤は滴下の際に濃度ムラが生じやすく，これは生成する粒子の粒径の分布を招いてしまう。これを解決するために考案されたのが均一沈殿法である。沈殿剤を滴下するのではなく，沈殿剤の原料を予め溶液中に添加しておき，何らかの操作で反応により溶液中で均一に沈殿剤を発生させる。例えば予め溶液中に尿素を加えておき，水溶液を80℃に加熱すると尿素が熱分解することにより沈殿剤であるアンモニアと炭酸イオンが生じ，YCO_3OHが析出する。この方法を用いると，100〜200nmの粒径分布が小さいY_2O_3粒子を簡単に得ることができる。さらに小さい数十nmの粒子を得るためには工夫が必要である。基本的には粒子析出時の原料拡散を抑制する。例えば，前駆体粒子析出時に水溶性高分子を加えておくと，析出前駆体粒子サイズを数十nmに抑制できる。この方法により20nm程度の大きさのY_2O_3ナノ粒子の合成が可能である。また，上記の均一沈殿法では80℃に加熱する必要があるために水溶液中での拡散がどうしても早くなってしまう。一方尿素の分解には酵素を用いることができる。酵素沈殿法を用いて前駆体析出を行うと析出を室温以下の温度で行うことができ，やはり20nm程度の大きさのY_2O_3ナノ粒子を得ることができる[21,22]。

以上は前駆体自体が常温付近の常圧下で得られるセラミックスナノ粒子合成法であるが，超臨界状態や高圧下でセラミックスナノ粒子を得る超臨界合成法，水熱合成法，ソルボサーマル法は，温度－圧力－原料濃度のうち圧力を常圧からずらすことにより，よりマイルドな温度下でプロセスが可能であることからソフトソリューションプロセスと呼ばれる。この方法の魅力は高温を要しないため反応環境に有機分子を共存可能であることである[23〜25]。下記に述べるように，セラミックスナノ粒子は生体環境下ではイオンの吸着により表面電荷による静電反発が損なわれ凝集・沈降してしまう。これを防ぐには高分子による立体反発を利用する必要がある。また生体機能性の付与の上でも種々の有機分子による表面修飾が必要となる。従ってナノ粒子の合成と同時にこれらの機能性有機分子による粒子の表面修飾が可能なソフトソリューションプロセスは，RED-

第8章　フォトニックナノ粒子の近赤外励起バイオフォトニクスへの応用

CNPをバイオイメージングプローブとして応用する上で魅力的なプロセスである。

　ボトムアップ法とブレークダウン法の中間に位置するのがレーザープロセシングである。一般に知られるレーザーアブレーションでは，非常に高いエネルギー密度の光をターゲット表面に照射し，ターゲットをいったん蒸発させた後に凝集する際にナノ粒子を得る。しかし真空チャンバーにおいてこのプロセスを行うと基盤に堆積する際に粒子が凝集し分散状態のナノ粒子を得るのが困難である。蒸発・凝縮を界面活性剤が共存する液体中で行うことにより，ナノ粒子が分散した液体を得る様々な方法が考案されている。

3.3　希土類発光セラミックナノ粒子の表面修飾

　得られた10～200nmのRED-CNPを，バイオイメージングプローブとして用いるためには，粒子が生体環境に近い0.15mol/lの電解質水溶液中で分散していること，pHの変化に伴って溶解しないこと，ターゲット以外への非特異的な吸着を示さないこと，ターゲットへの特異的な結合を示すことが必要となる。ナノサイズのセラミックス粒子は多くの場合表面に電荷を持ち，純水中では静電反発により分散していることが多い。しかし，生物のイメージングを行う環境としては0.15mol/l程度の電解質濃度を想定しなければならず，セラミックスナノ粒子はこの環境で凝集，沈降してしまう。これを防ぐための方法は，高分子の立体反発により分散性を維持する方法である。また，非特異吸着の抑制と，生体内物質への特異的な結合を示すタンパク質の導入には高分子が用いられ，これらの分子をRED-CNP表面に導入する方法について様々な検討が行われている[23～26]。RED-CNPへ有機分子修飾を行ったUC発光プローブの報告は最近でも多く見られるが，分散安定性を評価した例は無い。

　ポリエチレングリコール（PEG）は両親媒性高分子として知られ，また，生体中でターゲット以外への非特異的な吸着を抑制する効果があることで知られる高分子である[26～38]。中でも上記の条件を満たす上で有用なのが，ヘテロ二官能性PEGと呼ばれる，PEGの両末端の異なる官能基を導入したPEGである。α-biotinyl-PEG-*block*-poly（N,N-dimethylamino）ethyl methacrylate）（α-biotinyl-PEG-*b*-PAMA）はPEGの片末端に正に帯電するカチオン性ブロックポリマーとしてPAMAを有し，もう一方の末端にはアビジンと抗原抗体反応で結合するビオチンを持つヘテロ二官能性PEGである。量子ドットとして機能する金や半導体（CdS）のナノ粒子は負の表面電位を持つので，カチオン性のPAMA鎖は静電的に量子ドット表面に吸着する。一方ビオチン末端はアビジンを介して様々な生体内物質への特異吸着が可能である。実際このα-biotinyl-PEG-*b*-PAMAを金ナノ粒子やCdSナノ粒子と複合化した生体機能性を示す量子ドットがすでに報告されている[39, 40]。著者らはビオチンを導入可能なacetal基を持つacetal-PEG-*b*-PAMAのUC発光を示すY_2O_3ナノ粒子表面への修飾を試みた。この場合に問題になる

のが，Y_2O_3ナノ粒子表面が中性の水溶液中では正に帯電していることである。正に帯電したPAMA末端をY_2O_3表面に静電的に吸着させるにはY_2O_3表面を負に帯電させなければならない。ポリアクリル酸（PAAc）は多点で負に帯電したポリアニオン高分子として知られるが，著者らは図5に示すようにY_2O_3ナノ粒子表面をこのPAAcで一次的に修飾した。さらにPAAcで修飾したY_2O_3ナノ粒子にacetal-PEG-b-PAMAを修飾することにより，0.15mol/lの電解質水溶液中で3回以上遠心洗浄しても修飾した高分子が離脱しないY_2O_3/acetal-PEG-b-PAMA複合ナノ粒子を得ることに成功した。またこうして得られた複合ナノ粒子は，0.15mol/lの高濃度電解質水溶液においても高い分散安定性を示す[20,41]。さらに，Y_2O_3ナノ粒子はpH6.4の弱酸性下で水に溶解してしまうことが知られているが，上記のPAAcによる修飾を施すと耐酸性においても顕著な改善が見られ，pH2以下の酸性でも粒子は溶解せず，良好な発光を示すことがわかった[21]。今後acetal末端にビオチンを導入することにより，生体環境の水溶液中で溶解することなく安定に分散し，イメージングのターゲットとする生体の部位にのみ特異的に結合するUC発光プローブとしての応用が期待される。

4 おわりに

近赤外光イメージングデバイスは光通信技術の発達の産物である様々な近赤外デバイスの開発

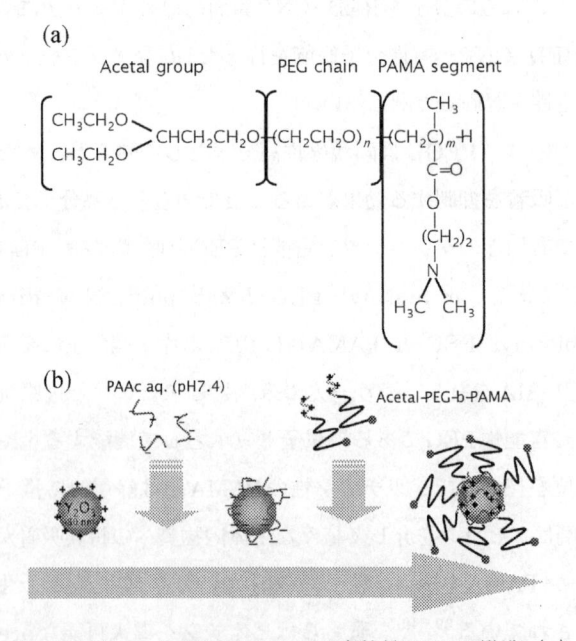

図5 Acetal-PEG-b-PAMAヘテロ二官能性PEGの構造（a）と，PAAcとのY_2O_3ナノ粒子上への二重修飾（b）[20]

第8章　フォトニックナノ粒子の近赤外励起バイオフォトニクスへの応用

と低コスト化の恩恵を受け，近年急速な進展を遂げている。中でも近赤外光を用いたバイオフォトニクスは，バイオメディカル分野への応用のための重要技術であり，近赤外フォトニクスの担い手である希土類含有セラミックス粒子のバイオフォトニクスへの応用が期待されている。そのためには，十〜数百nmで良好な分散状態の得られるナノ粒子合成技術，分散安定性・化学的耐久性・特異吸着性の制御を目的とした機能性高分子の開発とこれらによるナノ粒子の表面修飾技術が鍵となる。アップコンバージョン発光を利用した蛍光バイオイメージングをはじめとして，近赤外光を用いたバイオフォトニクスは，光毒性の少ない「生体にやさしいフォトニクス」としてさらなる今後の展開が期待される。

謝辞

本稿の執筆にあたり，資料収集について上村真生氏にご協力いただいた。ここに謝意を表する。

文　献

1) 飯沼武ら編,「医用物理学」, 医歯薬出版, p.162 (1998)
2) S. Shionoya *et al.* ed., "Phosphors Hnadbook," (CRC, 1998)
3) S. Sudo *et al.*, "Optical Fiber Amplifiers: Materials, Devices, and Applications" (Artech House Publishers, 1997)
4) R.C. Powell, "Physics of Solid State Laser Materials," (Springer, 1998)
5) P.N. Prasad, *Mol. Cryst. Liq. Cyrst.*, **415**, 1-7 (2004)
6) E. Downing, *Science*, **273**, 1185-1189 (1996)
7) H.J.M.A.A. Zijlmans, *et al.*, *Anal. Biochem.*, **267**, 30-36 (1999)
8) P. Corstjens *et al.*, *Chemical Chemistry*, **47**, 1885-1893 (2001)
9) F. Rijike *et al*, *Nature Biotech.*, **19**, 273 (2001)
10) J. Hampl *et al.*, *Anal. Biochem.*, **288**, 176-187 (2001)
11) R.S. Niedbala *et al.*, *Anal. Biochem.*, **293**, 22-33 (2001)
12) K. Kuningas *et al.*, *Anal. Chem.*, **76**, 4690-4696 (2006)
13) C.G. Morgan and A.C. Mitchell, *Biosensors and Bioelectronics*, **22**, 1769-1775 (2007)
14) L. Wang *et al.*, *Angew. Chem. Int. Ed.*, **44**, 6054-6057 (2005)
15) C.G. Morgan, S. Dad and A.C. Mitchell, "Present status of, and prospects for, upconverting phosphors in proximity-based bioassay," J. Alloys and Compounds, (in press)
16) D. Matsuura *et al.*, *Appl. Phys. Lett.*, **81**, 4526-4528 (2002)

17) D. Matsuura *et al.*, *J. Electrochem. Soc.*, **152**, H39-42 (2005)
18) K. Soga *et al.*, *J. Appl. Phys.*, **93**, 2946-2951 (2003)
19) C. Luis *et al.*, *Chem. Mater.*, **17**, 1673-1682 (2005)
20) T. Konishi, *J. Photopolymer Sci. Tech.*, **19**, 145-149 (2006)
21) K. Soga *et al.*, Proc. 6th Asian BioCeramics Symp. (ABC2006), Nov. 7 - 10, 2006, Bangkok, Thailand
22) K. Soga *et al.*, Proc. 2006 MRS Fall Meeting, Symposium E, Nov. 27- Dec. 1, 2006, Boston, MA, USA
23) T. Mousavand *et al.*, *J. Mater. Sci.*, **41**, 1445-1448 (2006)
24) T. Mousavand *et al.*, *J. Supercritical Fluids*, **40**, 397-401 (2007)
25) T. Mousavand *et al.*, *J. Mater. Sci.*, **41**, 1445-1448 (2006)
26) S. Sivakumar *et al*, *Chem. Eur. J.*, **12**, 5878-5884 (2006)
27) P.R. Diamante *et al.*, *Langmuir*, **22**, 1782-1788 (2006)
28) P.R. Diamante *et al.*, *J. Fluorescence*, **15**, 543-551 (2005)
29) S.F. Lim *et al.*, *Nano Lett.*, **6**, 169-174 (2006)
30) C. Woghire *et al*, *Bioconjugate Chem.*, **4**, 314-318 (1993)
31) H.F. Gaetner *et al*, *Bioconjugate Chem.*, **47**, 38-44 (1996)
32) Y. Akiyama *et al.*, *Bioconjugate Chem.*, **11**, 947-950 (2000)
33) S. Zhang, *React. Funct. Polym.*, **56**, 17-25 (2003)
34) F.M. Veronese, *Biomaterials*, **22**, 405-417 (2001)
35) M.J. Bently *et al.*, *Adv. Drug Delivery Rev.*, **54**, 459-476 (2002)
36) H. Otsuka *et al.*, *Adv. Drug Delivery Rev.*, **5**, 403-419 (2003)
37) P. Caliceti, *J. Controlled Release*, **83**, 97-108 (2002)
38) R.B. Greenwald *et al.*, *Adv. Drug Delivery*, **55**, 217-250 (2003)
39) T. Ishii *et al.*, *Langmuir*, **20**, 564-564 (2004)
40) Y. Nagasaki *et al.*, *Langmuir*, **20**, 6396-6400 (2004)
41) K. Soga *et al.*, *J. Photopolymer Sci. Tech.*, **18**, 73-74 (2005)

第9章 マイクロリアクターによる蛍光ナノ粒子の合成と特性制御

中村浩之[*1], 上原雅人[*2], 前田英明[*3]

1 はじめに

　この本の随所で述べられているように，ナノ粒子は生体分子用蛍光タグとして大きな注目を集めている。さらに，磁性粒子や機能性顔料，さらにそれらをビルディングブロックとして用いることで，波長可変発光ダイオード，単一粒子トランジスター，超高密度磁性記憶媒体など様々な応用が期待されている[1]。これらの応用には，磁性粒子の超常磁性化や，金属粒子の表面プラズモン吸収，半導体ナノ粒子の量子サイズ効果などのバルクには見られない粒子径に依存する特性を利用する場合も多い。ここでは，マイクロリアクターという微少反応器を用いて反応の精密制御を行いながら，半導体蛍光ナノ粒子を特性制御しながら合成する方法について述べることにする。

　詳細については他章に譲るが，例えば，CdSeに代表される半導体蛍光ナノ粒子は，一般に物質固有のバンドギャップよりも高いエネルギーの光を吸収して，バンドギャップエネルギーに対応する波長の蛍光を発する。その粒子径がボーア半径（～8nm）よりも小さくなると，バンドギャップエネルギーが粒子径の減少とともに増大するため，粒子径による蛍光波長制御が可能になる[2,3]。このため半導体ナノ粒子は，①単色光励起による多色蛍光が可能，②蛍光波長は粒子径によって制御可能，③蛍光半値幅が狭い，④安定な蛍光が得られるという特徴を持ち，多検体同時計測を簡単に実現する，新しいタイプの生体分子分析用蛍光タグとして大きな注目を集めている[3]。

　一方で，このような粒子径により物性が異なるというナノ粒子の特性をうまく利用するには，量子サイズ効果が顕著に現れる10nm程度以下のサイズで，しかも均一な大きさおよび形状のナノ粒子を利用する必要がある。化学溶液中で粒子を合成する液相法は，化学反応条件や界面活性剤の適切な制御・選択による粒子径・粒度分布の制御が比較的容易に可能であるなどの特徴を持

---

*1　Hiroyuki Nakamura　㈱産業技術総合研究所　ナノテクノロジー研究部門　主任研究員
*2　Masato Uehara　㈱産業技術総合研究所　ナノテクノロジー研究部門　研究員
*3　Hideaki Maeda　㈱産業技術総合研究所　ナノテクノロジー研究部門　グループ長

っており，特にここ10数年の間にこの方法を利用するシングルナノオーダーの均一なナノ粒子の合成法が急速に発展し，様々な方法の開発がなされてきた。特に最近，コロイドプロセスによる方法により，粒子径が数nm程度で変動係数（（粒子径の標準偏差）/（平均粒子径））が3％程度の極めて粒子径の揃ったシングルナノ粒子が得られるようになってきている。

以上のように，10nm程度以下のナノ粒子の合成法には様々な方法が提案されており，いくつかの会社で特にCdSeやCdSe/ZnS（コア／シェル）ナノ粒子を中心に製造販売がなされるようになってきた。しかしながら，これらの粒子の製造はまだラボレベルの域を出ず，工業的な意味で粒径の均一な粒子を多量に安定に製造する決定的な方法はなかなか見あたらない。これは，ナノ粒子を合成する場合，特に合成条件の精密な制御が必要になるためと考えられる。つまり，反応容器を大きくする際にしばしば起こるスケールアップの問題により温度や化学種濃度等の条件のばらつきがより顕著に表れるためである（図1）。

最近，筆者らは，マイクロ空間を利用することで反応を精密に制御しながら，ナノ粒子を連続的に合成する方法を開発し，一日に10L程度の処理ができる方法を開発した。この方法を利用すれば，オンディマンドでのナノ粒子径のチューニング（蛍光波長チューニング）や，ナノ粒子構造の精密制御による特性制御も可能なことも見出した。さらに，最近はCdを含まないカルコパイライト型$CuInS_2$系ナノ粒子の開発にも行っている。そこでここでは，マイクロリアクターの特徴と粒子合成の意義を簡単に述べた後，筆者らが行ったCdSeナノ粒子のマイクロ空間合成に関する研究例を中心に，マイクロリアクターを利用した蛍光ナノ粒子の合成について紹介する。

2　マイクロリアクターによるナノ粒子合成の意義

最近のマイクロ加工技術の発達を背景とし，近年，ミクロンオーダーのディメンジョンを持つマイクロリアクターの研究が活発になされ，様々な成果が見られるようになってきている[4]。マイクロリアクターは通常，1mm以下の幅を持つチャネルから成り立っている。このため，チャネルの表面積に対するリアクター容量が小さく，また，チャネル自身の代表長さも小さいので，反応条件の正確なコントロールが行いやすい[5]。例えば，小さい熱容量に由来する温度制御の正確さは非常に高い。また，化学種の濃度制御のための基本的操作である混合の効率も，リアクターを適切な設計にすることによりバッチ式よりもかなり向上する[6]。この温度と撹拌（濃度）を迅速に制御できるとい

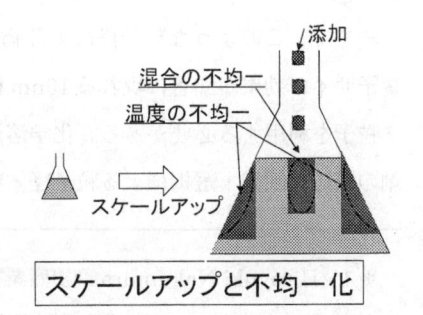

図1　スケールアップによる反応条件の不均一化

第9章 マイクロリアクターによる蛍光ナノ粒子の合成と特性制御

う特徴が後述するマイクロリアクターの精密な化学反応性の基盤になっている。

マイクロリアクターの反応部の容量は非常に小さく，通常フロー式反応装置として設計される。一つの反応器自体の体積が小さいので並行操作も可能なため，ナンバリングアップによるスケールアップが可能で，従来のバッチ式反応装置においてバッチ式反応器でよく問題になるスケールアップ時の装置内での撹拌や熱伝導等の相似性の問題の解決策になると期待される。このため，並行操作についての方法論が確立すれば，実験室レベルから小規模なプラントレベルまでの移行が非常にスムースに行われる。このように，マイクロリアクターは，必要なものを必要な場所で必要な量だけ合成できる工業用精密反応装置としての大きなポテンシャルがあり，一部試薬製造装置等として利用されはじめている。

一方，コロイドプロセスによる粒子の合成では，均一粒径のナノ粒子の合成には核生成と成長を精密に制御する必要がある[7]。単分散粒子を合成する一つの理想的なモデルとして，図2に示すようなLaMerモデルが提案されている[8]。生成粒子同士の合体が無視できる場合，成長時間に対する核生成の時間を短くすれば，成長時間のばらつきが少なくなるために，粒度分布の狭い粒子が得られるというものである。この場合，成長中の粒子間の合体を制御すると共に，成長途中の新しい核の生成を抑制するために，核生成後は再度溶質濃度を臨界核生成濃度まで上昇させないことが重要となる。また，粒子径の制御も，核生成の数（核生成速度により変化する）および成長時間・収率の制御により行うことが可能である。更に蛍光粒子の特性に大きな影響を与える結晶性は，温度や成長速度等にも影響を受ける。

得られるナノ粒子の特性には，利用する原料や界面活性剤等反応系が大きく影響を与えることはもちろんだが，それとともに上述の核生成・成長を制御するために，反応温度・昇温時間・化学種濃度等の反応条件の適切なコントロールも必要になる。上述したような化学反応制御性に優れたマイクロリアクターは，このような反応条件制御を簡単に実現する装置として期待でき，また，それらを臨機応変に制御できる多品種少量生産用のフレキシブリティーの高いナノ粒子生産装置として期待できる。

3 マイクロリアクターによるCdSdナノ粒子の合成[9, 10]

以上のような観点から，筆者の研究グループではCdSeの合成を中心に，マイクロリアクターを利用する蛍光ナノ粒子合成について研究を進めてきた。

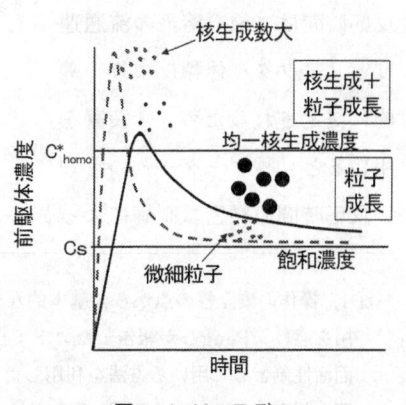

図2 LaMerモデル

量子ドットの生命科学領域への応用

我々が利用した方法（有機金属錯体を原料とする方法）による粒径の揃った半導体ナノ粒子の合成法の背景，詳細については他に譲るが，現在では，実験室レベルで反応時間や原料溶液組成を適切な選択により変動係数3%程度，平均粒子径2～7nmの間で制御することが可能になっている。しかし一方で，この方法には，原料添加のタイミングや添加速度，添加時の撹拌の強さにより核生成のカイネティクスが変わるため，スケールアップや再現性の高さに問題が生じる。そこで，我々のグループでは，反応制御性が高いマイクロリアクターを利用して同様の方法によるCdSeナノ粒子の合成を試みた[注1]。

反応装置の概略を図3に示す。シリンジポンプを用いて，原料溶液をあらかじめ反応温度に加熱したチューブに流通させると，反応溶液は加熱部分にさしかかるところで急速に反応温度まで加熱され，加熱部分を通り過ぎると急速に冷却され，サンプルとして回収される（管径200μmの際の加熱・冷却時間は0.3s程度と計算できる）。

得られた生成物の吸収および蛍光スペクトル，および得られた生成物からの蛍光の写真とそのうちの一つのサンプルのTEM写真を図4に示す。TEM写真からは欠陥が見られず，生成物の結晶性は高く，粒子径が揃っていることが確認できる。一方で，吸収および蛍光スペクトルに示されるように，マイクロリアクターによる合成では，反応時間が短くなるとともに，吸収端ピーク（吸収が始まる波長）の位置が短波長側にずれ，それに伴い蛍光ピーク位置も短波長側にシフトする。これは，反応時間の減少による粒子径の減少とともに，量子サイズ効果が大きくなり，CdSeナノ粒子のバンドギャップエネルギーが大きくなる事を示す。蛍光は，そのバンドギャップエネルギーに対応する波長の光となるため，粒子径が小さいほど，短波長の光となる。吸収端ピーク位置からCdSeナノ粒子の粒子径が推算可能であり，表1に示されるように，マイクロリアクターを用いる合成では，秒オーダーの反応時間制御により，平均粒径2～4.5nmのCdSeナノ粒子が，0.2～0.3nm間隔で作り分けられていることが分かる。反応時間は，原料溶液の流通速度とリアクター体積により一義的に決定されるため，本装置を用いると，秒オーダーという短い反応時間の精密な制御によっ

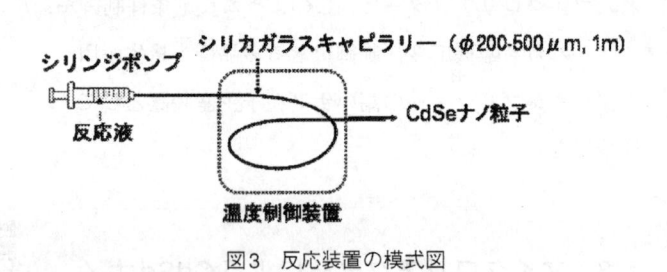

図3 反応装置の模式図

注1）操作の安全性の点から，基本的な合成方法は，毒性・発火性のある上記のジメチルカドミウムの使用を避け，Pengらが報告したカドミウム塩とセレンを原料とし，ステアリン酸，TOPO，TOP等を界面活性剤として用いる方法を利用した[11]。なお，この環境に優しい反応系での合成では秒単位の反応時間を制御しなければならず，反応時間による粒子径制御が行いにくいという問題があった。

第9章 マイクロリアクターによる蛍光ナノ粒子の合成と特性制御

て,ナノ粒子径のチューニングが非常に簡単に達成できることを示す。再現性も非常に高く(図5),更に,オンラインで吸収および蛍光スペクトルをモニターすることも可能で,合成しながら臨機応変に特性チューニングが可能である。このような高い合成の安定性・フレキシビリティ,および再現性の高さは,多数のリアクターの並行操作によるスケールアップが行いやすいことを示し,特に多品種少量生産用の工業的な合成装置や,最適な特性を簡単に探索できるハイスループットの合成条件探索装置としての高いポテンシャルを示している。

このマイクロリアクター反応装置を50個並列に操作すれば,1日10Lという,この方法にしては極めて多量の反応溶液が処理できる。同様の方法は,他のいくつかのナノ粒子の合成にも応用が可能であり,当所では現在までに,CdS,CdTe,ZnSe等のII-VI族半導体

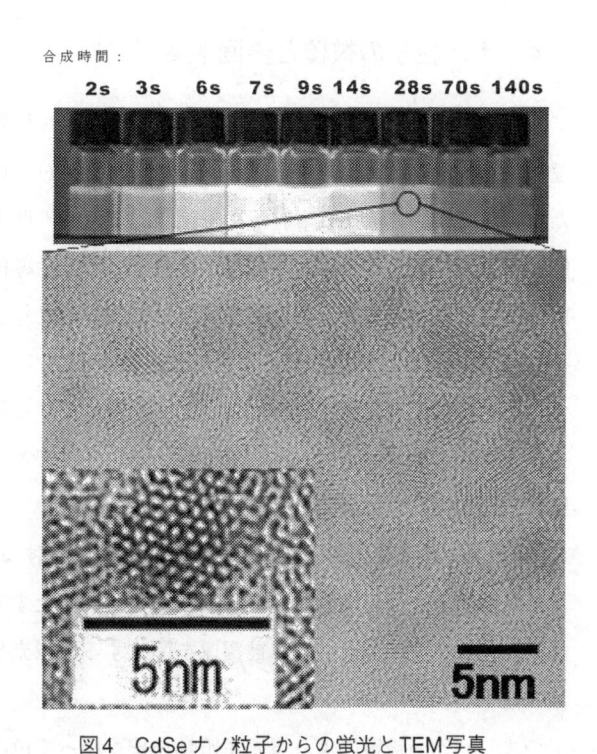

図4 CdSeナノ粒子からの蛍光とTEM写真
(カラー口絵参照)
写真の上に各ナノ粒子の合成時間を示す。

表1 マイクロリアクターにより合成したCdSeナノ粒子の平均粒径と蛍光波長

加熱時間 (s)	1.9	2.8	5.6	7	9.3	14	28	70	140
流量 (μL/min)	750	500	250	200	150	100	50	20	10
平均粒径 (nm)	2.0	2.2	2.4	2.9	3.1	3.4	3.7	4.1	4.5
蛍光波長 (nm)	516	532	542	563	572	584	598	616	630

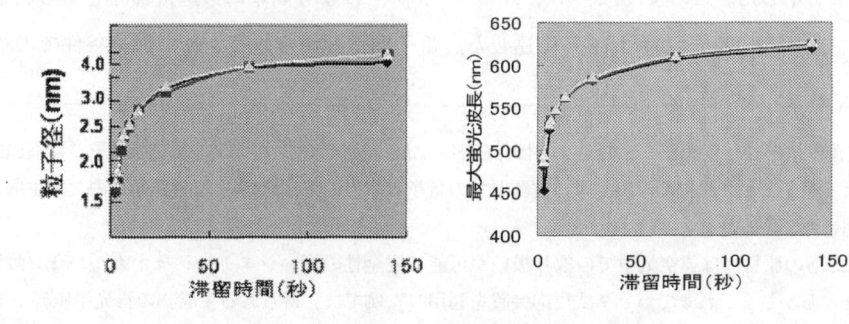

図5 粒子径および最大蛍光波長の再現性

ナノ粒子や，金属ナノ粒子の合成も可能にしている。

4 ナノ粒子の被覆と表面改質[12, 13]

CdSe等の半導体ナノ粒子は，光により励起された電子が表面に到達することにより，無輻射遷移や光溶解などにより量子収率（(蛍光の光子数)／(励起に使用される光子数)：単位吸光度あたりの蛍光の強さで代表される）や化学的安定性の低下（光溶解）をもたらす。更に最近，光溶解は細胞毒性をもたらすとの報告もされている。半導体ナノ粒子の表面をよりバンドギャップの広い物質で被覆すると，欠陥が多い粒子表面への励起子の到達を抑えられて蛍光特性が大きく向上し[14]，さらに，光溶解耐性などの安定性が向上する。さらにナノ粒子を生体分子分析に利用するためにはその表面を親水化し，表面を覆っている界面活性剤を置換して，表面にカルボン酸やアミノ等の親水基を導入する必要がある。そこで次にCdSeナノ粒子のZnS被覆および表面改質について検討を行なった例を紹介する。

CdSeナノ粒子をZnS被覆すると量子収率が向上するのは上に述べたとおりであるが，その際，ある被覆厚までは，被覆厚に応じて蛍光強度が向上する一方で蛍光ピークが低エネルギー側（長波長側）にシフトし，さらに被覆厚を厚くすると蛍光ピークのシフトは収まるが，量子収率は急激に低下する[注2]。

つまり，ZnS被覆により蛍光半値幅を狭く保って色の純度を低下させずに，量子収率を向上させるには，その被覆膜の厚さを均一に保ちながら，膜厚をうまく制御する必要があることが判る。

そこで，上述のCdSeナノ粒子をコアとしてZnS層の原料溶液[注3]に添加し，化学反応制御性が高いマイクロリアクターを用いてZnS被覆を試みた。

図6には，ZnS被覆部での滞留時間を制御した際の，得られた試料の量子収率と蛍光半値幅を示している[13]。ここには，比較のために同じ原料を用いてバッチ反応器（3mL）で合成した生成物の結果も示した。このように，マイクロリアクターにより簡単に最適被覆厚を得られる条件が得られ，生成物の量子収率は70％に達した。電子顕微鏡から観察された最適条件での被覆厚

注2) 被覆厚に応じた蛍光ピークのシフトは，CdSe/ZnS界面でのひずみの生成や励起子の存在範囲の拡大による量子サイズ効果の緩和，厚い被覆厚での量子収率の低下はCdSe/ZnS界面での欠陥生成によると説明されている[15]。

注3) ZnS層の原料には，空気中での取り扱いが可能で安全性の高いジエチルジチオカルバミン酸亜鉛を用いた。しかし，これまでバッチ式反応装置を利用した例では，得られる生成物の蛍光半値幅が100nm程度と広い[16]。

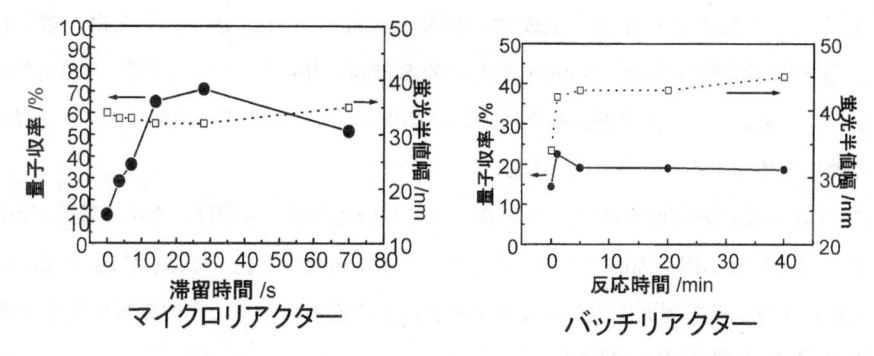

図6 マイクロリアクターとバッチリアクターにより合成されたZnS/CdSe複合ナノ粒子の特性

は約1nmであり，非常に精密に被覆厚を制御できることがわかる。一方，同じ原料を用いてバッチ合成した場合，昇温に1分程度時間がかかるために，反応時間の正確な

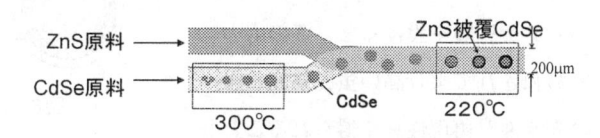

図7 ZnS被覆CdSe連続合成装置模式図

制御が難しかった。最短の反応時間は1分程度としているが，加熱開始後1分程度で蛍光半値幅が急激に広がり，量子収率の向上はさほど顕著ではなかった。この結果は，マイクロリアクターの利用による均一かつ精密な反応条件制御を利用して，均一な被覆が可能なことを端的に示す。この方法により量子収率50％以上の蛍光ナノ粒子の合成は高い再現性で可能である。さらに図7のような反応装置を利用しても，同等のZnS/CdSe複合ナノ粒子を連続的に合成することが可能だった[12]。

得られた粒子の親水化は，他章で述べられているような既報[17]にある方法により可能であり，例えば，ZnS/CdSeナノ粒子を洗浄後，60℃でメルカプトウンデカン酸中，一晩程度エージングすることで容易に可能だった。

5 ナノ粒子の複合構造設計による機能化

次に，更に複雑な複合構造を持たせた例を2例紹介する。

4節に示したように，マイクロリアクターを用いれば，被覆膜の厚さを精密に制御できるという結果が得られている。そこで，我々は，ZnSをコアおよび最外殻とし，中間に薄いCdSeを挟む構造（図8）を設計し，CdSeの量子サイズ効果を利用して青色の蛍光体を合成することを考えた[18]。4節と同様の方法でZnSのコア粒子を合成した後，CdSeの被覆膜をその上に形成させ，更にZnSを最外殻に形成させた。

これまで示した結果と同様に、生成物の結晶性は高かった。更に、生成物の蛍光波長は480nm、量子収率は約50％と、550nm程度のZnS被覆CdSeナノ粒子と遜色のない値だった。更に、図9に示すように、蛍光波長制御は中間のCdSe層の被覆時間の制御により、被覆層の量子サイズ効果を制御することで可能である。

さらに、CdSe/ZnSe/ZnSのコア／シェル／シェル型複合粒子も同様の方法で製造が可能である[19]。上で紹介したCdSe/ZnS（コア／シェル）タイプ蛍光ナノ粒子では、CdSeとZnSの結晶格子の違いにより、その界面に生じるミスマッチによる応力のために、被覆厚を厚くできない。最近、CdSeとZnS層の間に中間的な格子定数を持つZnSeやCdS等のバッファー層を設けると、この応力が緩和されてより高い蛍光強度および安定性が再現性高く得られることが報告されている。そこで、上述の方法に準じてマイクロリアクターでCdSeコアを作り、更にその上にZnSe、ZnSと逐次的にマイクロリアクターで被覆を行った。この際、マイクロリアクターにより被覆を行う際の1層目および2層目の滞留時間を最適化することにより、この複合構造粒子の合成条件最適化を簡単に行うことが出来た。得られたCdSe/ZnSe/ZnSナノ粒子の量子収率は60％程度と、CdSe/ZnSと大きな違いは見られなかったが、この粒子は高温溶媒中でも極めて安定であり、図10に示すように温度サイクルをかけても温度に依存する蛍光強度が再現性よく得られるため、ナノメートルオーダーの温度計としての利用が期待される[19]。

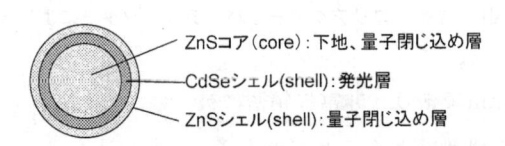

図8 ZnS/CdSe/ZnS三層構造ナノ粒子

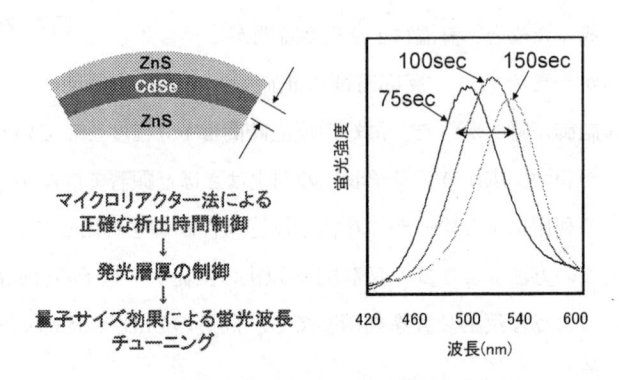

図9 マイクロリアクター法による蛍光波長チューニングの概念と構造制御によるチューニング例

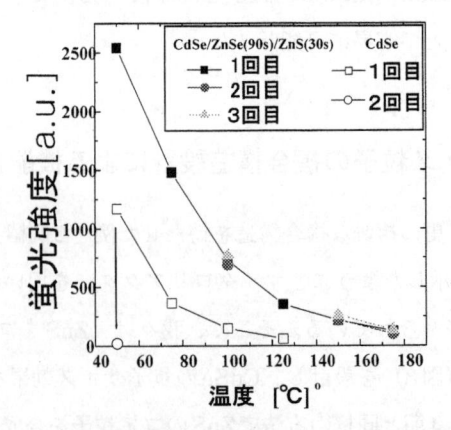

図10 CdSe/ZnSe/ZnS及びCdSeナノ粒子の蛍光強度の温度依存性と繰り返し特性

これらの結果は、マイクロリアク

第9章　マイクロリアクターによる蛍光ナノ粒子の合成と特性制御

ターを利用すれば，単に粒子の表面改質としてではなく，ナノ粒子の精密な複合構造制御による特性設計が可能なこと，さらに実際の合成時の合成条件最適化に対しても非常に有効なツールであることが示されており，今後の更なる展開が期待できる。

6　カルコパイライト型蛍光ナノ粒子[20]

　上には，CdSeナノ粒子を中心に，マイクロリアクターによるナノ粒子合成について述べた。しかし，CdSeは，RoHS規制元素となるCdを含む。RoHS規制自体はヨーロッパの電気・電子機器関係を対象としているが，生体・環境負荷化合物の規制はよりひろがる傾向にある。そこで，Cd，Pb，Hg等の規制元素を含まない蛍光ナノ粒子の開発を行った。

　CdSeを含むII族とVI族元素の化合物の半導体（II-VI型半導体）にも，Cdよりバンドギャップが狭い半導体があり，量子サイズ効果を考慮すれば近赤外，可視の蛍光を与えることが出来るが，それらはCd，Pb，Hgなどの規制元素を含む。一方で，同じII族のZnは規制元素に入らないが，その化合物半導体（ZnS，ZnSe等）はバンドギャップが大きく，広い波長範囲の可視光の蛍光は得られない。さらに一方で，II-VI型の他に，InP等のIII-V型，Si等のIV型があり，それを使った可視蛍光ナノ粒子も開発されているが，これらの化合物半導体は共有結合性が高く，必ずしも容易に合成できるわけではない。そこで，我々はイオン結合性が高く，しかも可視光域に吸収を持つI-III-VI型カルコパイライト系三元半導体に着目し，$CuInS_2$およびそのZn固溶体の合成を試みた。この場合，CdSe合成と同様の合成系を用いて[注4]，容易にナノ粒子を得ることが出来た。今のところ，$CuInS_2$単相のナノ粒子では，極弱い蛍光しか得られていないが，ZnSを固溶させて[注5]，欠陥生成によるCu欠陥誘起を抑えると，5％程度の量子収率を持つ蛍光ナノ粒子が得られる。図11にZnのCuに対する添加量を変化させた場合の吸光および蛍光スペクトルを示すが，添加量に応じて吸収端波長（バンドギャップ）が制御でき，それに伴い蛍光波長も550nm～800nmの広い範囲で制御することが可能である[注6]。図12はZn：Cu：In：S＝1：1：1：4の原料を用いた生成物のTEM写真であるが，平均径3.5nmの粒径のそろった結晶性の高い粒子が得られていることが分かる。バンドギャップは$ZuS/CuInS_2$比や粒子径によって制御可能である。更に最近では，この方法をモディファイすることで30～40％の高い量子収率

注4）オクタデセンにイオウとオレイルアミンを溶解させた溶液に，銅（I）とインジウム（III）のヨウ化物を添加し，240℃で加熱する方法。

注5）注4のイオウに代えてジエチルジチオカルバミン酸亜鉛を添加して同様に合成する。

注6）蛍光ピークの半値幅は100nm程度と広く，吸収端ピークと蛍光ピークの差であるストークスシフトも100nmと大きいが，これは複数の欠陥準位が存在を示すと考えられる。

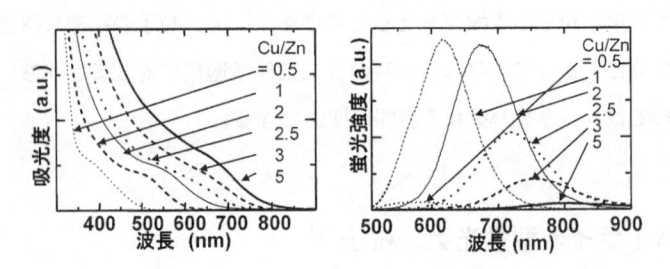

図11 Zn-Cu-In-Sカルコパイライト型ナノ粒子の（a）吸収スペクトルと（b）蛍光スペクトル

が得られるようになってきており[21]，その特性もCdSeに徐々に近づいている。

上述の方法も，マイクロリアクターによる合成に適応可能である。マイクロリアクターを用いると，オンラインで容易に$ZnS/CuInS_2$の混合比を制御することが可能であるため，オンディマンドで生成物の波長制御しながらの合成が可能になっている。

7 おわりに

マイクロリアクターという，反応条件の制御を精密かつ均一に行える反応装置を利用して，シングルナノメートルオーダーのCdSe粒子およびその複合粒子を中心とした均一なナノ粒子の合成を行った例を紹介した。ここに示したように，マイクロリアクターを用いると粒子形およびその構造の精密な制御を行いながら連続的にナノ粒子の合成が可能である。この方法は，フレキシブルなオンサイトオンディマンド合成法としてのみならず，短時間の粒子成長速度解析や，コンビナトリアル的な材料開発，さらに，複合粒子構造の制御等，幅広い利用が可能と期待できる。また，原理的には実験室で得られた生成物の工業的な生産も容易であるため，現在急速に研究が進展しているナノ粒子を工業的に製造する一つの大きなツールとして展開すると期待している。また，CdSeの他にも，CdS等の半導体ナノ粒子[22]や，Ag，Au等の金属ナノ粒子[23]，さらには，TiO_2等の酸化物[24]，さらには，それらを複合させた複合構造ナノ粒子にいたるまで，非常に多様な材料が，その粒径を制御しながら合成できるという報告がなされ，広い範囲に応用可能である。

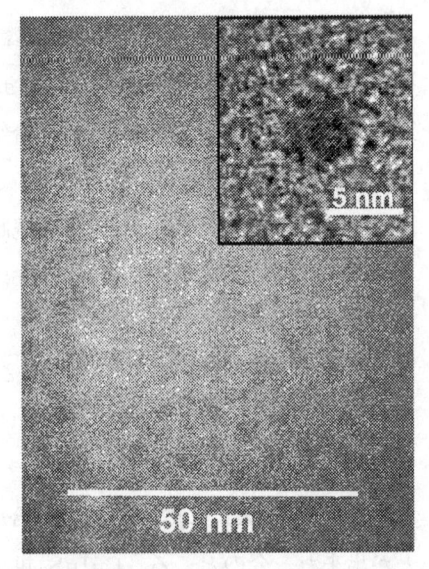

図12 Zn-Cu-In-Sカルコパイライトナノ粒子のTEM写真（Zn：Cu：In：S＝1：1：1：4）

第9章　マイクロリアクターによる蛍光ナノ粒子の合成と特性制御

文　　献

1) たとえば, Gunter Schmid著, Nanoparticles-From Theory to Application, Wiley-VCH (2004)
2) M. Green, P. O'Brien, *Chem. Comn*, 2235 (1999)
3) W.C. Chan *et al.*, *Current Opinion in Biotech.*, **13**, 40 (2002)
4) マイクロリアクター—新時代の合成技術—, 吉田潤一監修, シーエムシー出版 (2003)
5) W. Ehrfeld, V. Hessel, H. Lowe, Microreactors, wiley-VCH, Weinheim (2000)
6) W. Ehrfeld *et al.*, *Ind. Eng. Chem. Res.*, **38**, 1075 (1999)
7) 加藤昭夫, 荒井弘道, 超微粒子—その化学と機能, 朝倉書店 (1993)
8) V.K. LaMer, *Ind. Eng. Chem.*, **44**, 1270 (1952)
9) H. Nakamura, H. Maeda *et al.*, *Lab. Chip.*, **4**, 237 (2004)
10) H. Nakamura, H. Maeda *et al.*, *Chem. Commn*, 2844 (2002)
11) Z.A. Peng, X.G. Pegn, *J. Am. Chem. Soc.*, **123**, 168 (2001); L.-H. Qu *et al.*, *Nano Letters*, **1**, 331-37 (2001)
12) H. Wang *et al.*, *Chem. Commn.*, 48 (2004)
13) H. Wang *et al.*, *Adv. Funct. Maters.*, **15**, 603 (2005)
14) B.O. Dabbousi *et al.*, *J. Phys. Chem B*, **101**, 9463 (1997)
15) X. Chen, *Nano Lett.*, **3**, 799 (2003)
16) M.Z. Malik *et al.*, *J. Mater. Chem.*, **11**, 2382 (2001)
17) K. Hanaki *et al.*, *Biochem. Biophys. Res Comm.*, **302**, 496 (2003)
18) 上原ら, 投稿中
19) C.G. Lee *et al.*, *Bull. Chem. Soc. Jpn.*, **80**, 794 (2007)
20) H. Nakamura *et al.*, *Chem. Mater.*, **18**, 3330 (2006)
21) 上原ら, 未発表データ
22) J.B. Edel *et al.*, *Chem. Commn.*, 1136 (2002)
23) H. Wang *et al.*, *Chem. Commn.*, 1462 (2002)
24) S. He *et al.*, *Chem. Lett.*, **34**, 748 (2005)

第Ⅲ編
量子ドットの表面修飾

第10章　蛍光特性ナノ粒子の表面修飾

佐々木隆史[*1], 名嘉　節[*2], 大原　智[*3], 阿尻雅文[*4]

1　背景

蛍光イメージングに用いられるCdSe/ZnSeなど高輝度蛍光量子ドット（QD）は，量子効率がきわめて高いことや粒子サイズによる蛍光波数（蛍光色）の制御が出来ることなどから，医療およびバイオサイエンスにおいて広く用いられている。さらに，生体親和性，標的分子・組織指向性付与技術に関して精力的に研究開発が進められている。QD以外では，酸化物など化学的に安定なマトリックスに希土類元素を導入したナノ粒子の研究開発も行われている。生体のバックグランド蛍光による干渉を避けるために，近赤外発光する蛍光ナノ粒子や，励起光に近赤外域を用いるアップコンバージョン法など従来とは異なる新しい材料および観測法の開発も行われている[1]。

一方，生体中のがんなどの特定の生体組織や分子を認識するような機能を付与する研究が行われているが，このような先進的な特定分子指向性をもたせた量子ドットや蛍光ナノ粒子を開発するに当たり，次のような未解決の技術的な課題がある。

1）生体イメージング中の化学的安定性を得る技術

無機ナノ粒子からの金属イオン溶出は，生体への毒性が懸念されるばかりではなく，無機ナノ粒子の有する蛍光などの機能特性を著しく変えてしまう。無機材料を用いる場合は結晶性が良く水中でも化学的に安定なナノ粒子（結晶）の合成法を確立する必要がある。

2）QDおよび酸化物などの蛍光ナノ粒子に生体親和性や官能基を表出させる技術

例えば，PEGなど生体親和性の高い高分子の末端に官能基を表出させたものを用いることが

[*1] Takafumi Sasaki　東北大学　多元物質科学研究所　融合システム研究部門　プロセスシステム研究分野　博士後期課程

[*2] Takashi Naka　東北大学　多元物質科学研究所　融合システム研究部門　プロセスシステム研究分野　准教授

[*3] Satoshi Ohara　東北大学　多元物質科学研究所　融合システム研究部門　プロセスシステム研究分野　助教

[*4] Tadafumi Adschiri　東北大学　多元物質科学研究所　融合システム研究部門　プロセスシステム研究分野　教授

量子ドットの生命科学領域への応用

報告されているが,もともと凝集している無機ナノ粒子を分散させることが困難であると同時に,物理・化学吸着による表面修飾の工程は煩雑であり,その修飾状態の安定性は低い。

3) 特定分子・組織指向性をもたせるためのサイズコントロールおよび抗体等を結合させる技術

がん組織中にある血管の物質透過性の高さを利用して,ナノ粒子のサイズをコントロールすることにより,がん細胞へのイメージングプローブ導入を行うパッシブな方法がある。一方,QDや無機ナノ粒子表面に親水性有機分子や抗体を結合させて,抗原抗体間の相互作用を利用してターゲット組織や分子に選択的な指向性を持たせる方法があり,現在盛んに研究が行われている。しかし,ナノ粒子への結合後に抗体などの生体機能が失われるなど技術的な問題は多い。

したがって,QDやナノ粒子を有機分子で表面修飾することにより表面を安定化すると同時に,有機-無機材料をハイブリッド化し,これまでに無かった新しい機能・特性を付与する技術の確立が不可欠である。上記1)から3)の技術的な課題への取り組みとしては,Riegler等のCdS/ZnS量子ドットにRNAを高活性状態のまま結合させたRNA-QDの成功例がある[2]。彼らはそのRNA-QDを用いて植物のシロイヌナズナで特定の組織観察にも成功している。また,最近では量子ドットにGd錯体を固定化させ,核磁気共鳴画像(MRI)で特定の部位のコントラストを高める能力を付与したマルチイメージング粒子の開発も行われている[3]。他にも各種ナノ粒子を複合化したイメージングプローブとしては,蛍光色素分子-磁気(鉄酸化物)ナノ粒子[4]やQD-磁気(鉄酸化物)ナノ結晶ヘテロ接合構造体[5]などがある。蛍光とMRI感応能を併せ持つこれらのイメージングプローブは,術前における診断(MRI)および術中での患部の可視化(蛍光)に用いることができるという利点がある。しかし,有機プローブを固定化した無機粒子の作製には,煩雑な行程が必要となる。また,有機プローブが存在することで,粒子表面へのタンパク質等の固定化を阻害しかねない。さらに,有機蛍光体自体の低い安定性(退光)も,長時間イメージングに不向きである。ヘテロ接合体に関しては,構造体の作成法が確立されておらず,また構造体自体のサイズ制御も困難である。

以下では,まず始めに超臨界水熱場を利用したナノ粒子合成法について述べた後,上記の問題点を解決することが可能な無機ナノ結晶材料および*in-situ*表面修飾法を解説する。

2 超臨界水熱法によるナノ粒子合成

金属塩の溶けた水溶液に熱をかけていくと,金属塩から水酸化物あるいは酸化物が形成される方向に平衡がシフトする。総括の反応式は,以下のようになり,金属塩の加水分解・脱水反応と考える事が出来る。この平衡のシフトを利用して,種々の酸化物粒子を合成する手法を水熱合成という。

第10章　蛍光特性ナノ粒子の表面修飾

$$M(NO_3)_x + xH_2O = M(OH)_x + xHNO_3$$
$$M(OH)_3 = MO_{x/2} + \frac{x}{2} H_2O$$

　この水熱合成の反応場として用いる超臨界水の特異的な性質の一つに，誘電率が極端に低いということがある。図1に，誘電率の温度・圧力依存性を示す。極性溶媒である水の室温下における誘電率は約80であり，これが電解質を溶解させる要因である。しかし，この誘電率は温度上昇とともに低下し，臨界点近傍では2～10程度と極性有機溶媒と同程度の値となる。この小さな誘電率が，粒子合成の際に大きな過飽和度を得ることを可能にしており，超臨界水場がナノ粒子合成に適している事を示している。

　また，誘電率が低くなるということは，通常では水と2相分離してしまう有機溶媒と均一相をとることを可能にする。水の臨界点近傍での水－有機物質2成分系の相挙動を図2に示す。極性溶媒である水は，トルエン等の無極性溶媒とは混じり合う事が無いが，高温高圧の状態では均一相を形成する。これは，高温場で水の誘電率が極性有機溶媒程度にまで低下し，「水らしさ」が失われるためである。

　以上の事から，超臨界水は，①ナノ粒子合成および②有機分子による粒子表面改質を同時に行う事が出来る場であるということが分かる（図3）。

　我々はこれまで，超臨界場を利用した種々のハイブリッドナノ粒子の合成に成功してきた。その結果，図4の透過型電子顕微鏡（TEM）像に示すようなシングルナノサイズのセリア（CeO_2）ナノ粒子合成に成功している。また，ヘキサン酸とハイブリッド化したこの粒子の表面は，疎水

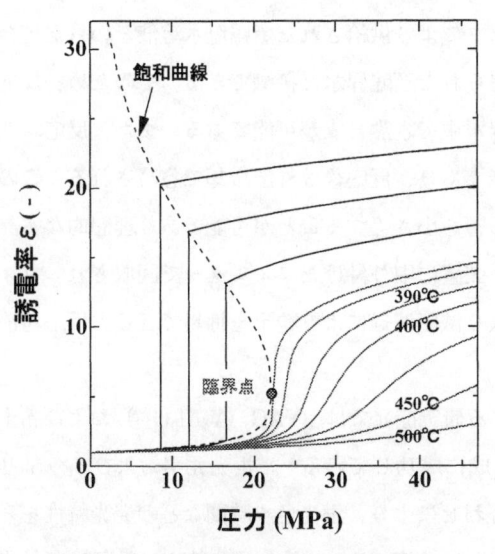

図1　水の誘電率の温度・圧力依存性

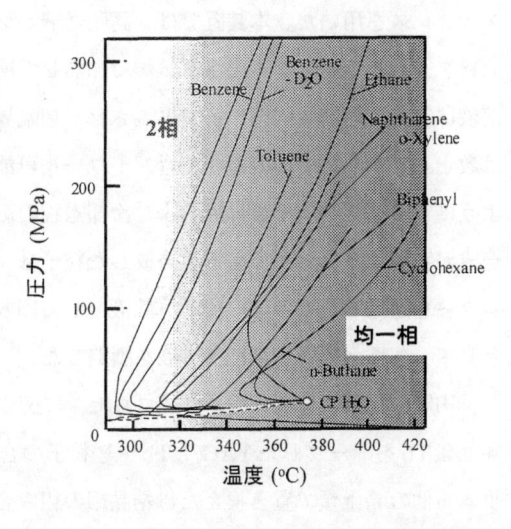

図2　水と炭化水素の2成分系の相挙動

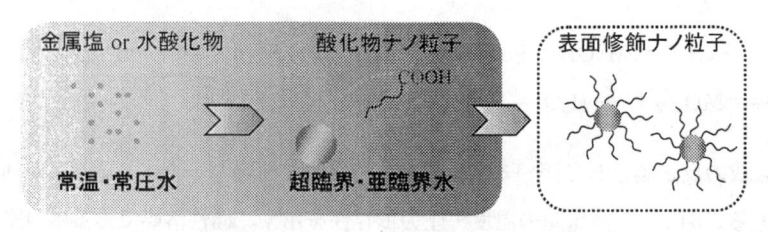

図3 超臨界水熱合成・*in-situ*表面修飾の模式図

的であるために有機溶媒中に透明に分散する事も可能である（図4挿入図）。セリア以外にも，チタニア（TiO_2）やマグネタイト（Fe_3O_4）等の様々な酸化物ナノ粒子のハイブリッド化に成功している[6,7]。

ここでは，希土類などの蛍光元素のドーピングされる母体（マトリックス）結晶として有望な希土類金属酸化物ナノ粒子や核磁気共鳴断層撮影（MRI）の増感剤（contrast agent）に応用可能な磁気酸化物ナノ粒子の超臨界水熱合成と*in-situ*表面改質について紹介する。

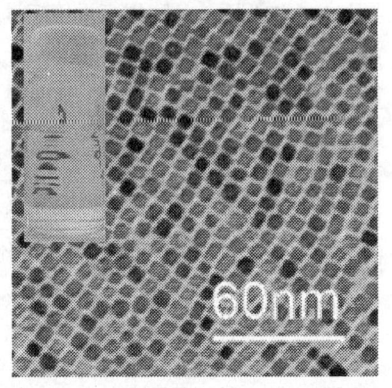

図4 ハイブリッドセリアナノ粒子のTEM像と溶媒分散写真

3 酸化物ナノ粒子の超臨界水熱合成と*in-situ*表面修飾

3.1 酸化物ナノ粒子の合成

粒子作製には，図5に示した流通式超臨界水熱合成装置を使用した。本装置のライン作製には，ステンレスを用いた。本装置では，高圧送液ポンプにより供給された金属塩水溶液といった出発原料を，別のラインから高温電気炉で加熱して得られた超臨界水と接触できる。そのため，反応溶液は急速に超臨界状態にまで昇温され，超臨界水中で水熱合成が可能である。また，反応時間は数十ミリから数十秒の範囲でコントロール可能であり，反応後は外部冷却で急冷される。このように，流通式装置では昇温および冷却過程の影響を小さくすることが可能であり理想的な水熱合成が実現することができる。合成した粒子は，装置に取り付けたフィルターで回収され，フィルターを通過したものは，粒子分散液として回収し減圧濾過により粒子を捕集できる。反応溶液として，各種金属塩を含む水溶液を調整した。

伯田等の先駆的なナノ粒子合成プロセスに関する研究開発では，YAG（$Y_3Al_5O_{12}$）および希土類元素Tbをドープしたナノ粒子の合成に成功している[8]。蛍光元素およびイットリウムを他の希土類で置き換えた母結晶相の組み合わせにより，蛍光色や時間などの発光特性を変化させることができる。我々が合成した粒径が10nmのEuドープした酸化物ナノ粒子に紫外光

第10章 蛍光特性ナノ粒子の表面修飾

（波長312nm）を照射すると，赤色に発光することを確認した（図6）。この粒子の蛍光スペクトル（励起波長320nm）は波長618nmに最も強い蛍光を示している。

また，水中におけるEuドープした酸化物ナノ粒子と市販の量子ドット（CdSe@ZnS，粒径5nm）の紫外線（波長：365nm）に対する安定性を評価した。紫外線を照射し続ける事でQDの蛍光強度は減少し続け，およそ40時間後には強度が半分まで減少した。これは，QDが分解したために生じたものと考えている。一方で，Euドープ酸化物ナノ粒子の蛍光強度は，80時間に渡って紫外線を照射し続けても減少する事はなかった。このことは，水中で酸化物ナノ粒子はQDよりも遙かに安定である事を示している。

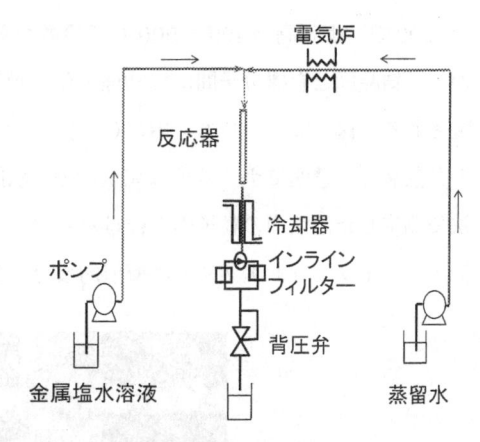

図5 流通式超臨界水熱合成装置の模式図

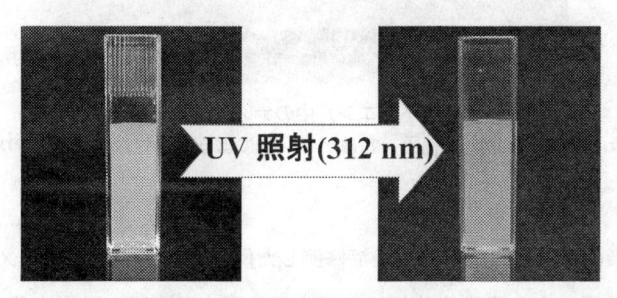

図6 Euをドープした金属酸化物ナノ粒子の発光挙動（カラー口絵参照）

3.2 有機分子による in-situ 表面修飾

上述したように無機ナノ粒子の水熱合成中に有機物を共存させて無機ナノ粒子の合成と同時にその表面を有機分子により修飾する技術が in-situ 表面修飾法である（図3）。熱水中では金属塩の加水分解・脱水反応により金属酸化物結晶の核が発生する。溶解再析出により結晶が成長する過程において，有機分子と無機結晶表面に共有結合的な結合を形成させることができる。それと同時に無機結晶面と有機分子の相互作用により粒径や結晶形状も制御できる。修飾分子としてオレイン酸やデカン酸を用いた in-situ 表面修飾についてセリア（CeO_2）の結果を紹介しよう[9]。ナノ粒子への表面修飾を行うにあたり，有機分子の粒子表面への結合能について回分式反応実験により検討した。また，合成した粒子に対してFT-IRによる評価を行った結果，表面修飾した粒子には，有機物由来のスペクトルを観測することができる。また，結合する有機分子の量や結合強度を見積もるために，熱天秤および示差熱分析（TG/DTA）を測定した。有機分子の沸点

量子ドットの生命科学領域への応用

（約290℃）より高い400～500℃で急激な重量変化と熱量変化が観測されている。以上のことから，結晶面と有機分子間には物理・化学吸着よりも安定で強い結合が形成されていることが示唆される。図7に，トルエン中に0.5重量％のハイブリッドセリアナノ粒子の分散液を示す。この分散液は，透明でナノ粒子は完全に近い状態で分散していることがわかる。事実，動的光散乱法で測定した溶液中の粒子の粒径はハイブリッドナノ粒子の粒径に近い値であった。つまり，溶液中でハイブリッドナノ粒子は擬似的な分子として溶解しているのである。

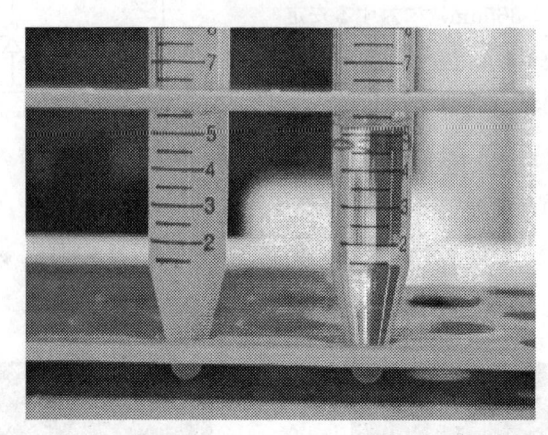

図7 溶媒（トルエン）中のナノ粒子の分散挙動
左は表面修飾しないナノ粒子，右はデカン酸による表面修飾ナノ粒子の場合。

以上の結果は，表面を疎水的な有機分子で修飾した例であるが，バイオイメージングで必要になる親水的な有機分子による表面修飾についても超臨界・亜臨界水熱場を用いた$in\text{-}situ$表面修飾により実現できる見通しが立ってきている。親水性ナノ粒子表面を得ることと，さらにその表面にタンパク質等を固定化するためには，親水基と活性な官能基を同時に粒子表面へ提示する必要がある[10]。そこで前述した結果を踏まえて，粒子表面へのNH_2提示を目指し，アミノ酸の表面修飾を試みた[11]。合成した粒子に対し，フーリエ変換赤外吸収分光法（FT-IR）を用いた評価により，アミノ酸のカルボキシル基が粒子表面に結合して固定化され，NH_2基が提示されている事が明らかとなっている。同様に，$in\text{-}situ$表面修飾法はタンパク質固定化やポリエチレングリコールに代表される生体親和性分子の固定化にも応用できる。

このように，有機－無機ハイブリッドナノ粒子は，そのユニークな構造や溶液中での分散挙動から「擬分子（pseudo molecule）」として特徴付けられると考える。CdSなどのQDの生体中での不安定性・毒性を考慮すれば，従来のQDに代わる比較的安定な酸化物を母体とする蛍光ナノ粒子の開発は重要である。蛍光に限らず酸化物の持つ電気，磁気，誘電特性などバラエティーに富んだ材料（機能）を複合化する技術が確立すれば，異なるハイブリッドナノ粒子をブレンドし

第10章　蛍光特性ナノ粒子の表面修飾

たクラスター型イメージングプローブやDDSなどの開発へと発展させることができる。

文　　献

1) K. Soga, *et al.*, *J. Photopolymer Sci. and Tech.*, **18**, 73-74 (2005)
2) J. Riegler, F. Ditengou, K. Palme, T. Nann, *Nature Mater.*, submitted.
3) Veiseh, O., C. Sun, *et al.*, *Nano Lett.*, **5**, 1003-1008 (2005)
4) Yang, H.S., S. Santra, *et al.*, *Adv. Mater.*, **18**, 2890-2894 (2006)
5) Kwon, K.W. and M. Shim, *J. Am. Chem. Soc.*, **127**, 10269-10275 (2005)
6) T. Adschiri, *et al.*, *J. Mater. Sci.*, **41**, 1445-1448 (2006)
7) T. Adschiri, *et al.*, *Adv. Mater.*, **19**, 203-206 (2006)
8) 伯田幸也, 博士論文（2000年, 東北大学）
9) J. Zhang, *et al.*, *Adv. Mater.*, **19**, 203-206 (2006)
10) Cai, W., *et al.*, *Nano Lett.*, **6**, 669-676 (2006)
11) T. Sasaki, *et al.*, in preparation.

第11章 生体反応検出用蛍光プローブへの応用

古性 均[*1], 長崎幸夫[*2]

1 はじめに

　無機半導体微粒子を用いた蛍光体粒子の合成に関する検討は1980年代から盛んに行われ，現在その発光量子収率は80％を超えるに至り，電子デバイス，生体センサーなど様々な分野へ応用され始めている。

　半導体を含む物質における発光機構は単純で次のように解釈される。全ての物質はX線の領域まで広げて考えれば，そのどこかに共鳴吸収を持ち，その吸収したエネルギーにより電子は励起される。その電子が励起状態から基底状態に戻る際にそのエネルギーを光として放出するが，それが蛍光発光という現象として現れる。ところが純粋な半導体で可視光領域において高い発光量子収率で蛍光発光を示す物質は意外と少ない。発光という現象はその励起状態の寿命と励起状態を攪乱する様々な因子との兼ね合いできまり，その励起寿命が終わらない時点で励起エネルギーが何らかの原因で失われれば発光現象は現れない。励起寿命はEinsteinの自然放出の確率の逆数で与えられ，それによれば，赤外領域ではおよそ10^{-4}sec台，近紫外領域でもおよそ10^{-7}sec台であり，可視光の領域ではその励起寿命が比較的長いことがわかる。これに対し，分子衝突，原子やイオンの格子振動による熱的緩和時間は通常10^{-10}から10^{-13}secであることから，この近赤外から近紫外の領域では励起エネルギーを発光エネルギーとして放出する前に熱的緩和等により励起エネルギーが失われやすく発光現象が現れにくい。このような励起エネルギーの失活を防ぐ様々な方法が研究されたが，その中で高効率発光粒子の合成法として現在広く用いられている技術は，①ナノ粒子化により半導体中に励起子を閉じ込め，更に非輻射再結合サイトとして作用する表面の格子欠陥を少なくすることにより高効率発光させる方法，②半導体中に発光中心を形成する方法，の2つで工業的な意味でも多くの成果を挙げている。特に①の方法で合成されたナノ粒子蛍光体の蛍光波長はその粒子径に依存して変化し，粒子径が小さくなるに従いそのバンドギャップが広がることから，その波長が短波長側にシフト（量子サイズ効果）し，さらに，その吸収特性がブロードであることから，単励起光でのマルチ発光が可能となり，ハイスループッ

---

* 1　Hitoshi Furusho　筑波大学　大学院数理物質科学研究科
* 2　Yukio Nagasaki　筑波大学　学際物質科学研究センター　教授

第11章 生体反応検出用蛍光プローブへの応用

トセンシングを可能とする材料として注目を浴びている。

その溶液中における分散安定性に関しては，溶液のpHコントロールによる電荷反発を用いた方法では，生体環境下での安定分散化は難しいことから，ポリエチレングリコール（PEG）などによる体積排除効果を利用した分散安定化が用いられる。我々のグループでは古くからヘテロ2官能型PEGの合成に取り組み，片末端に金属表面に対して吸着能を示す窒素含有置換基を，またもう片末端に生体分子認識リガンド（ビオチンなど）を導入したPEG誘導体を合成し，それを半導体ナノ粒子表面に吸着させることにより，ナノ粒子を分散安定できることを報告してきた。本項では，先ずこれら半導体ナノ粒子の，①粒子径制御，②発光特性制御，を可能とする合成法に関して述べ，その後，我々が検討した半導体ナノ粒子形成とPEG誘導体による表面改質を同時に行うことにより高塩濃度下でも安定分散する蛍光粒子を用いたバイオイメージングに関して説明する。

2 高発光量子収率を有する半導体ナノ粒子の合成

無機半導体を母体とする蛍光物質の高効率化蛍光発光技術として，現在広く用いられている方法は，①母体中に発光中心を形成する，②ナノ粒子中に励起子を閉じ込め，更に粒子表面の結晶欠陥等の非輻射再結合サイトを極力無くすことにより励起子の失活を防ぎ，高量子収率で発光させる方法が知られている。

まず発光中心を用いた蛍光体について述べる。発光中心と言ってもこの中には様々な機能が含まれ，①励起エネルギーを受け取る感光中心（sensitizer），②蛍光を発光する発輝中心（emmision center），③励起エネルギーを捕獲蓄積するトラップ（trap）の3つの機能を含めて発光中心と呼ばれている。これらのいずれかの機能を与える不純物や格子欠陥を総称して付活剤と呼ぶが，発光中心は必ずしもこれら全ての性質を持つ必要はない。蛍光発光に関しては少なくとも発輝中心を備える必要がある。発輝中心に課せられる機能は，①直接励起され，その逆過程として発輝できる，②間接励起され，その逆過程として発輝できる，③電子供与型で，価電子帯へ電子を与えて発輝できる，④ホール供与型で，導電帯に励起された電子から発輝できるもの，の4つに分類される。例えば，硫化亜鉛（ZnS）は化合物半導体に分類され，そのバンドギャップは3.68eVと大きくその発光は紫外から近紫外領域となるが，これに例えばマンガン（Mn^{2+}）イオンを添加すると，紫外光励起された電子はその価電子帯から伝導帯へ励起され，さらにMn^{2+}へエネルギー移動した後，$^4T_1$から$^6A_1$(d-d) 遷移を経て橙色発光する[1]。また更にこれら発光中心を持つ蛍光体はナノ粒子化することで更にその蛍光発光特性が向上することが知られており（図1）[2]，そのメカニズムは図2に示すものと考えられている[3]。即ち，母体であるZnS中

で励起された電子は，20psec以下の速度でMn^{2+}にエネルギー移動し，300psec以上の時間で再結合され蛍光を発する。このため比較的長い蛍光発光が観察される。また，これら粒子はコロイド溶液における分散性を向上させることにより濃度消光を抑制することができ，更に蛍光発光は強くなる。これら粒子の蛍光発光波長は添加した発光中心として用いる原子によりコントロールすることが可能である。例えばZnS系ではマンガン2価イオンの他に銅（Cu^{2+}：520nm），銀（Ag^+：450nm），鉛（Pb^{2+}：380nm励起時520nm，480nm励起時650nm）などが知られている[4,5]。これら亜鉛系蛍光物質はいずれも比較的短波長領域の光で母体励起するものであり，現在無機エレクトロルミネッセンス等電子デバイスへ応用されているが，本稿で述べるバイオ分野においては，その励起光が紫外域であることから，細胞へのダメージが起こり使用しにくいのが現状であり，長波長励起による発光を可能とする材料の創出が待たれる。

禁止帯幅が3〜1.5eV程度にある半導体としてはZnSのほかにCdS，CdSe，AgI，Se，Sb_2S_3，SiCなどが知られているが，これら材料のうちいくつかは上記発光中心を使った蛍光発光よりむしろ次に述べる量子サイズ効果を使った単励起光によるマルチ発光材料として検討され脚光を浴びている。具体的には，硫化カドミウム（CdS）や硫化セレン（CdSe）などの半導体ナノ粒子はその禁止帯幅により可視光励起も可能であり，またその粒子径が，特に10nmより小さくなると量子サイズ効果による電子構造や励起子のエネルギー状態が変化し，これに伴い発光波長が変化する特性を示す。一般に半導体粒子は，ナノ粒子化することで禁止帯幅が広がり発光波長が短波長シフトする（図3）[6]。このように半導体微粒子は，その蛍光発光波長を粒子径コントロールにより制御することが可能であると同時にブロードな吸収特性を示

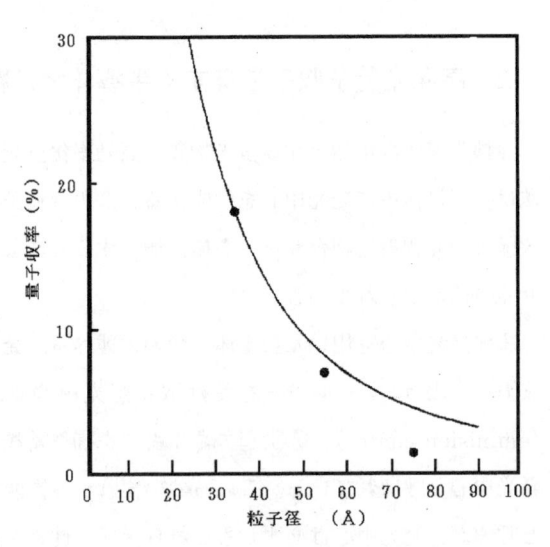

図1　ZnS：Mn^{2+}粒子の蛍光量子収率の粒子径依存性

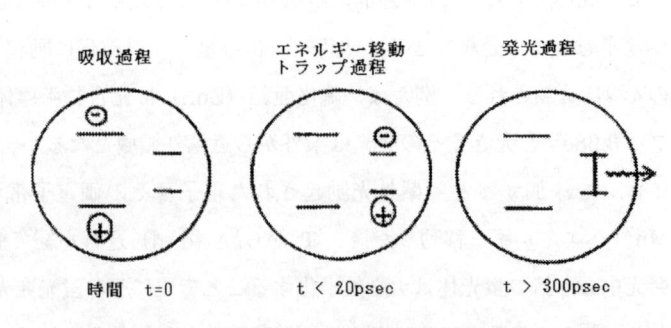

図2　ドープ型ナノ粒子中での再結合過程

第11章　生体反応検出用蛍光プローブへの応用

すことから単励起光によるマルチ発光が可能でありハイスループットバイオアッセイへの応用が盛んに研究されている。

半導体ナノ粒子の合成に関する研究は古く，1980年代にさかのぼる。その合成法は大きく2つに分類される。1つは"トップダウン"法といわれ[7,8]，リソグラフ法，フィルム蒸着法，レーザービームプロセス法，メカニカル粉砕（グラインダー，ポリッシングなど）が知られているが，この方法では粒子径をコントロールすることが困難である。これに対して"ボトムアップ"法は化学合成法（共沈法）[9]，レーザー誘導組織化法[10]，自己組織化法[11]，コロイド凝集法[12]など様々な方法が研究されており，特に粒子サイズをコントロールする方法として自己組織化法やコロイド凝集法は非常に有用と言える。近年，半導体ナノ粒子の粒子径等を制御して合成することにより実用化レベルまで押し上げたのは，ベル研究所のBrusらの研究グループで，1988年にCdSeナノ粒子を逆ミセル法により低温合成し，1.7nmから4.5nmの範囲で粒子径をコントロールすることに成功している[13,14]。逆ミセル法は穏和な溶液環境下で粒子径分布の非常に狭い半導体ナノ粒子を合成することができるため，先にも述べた発光中心を形成させるタイプの蛍光体の合成にも応用されるなど，現在広く用いられている粒子作製法である。しかし，純粋半導体系の蛍光体では，アモルファス状態では高効率での蛍光発光は望めない。低温で反応を行う逆ミセル法では結晶化が不十分で高効率で発光する半導体ナノ粒子は得にくい。これに対して，1993年にマサチューセッツ工科大学のグループはホットソープ法と呼ばれる半導体ナノ粒子合成法を提案した[15]。これは，界面活性剤であるトリ-n-オクチルホスフィンオキシド（TOPO：$(C_8H_{17})_3PO$）またはトリ-n-オクチルフォスフィン（TOP：$(C_8H_{17})_3P$）を200〜300度の高温反応場兼配位子として利用する手法で，原料となる有機金属化合物を同高温反応場に直接注入するという操作のみで粒径分布の狭い半導体ナノ粒子（CdS，CdSe，CdTe）の合成を可能にした。同手法では注入と同時に粒子形成反応が開始されるが，原料の濃度の減少や反応溶液の温度を下げることにより粒子成長が抑制・停止され，粒子は最終的にTOPOやTOPに覆われた形で得られる。同手法で合成されたCdSeのナノ粒子の発光量子収率は10％程度にも達し，この発見を機に，バイオ計測分野における半導体ナノ粒子の応用が急速に活発化した。近年これら技術は，粒子成長速度を制御することや，粒子表面に存在するであ

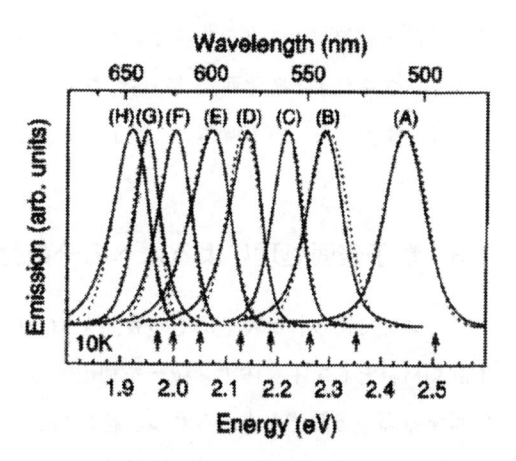

図3　CdSeナノ粒子の発光スペクトルの粒子サイズ依存性
A：2.505，B：2.353，C：2.263，D：2.187，
E：2.129，F：2.050，G：2.000，H：1.971nm

量子ドットの生命科学領域への応用

ろう結晶欠陥等による非発光再結合を抑制するため，格子不整合が小さく更に比較的大きなバンドギャップを有する硫化亜鉛（ZnS）をCdSe表層にコーティング（コアシェル構造を形成）することで，室温における半導体ナノ粒子の発光量子収率は50～85％程度にまで高まった（図4）[16]。

3 粒子表面処理による水への分散性の向上

ここまでで得られる粒子はその表面をTOPOにより表面コートされており疎水性を示す。バイオ計測材料として半導体ナノ粒子を利用する場合，生体環境下で用いるため水溶性，もしくは水に対する高い分散能が求められる。特に高塩濃度溶液環境下における凝集は致命的とされる。例えば，ヒトの血液ではpH＝7.4，塩分濃度150mM程度とされているが，実際我々が半導体ナノ粒子を生体試料溶液中や生体内で使用するのであれば，生体内環境と同等の環境下においても長期間安定分散するような表面処理が必要である。そこで我々が研究の当初から注目していたのが，水溶性，光透過性，無毒性，体積排除効果に基づく粒子間の凝集抑制能を兼ね備えたポリエチレングリコール（PEG）の応用である。粒子表面へのPEGの固定化は，現在まで共有結合や金属錯体形成反応を利用する様々な手法が提案されているが[17]，我々のグループでは，3級ポリアミンの金属表面に対する高い吸着能を利用するため，ポリエチレングリコールと3級ポリアミンのブロック共重合体（Acetal-PEG-*b*-PAMA）を合成し（スキーム1），このアミンサイトを粒子形成場として利用する新しい水分散性硫化カドミウム粒子（CdS）作製法を提案している。同ナノ粒子の合成操作は，同ブロック共重合体を添加した塩化カドミウム溶液に硫化ナトリウムを作用させるという非常に簡便なものであり，本粒子合成法はCdS粒子の合成と水中における分散安定性の付与を同時に達成することが可能であるという特長を有する[18, 19]。合成された粒子の透過型電子顕微鏡による観察結果（図5）とCdSナノ粒子の分散安定性に対するイオン強度依存

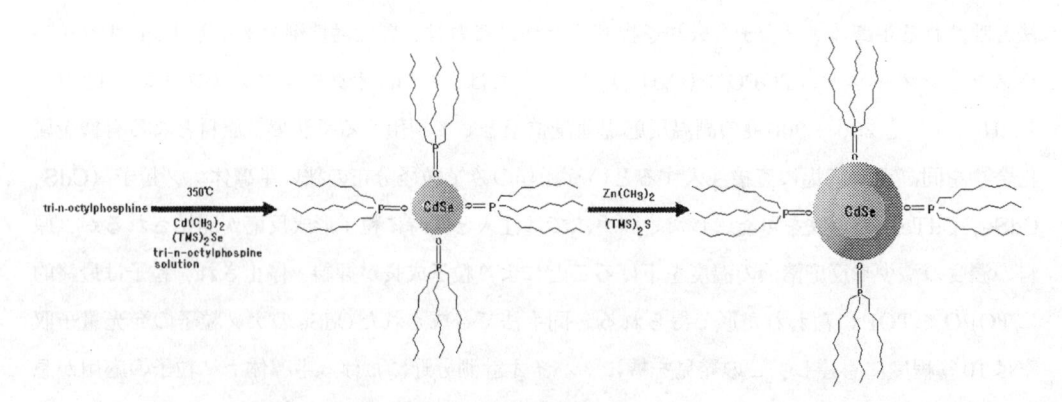

図4　高発光量子収率を示すCdSe-ZnSコアシェル粒子の合成

第11章 生体反応検出用蛍光プローブへの応用

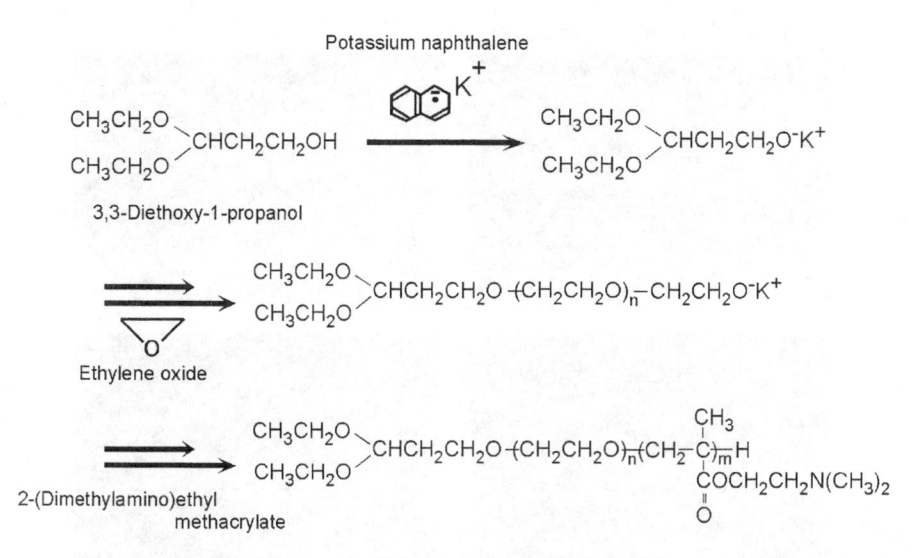

スキーム1 3級ポリアミンとポリエチレングリコールのブロック共重合体（PEG-b-PAMA）を合成

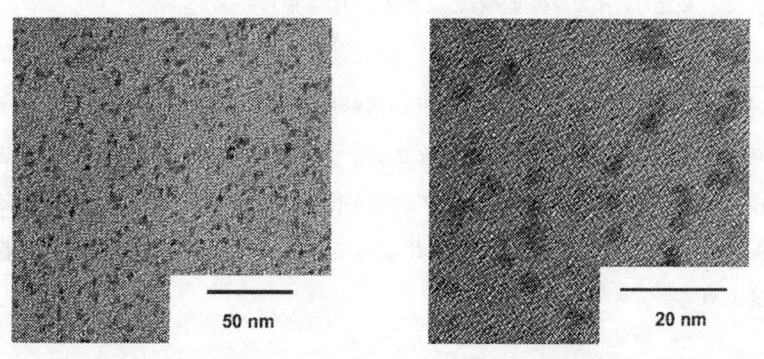

図5 PEG-b-PAMA固定化CdSナノ粒子の電子顕微鏡写真（分散状態）

性を調査した結果（図6）を示す。図6から明らかなように，何も修飾を施していないCdS（a）やPEG-OHを添加したCdS（b）は，塩を全く添加していない溶液環境下においてさえも粒子は速やかに凝集する。また，PAMAのみを修飾したCdS（c）は，塩を添加しない溶液環境下では安定に分散するが，高イオン強度の水溶液環境下では凝集してしまう。これに対して，PEG-b-PAMAを修飾したCdS（d）は，0～0.3mMのいずれのイオン強度環境下においても安定に分散し，遠心分離による精製や再分散も可能であることが確認されている。PEG-b-PAMAを用いたCdS粒子の形成メカニズムはいまだ未解明の部分が多いが，現在我々は次のように考察している。一般にポリアミンはその分子構造にもよるが，金属イオンと錯体形成を起こすため，ブロックポリマー存在下ではマイクロ反応場内に金属イオンは補足されていると考えられる。こ

I=0　　I=0.15　　I=0.3mM

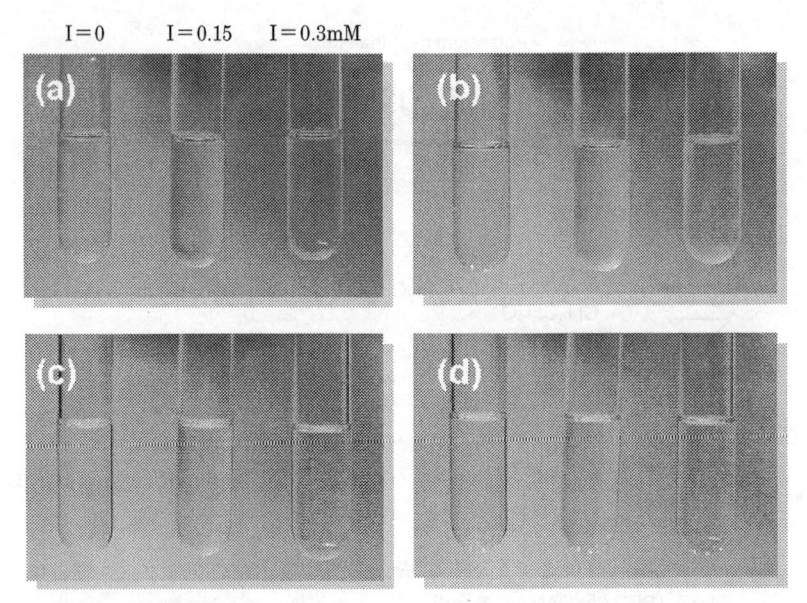

(a)　　　　　　　(b)

(c)　　　　　　　(d)

図6　各種表面修飾剤によりコートされたCdSナノ粒子の分散安定性及び分散安定性のイオン強度依存性（カラー口絵参照）

の混合溶液中にNa₂Sを添加すると，その低い溶解度積（5×10^{-28} mol²L⁻²）のため共沈し，CdS半導体の析出が起こるとともに，ブロックポリマーによるマイクロ環境下での結晶析出をするため，結晶の成長が抑制され，ナノサイズ結晶が得られるものと考えられる。成長した粒子はPEG-b-PAMAマトリックスの立体的障害によって高イオン強度下においても凝集が抑制されるものと考えられる。

4　バイオアッセイへの応用

ここでは，半導体ナノ粒子のバイオセンサーへの応用例として，実際に我々のグループが検討した共鳴エネルギー移動（Fluorescence Resonance Energy Transfer：FRET）を用いた生体分子認識について説明し，さらに，半導体ナノ粒子の単一波長励起によるマルチ蛍光発光特性を応用した生体分子認識バーコードに関する事例について説明する。

PEGは先にも述べたように高い水に対する親和性を有し，粒子表面に吸着させた際の分散安定性が非常に優れていることのほかに，生体材料の見地から中性高分子かつ，優れた生体適合性を有し，その分子量5000以上では非特異吸着抑制などの効果が期待される。我々のグループでは早くからこのPEGの片末端に，生体分子認識リガンドを導入したヘテロ二官能PEGの合成検討を行い，バイオセンサーとしての応用を検討してきた[20]。ここでは特に片末端にビオチンを

第11章 生体反応検出用蛍光プローブへの応用

　導入したPEG-b-PAMAポリマーのアミンサイトで表面修飾したCdSナノ粒子とテキサスレッドをコンジュゲートしたストレプトアビジンとの分子認識機構を例に説明する。

　biotin-PEG-b-PAMAは，まずスキーム1に従い合成されたAceta-PEG-b-PAMAを酸触媒により脱保護し，CHO-PEG-b-PAMAを合成する。更にこれとビオチンヒドラジドとを還元剤存在下反応させることにより合成した。このbiotin-PEG-PAMA存在下で共沈法によりCdSナノ粒子を調製した。このようにして調製したビオチン化PEG-CdS粒子を用いビオチン-アビジン間の分子認識をCdSで標識した蛍光体間のFRETによる蛍光発光測定で行なった。即ち，蛍光標識（この場合テキサスレッド；TR）したストレプトアビジンはビオチンリガンドとの間で選択的な反応を起こし，それによりCdSと蛍光物質が近接する。この為，CdSを励起するとそのエネルギーはTRに移動し，赤色蛍光が観察される。このようにビオチン-ストレプトアビジンコンジュゲートによる分子認識がFRETによって検出されることが可能となる。FRETによるエネルギー移動の効率E_Tは，励起エネルギーの移動速度が発光，遷移速度，無放射遷移よりも速ければ大きくなる。この為FRETの起こりやすさは次の3つのパラメータによって決まる。

① ドナーの発光遷移モーメントとアクセプターの吸収遷移モーメントの相対的な向き
② ドナーの発光スペクトルとアクセプターの吸収スペクトルの重なりの程度
③ ドナーとアクセプターの間の距離

　50％のFRET効率を与える距離はフェルスター半径と呼ばれ，R_0で表される。R_0はドナーとアクセプターの組み合わせによって決まる値であるが，ドナーとアクセプターがR_0より近傍にある場合は高い効率でFRETが起こり，R_0より離れるとFRET効率は極度に低下し，蛍光間距離の増大とともに0に近づく。実際のフェルスター半径は2～10nm程度とされる。

　実際の実験では，片末端をビオチン化したPEG-b-PAMA-CdSナノ粒子溶液中，一定量のTR修飾ストレプトアビジンを添加（I＝0.15）し，400nm励起波長による蛍光発光挙動を観測した（図7）。400nmで励起した場合，フリーのTR標識化ストレプトアビジンの発光はほとんど観察されない。これに対して，ビオチン末端を有するPEG-b-PAMA固定化CdSにTR標識化ストレプトアビジンを添加した場合，CdS粒子の発光とともにテキサスレッド由来の強い蛍光が観察された。また，コントロール実験として，ビオチンを持たないPEG-b-PAMAを固定化したCdSナノ粒子にTR標識化ストレプトアビジンを添加してもTR由来の蛍光が観測されなかったことから，ビオチン-アビジンの選択的な分子認識が同粒子表面上で生起していることが明らかとなった。

　図8は半導体ナノ粒子の存在しない条件下でのTRの発光ピーク面積をS_0，それぞれのCdS濃度におけるTRのピーク面積をS_xとして，S_x-S_0を算出し，そのCdSナノ粒子濃度依存性を示

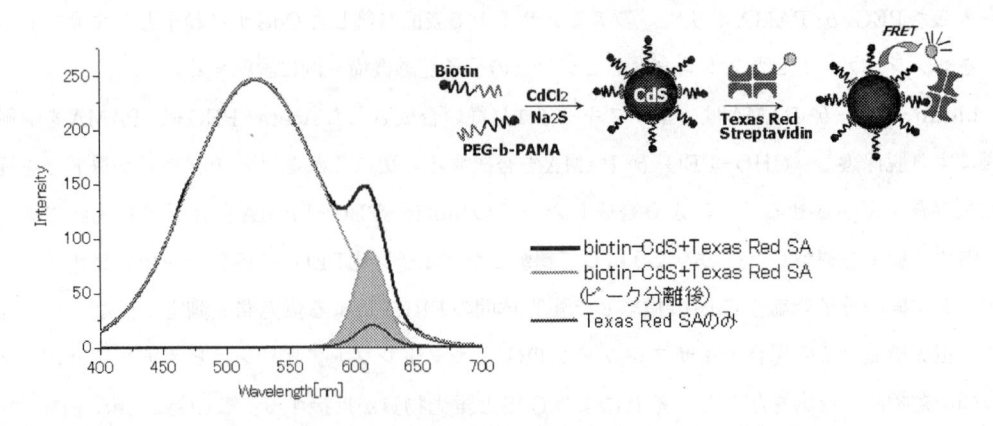

量子ドットの生命科学領域への応用

図7 ビオチン-PEG-b-PAMA修飾CdS粒子とストレプトアビジンの反応に伴う蛍光スペクトル変化とその機構

す。この図からビオチンを末端に有するPEG-b-PAMAを用いた場合，CdS濃度増加と共にエネルギー移動によるTRの発光強度が増加しているのに対して，アセタールを末端に有するPEG-b-PAMAでは蛍光物質間の距離が接近しにくいためにエネルギー移動が起こりにくく，TRからの蛍光発光強度が上がらないことが示された。これらのデータは，ビオチン-ストレプトアビジン間の分子相互作用によるFRETが起こっていることを裏付けていると同時

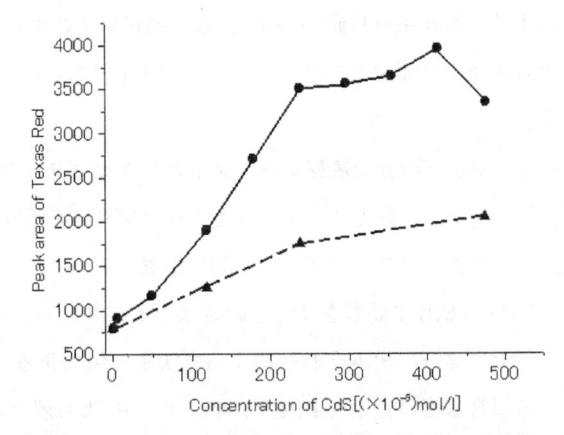

図8 Acetal-PEG-b-PAMA（破線）及びビオチン化PEG-b-PAMA（実線）で表面修飾した蛍光粒子を用いたFRETによるエネルギー移動挙動

に，PEGが本来持つ排除体積効果に基づく高い分子吸着抑制能にもかかわらず，CdS表面に固定化されたビオチン化PEGは認識素子の分子認識能を低下させることなく生体分子認識が可能であるということを示している。

以上述べた事例は単色蛍光発光の半導体ナノ粒子による分子認識である。半導体ナノ粒子の1つの特徴は先にも述べたが，粒子径に依存した単色励起波長によるマルチ蛍光発光である。この特性を用いれば多種の生体分子をさまざまな粒子径の半導体ナノ粒子で標識し，単発光励起することにより標識生体分子を同時にモニターできることになる[21]。Gao等のグループは6種類の波長の異なる（粒子径の異なる）CdSe-ZnSコアシェル構造粒子を合成し，これら粒子をラテックス粒子に正確な比率で含有させることでその強度を10段階に調整し，約100万の生体分子認識

が可能なバーコード粒子が得られることを報告している。このように半導体ナノ粒子は現在医療診断分野へ積極的に応用展開され今後ハイスループット診断への応用が期待される。

5 まとめ

我々はナノテクノロジーの分野の中で特に，蛍光体ナノ粒子表面をヘテロ置換型PEGにより修飾しバイオセンサーとして応用する検討を行ってきた。この粒子複合化に関して，その表面修飾剤に求められた特性は，粒子表面への安定な吸着，pHや塩濃度に左右されない溶液中での安定分散，さらに，生体分子をセンシングする生体分子リガンドの導入など，多岐にわたっており，さらにこの多くの機能を1つの表面修飾剤に集積させることが求められてきた。今回紹介したヘテロ置換型PEGはこれら必須条件の全てを備えた分子であり，さらに多くのリガンドの導入が可能であることから，今後半導体ナノ粒子のみならず多くの金属表面を使ったバイオを含むセンシング分子材料として期待されると考える。

文　献

1) 磯部徹彦, 応用物理, 第76巻, 第9号（2001）
2) R.N. Bhargava, D. Gallagher, *Phys. Rev. Lett.*, **72**, 416-419 (1994)
3) R.N. Bhargava, *J. Lumin.*, **70**, 85-94 (1996)
4) Ageeth A. Bol, Andries Meijerink, *Mat. Res. Soc. Symp. Proc.*, **667**, G4. 7. 1 (2001)
5) 有山兼孝, 三宅静雄, 茅誠司, 武藤俊之助, 小谷正雄, 永宮建夫,「物性における工学的問題 塑性」物性物理学講座9巻, 共立出版, p169-174
6) D.J. Norris, *Phys. Rev.,* **B53**, 16347 (1996)
7) 平尾一之, 基礎から学ぶナノテクノロジー, 東京化学同人（2003）
8) Vincent Rotello " Nanoparticles Building Blocks for Nanotechnology" Kliwer Academic
9) T.L. Brown, S. Awaminathan, S. Chandrasekar, W.D. Compton, A.H. King, K.P. Tamble, *J. Mater. Res.*, **17**, 2484-2488 (2002)
10) A.W. Bosman, A. Heumann, G. Klaerner, D. Benoit, J.M.J. Frechet, C.J. Hawker, *J. Am. Chem. Soc.*, **123**, 6461-6462 (2001)
11) P. Townsend, J. Olivares, *Appl. Surf. Sci.*, **110**, 275-282 (1997)
12) A.K. Boal, F. Ilhan, J.E. DeRouchey, T. Thurn-Albrecht, T.P. Russell, V.M. Rotello, *Nature*, **404**, 746-748 (2000)
13) M.L. Steigerwald, A.P. Alivisatos, J.M. Gibson, T.D. Harris, R. Kortan, A.J. Muller, A.M. Thayer, T.M. Duncan, D.C. Douglass, L.E. Brus, *J. Am. Chem. Soc.*, **110**, 3046-

3050 (1988)
14) B.O. Dabbousi, J. RodriguezViejo, F.V. Mikulec, J.R. Heine, H. Mattoussi, R. Ober, K.F. Jensen, M.G. Bawendi, *J. Phys. Chem. B*, **101**, 9463-9475 (1997)
15) C.B. Murray, D.J. Norris and M.G. Bawendi, *J. Am. Chem. Soc.*, **115**. 8706-8715 (1993)
16) (a) H.A. Margaret and S.-G. Philippe, *J. Phys. Chem.*, **100**, 468-471 (1996); (b) : *J. Am. Chem. Soc.*, **124** (9), 2049-2055 (2002); (c) D.V. Talapin, I. Mekis, S. Gotzinger, *J. Phys. Chem. B*, **108**, 18826-18831 (2004)
17) X. Gao, L. Yang, J.A. Petros, F.F. Marshall, J.W. Simons, and S. Nie, *Curr. Opin. Biotechnol.*, **16**, 63-72 (2005)
18) Yukio Nagasaki, Takehiko Ishii, Yuka Sunaga, Yousuke Watanabe, Hidenori Otsuka, and Kazunori Kataoka, *Langmuir*, **20** (15) 6396-6400 (2004)
19) Takehiko Ishii, Yuka Sunaga, Hidenori Otsuka and Kazunori Kataoka, *J. Photopolym. Scie. Tech.*, **17**, 95-98 (2004)
20) a) Y. Akiyama, H. Otsuka, Y. Nagasaki, M. Kato and K. Kataoka, *Bioconjug Chem*, **11**, 947-950 (2000); b) S. Cammas, Y. Nagasaki and K. Kataoka, *Bioconjug Chem*, **6**, 226-230 (1995); c) Y. Nagasaki, M. Iijima, M. Kato and K. Kataoka, *Bioconjug Chem*, **6**, 702-704 (1995); d) Y. Nagasaki, T. Kutsuna, M. Iijima, M. Kato, K. Kataoka, S. Kitano and Y. Kadoma, *Bioconjug Chem*, **6**, 231-233 (1995)
21) M. Han, X. Gao, J.Z. Su, and S. Nie, *Nature Biotechnol.*, **19**, 631-635 (2001)

第12章 高品位CdSe/ZnS/TOPO系ナノ微結晶の合成とその光物理―発光の周辺雰囲気依存性―

小田　勝[*1], 谷　俊朗[*2]

要旨

CdSe/ZnS/TOPO系ナノ微結晶では，サイズ制御により可視全域に亘る発光色が選択的に得られることに加え，無機・有機を組み合わせた独特な表面ナノ構造を反映して，室温でも40～80％に達する高い発光の量子収率と，強靭な光耐性が併せて得られる。この独特なナノ構造を持つナノ微結晶の合成作製方法と，その構造が生み出す光物理を紹介する。特に，発光の周辺環境依存性の結果から，微環境プローブとしての可能性を検討する。

1　はじめに

近年，CdSe/ZnS/TOPO系半導体ナノ微結晶が，新たな発光材料として注目されている[1~3]。結晶サイズに応じ，紫から赤に亘る可視全域の発光色が得られること，発光の量子収率が高くてエネルギー効率が高いこと，無機物が故の強靭な光耐性を持つことが主な理由である。数年前から，様々な表面修飾が施されたCdSe量子ドットやCdSe/ZnS量子ドットが，Evident Technologies社等により販売され始めたことで，直接，ナノ微結晶（量子ドット・量子ロッド）の合成に携わったり，ナノ微結晶に対する知識を持ち合わせたりしなくても，取り扱いが容易となったため，特に最近，利用の裾野が急速に広がっている。現在，このナノ微結晶を利用した，光暗号通信用の光源となる単一光子発生源[4,5]，波長可変でエネルギー効率の高い量子ドットレーザー，量子ドットディスプレイ等の応用が提案され，各分野の最前線で研究・開発が進められている。

また，このナノ微結晶は，生命科学領域でも応用・利用が期待されており，研究レベルで，利用されることも増えてきた。主な用途には，タンパク質分子やDNAの蛍光ラベル剤[6]としての利用が挙げられる。これまで，蛍光ラベル剤には，有機系の色素分子が用いられてきた。しかし，

[*1] Masaru Oda　東京農工大学　大学院共生科学技術研究院　助教
[*2] Toshiro Tani　東京農工大学　大学院共生科学技術研究院　教授

量子ドットの生命科学領域への応用

　ここ10年ほどの間に，タンパク質分子やDNAの機能や構造変化を，顕微蛍光画像計測によって単分子レベルで探る試みが浸透してきたことに伴い，有機色素の限界も顕わになってきた。例えば，分子の特定の部分に起こる構造変化を他と区別して知りたい場合，単一色素でのラベル化が行われるのだが，単一色素の蛍光画像計測が可能な強い光強度（100W/cm^2程度）で色素を励起すると，数～数十秒程度で光退色するため，長時間の連続観測は困難である。また，複数のタンパク質分子やDNAを同一画像上で識別するためには，発光波長の異なる色素を用意する必要があるが，これらは一般に吸収波長も異なるため，それぞれの吸収波長に対応するレーザー光源を別途用意する必要が生じる。半導体ナノ微結晶には，有機色素に比べて光耐性が格段に高く，かつ，広い波長領域にまたがる吸収バンドを持つという特徴があるので，有機色素の持つ難点を克服したラベル化剤として期待が集まっている。

　さらに，ナノ微結晶を実際に合成し，その発光特性，特に，単一ナノ微結晶の発光特性を研究している立場からは，半導体ナノ微結晶を生命科学領域に利用する利点は，上記のような実用上の利点に留まらないと考えている。半導体ナノ微結晶の発光は，本質的にその表面状態に依存する。この性質を利用することで，顕微蛍光画像計測とその補助的な実験から，ラベル化した分子の位置情報だけで無く，分子の環境や分子間相互作用等の情報も同時に引き出せると期待できる。すなわち，ナノ微結晶は，微環境プローブとしても有用であると考えられる。

　本章では，第2節で，CdSe/ZnS/TOPO系ナノ微結晶の持つ独特なナノ構造の合成法，及び，構造を反映した光物性の基礎を紹介する。第3節では，ナノ微結晶の発光の周辺雰囲気依存性に関するデータを示しながら，ナノ微結晶の表面と発光の関係について論ずる。

2　CdSe/ZnS/TOPO系ナノ微結晶の合成と基礎光物性

　数ナノメートル（nm＝10^{-9}m）程度の大きさを持つ半導体ナノ微結晶は，数百～数千の原子から構成されている。ナノ微結晶では，バルク結晶に比べて体積に対する表面積の比が非常に大きく，全構成原子の中で数～数十％が表面に露出した原子となる。表面では，その外側に結合する原子が無いため，未結合の電子が不足した（余った）不安定な状態が形成されやすい。このような表面未結合手の存在は，時にバルク結晶には無い有用な表面触媒効果や吸着反応[7]を生み出す場合もあるが，同時に，発光の量子収率を激減させる原因となる。ナノ微結晶を高品位発光材料として利用するためには，表面の取り扱いが鍵となる。

　CdSe/ZnS/TOPO系ナノ微結晶は，CdSeナノ微結晶の表面未結合手を，ZnS積層膜が終端し，さらにZnS積層膜の表面未結合手をTrioctylphosphine-oxide（TOPO）やHexadecylamine（HDA）といった有機分子が終端する独特なナノ構造を持つ（図1(a)）。TOPOやHDAは不対

第12章　高品位CdSe/ZnS/TOPO系ナノ微結晶の合成とその光物理

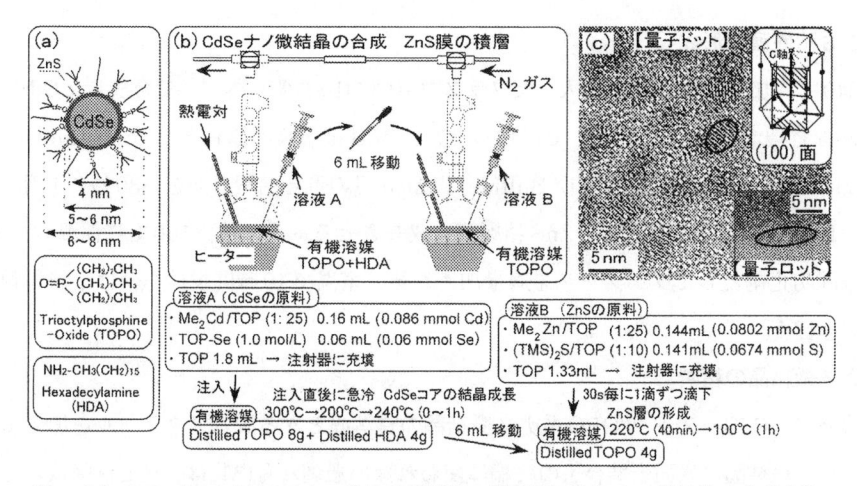

図1　(a) CdSe/ZnS/TOPOナノ微結晶の構造の模式図，(b) ナノ微結晶の合成方法，(c) ナノ微結晶（量子ドット・量子ロッド）のTEM像

電子を持つ分子であり，結晶表面のCdやZnの電子の不足分を，静電的に補うと考えられている。このように表面未結合手を解消することで，室温で40〜80％という，SK法等のドライプロセスを利用して作製するナノ微結晶よりも桁違いに高い発光の量子収率が得られる。

ここで，CdSe/ZnS/TOPO系ナノ微結晶の合成法を簡単に述べる。合成法の基礎は，1990年代の初期から中頃にBawendiやAlibisatosらによって築かれた[1,2]。配位溶媒TOPO中で，CdSeナノ微結晶の原料となる有機金属化合物を熱分解し，CdSeナノ微結晶を析出させるというウェットプロセスを用いた彼らの合成法を用いると，粒径分布が±10％程度以内であり，粒径に依存して可視全域の発光が選択的に得られ，さらに，当時としては画期的な室温で10％という高い発光の量子収率が得られたことから，一躍注目を集めた。その後，著者らも含む多くの研究者により，例えばCdSeナノ微結晶に対するZnS積層膜の形成[3]や，CdSeナノ微結晶の形状制御[8]といった，合成法の発展や改良が進められてきた。以下では，それらの改良点も踏まえた上で，著者らが現在用いている合成法[9]を，①CdSeナノ微結晶の合成，②ZnS積層膜の形成，③ナノ微結晶の精製，の順に記す。用いる試薬の量や濃度の詳細は図1(b)の下部に記載した。

① CdSeナノ微結晶の合成

フラスコ（図1(b)左側）中で，配位溶媒（TOPOとHDAの混合溶液[10]）を300℃まで加熱し，スターラーで激しく撹拌する。この溶媒の中に，CdSeナノ微結晶の原料となるDimethyl-Cadmium（Me$_2$-Cd）とTrioctylphosphine-Selenide（TOP-Se）の混合希釈溶液を，注射器で素早く注入する。注入直後に200℃まで急冷し，その後240℃まで再加熱して，CdSeナノ微結晶を成長させる。数分〜数時間かけて結晶成長を行うと，直径2nm〜6nmのCdSeナノ微結晶を合成できる。

② ZnS積層膜の形成

予め240℃に加熱したTOPOの入ったフラスコ（図1(b)右側）へ，①で合成したCdSeナノ微結晶を含む有機溶媒を，ピペットで移動した後，ZnS積層膜の原料となる，Dimethyl-Zinc (Me$_2$-Zn) と Bis (Trimethylsilyl) Sulfide (TMS)$_2$S の混合希釈溶液を，30秒に1滴の速度で滴下し，数原子層程度の厚さまでZnS積層膜を成長させる。その後，100℃に保温して1時間，さらに凝固防止剤としてブタノールを適量加えた後，室温で10時間撹拌を続け，積層膜のアニーリングを行う。

③ ナノ微結晶の精製

②の溶液に，CdSe/ZnS/TOPO系ナノ微結晶の貧溶媒となる脱水メタノールを加えて遠心沈降する。ナノ微結晶の表面未結合手の終端に使われない過剰な有機物は，遠心沈降後の上澄み液に含まれるので，取り除く。続いて，先ほどの沈殿成分に対して，良溶媒であるトルエンを加え，今度は不純物を遠心沈降し，上澄み成分を試料として保存する。

ここで上記①～③の内容を簡単に説明する。①のCdSeナノ微結晶の合成過程では，発光の量子収率の向上のため，TOPOにHDAを質量比で2：1で混合した溶媒を用いる。この混合溶媒を用いると，TOPOのみの触媒で合成したときに比べて4倍高い40％という量子収率が得られる（この数値は，ZnS積層膜の無いCdSeナノ微結晶同士で比較したときの値である。ZnS積層膜の無いナノ微結晶は，①の後に③を行って合成する。以下，ZnS積層膜の無いナノ微結晶をCdSe/TOPO系ナノ微結晶，ある場合をCdSe/ZnS/TOPO系ナノ微結晶と記す）。なお，このときTOPOのみの溶媒に比べて結晶成長速度が数倍遅くなる。これらの違いは，TOPOとHDAの構造の違いに由来すると考えられる。①の過程においてCdSeナノ微結晶の表面は，有機分子により表面を配位されつつ結晶成長が行われる。溶媒がTOPOのみの場合，TOPOが3本の長いアルキル鎖を持つため（図1(a)），表面に配位したTOPOのアルキル鎖による立体障害から，結晶表面を密に封止できない。一方，HDAの長いアルキル鎖は1本なので，TOPOのみを用いた場合に比べ密に封止できる。この効果により，量子収率が向上し，また，成長速度が遅くなると考えられる。

一方，②の有機溶媒にはTOPOのみを用いる。TOPO溶媒中でZnS積層膜を形成したCdSe/ZnS/TOPO系ナノ微結晶は，積層膜の形成後に量子収率が65％まで向上するが，HDAを加えた溶媒を用いた場合には，逆に，量子収率が低下する。HDAによる表面への強い封止効果は，ZnS積層膜の形成にはむしろ悪影響を与え，正常なエピタキシャル成長を阻害するようである。

次に，CdSe/TOPO系ナノ微結晶の電子顕微鏡像を図1(c)に示す。黒線の楕円は，ある1つのナノ微結晶の輪郭に対応させたガイドラインである。ナノ微結晶は，完全な球形ではなく，アスペクト比1.3の形状を持ち，結晶化を反映した格子縞を呈する。そのため，各ナノ微結晶は小判

第12章　高品位CdSe/ZnS/TOPO系ナノ微結晶の合成とその光物理

型の形状に見える。観測された格子縞の間隔から、結晶面間隔が3.7Åと見積もられた。この値は、ウルツ鉱型CdSeバルク結晶の（100）面の間隔と一致することから、ナノサイズでも、基本的にバルクと同様な結晶が形成されているものと考えている。

なお、①の過程で、TOPOに質量比で5％程度のTetradecylphosphonic Acid（TDPA）を混合した溶媒[8)]を用いると、結晶のc軸方向に長く成長したナノ微結晶が形成される（図1(c)挿入図）。アスペクト比が2程度を超えたナノ微結晶（＝量子ロッド）の発光は、c軸方向に偏光する[11)]。この偏光特性を利用すると、ラベル化した分子の方向や動きを解析できる可能性があるため、微環境プローブの応用例として興味深いが、ここでは紹介のみに留める。

図2に、トルエンに分散したCdSe/TOPO系ナノ微結晶の吸収・発光スペクトルを示す。上から下の順は、結晶成長時間に対応し、下ほど成長時間が長く、大きな粒径を持つナノ微結晶のスペクトルである。粒径に依存して、広い波長領域に亘る発光が得られることから、CdSeナノ微結晶は、発光材料に適している。また、半導体の吸収は、短波長側の領域まで及ぶので、励起波長が限定される有機色素に比べて、実用上の利点がある。

ここで見られる吸収・発光バンドの粒径依存性は、ナノ微結晶中で光生成される電子と正孔の量子サイズ効果に起因する。バルクCdSe結晶中では、電子と正孔は、クーロン相互作用により、水素原子に類似した、半径4.7nmの励起子を形成することから（挿入左図）、励起子の結合エネルギーが、その光学スペクトルにも反映される。一方、ナノ微結晶の大きさは直径2nm～6nm（半径1nm～3nm）で、励起子のサイズより小さいため、ナノ微結晶中ではバルク中と同様な励起子形状は取り得ない。言い換えると、クーロン相互作用の効果よりも、ナノ微結晶表面のポテンシャル障壁による電子と正孔の閉じ込めの効果の方が、相対的に大きくなる。そのため、近似的には、クーロン相互作用を無視し、電子・正孔のそれぞれが、ナノ微結晶の直径を持つ球形量子井戸に閉じ込められるという描像を用いて良く、この場合、量子サイズ効果は、模式的に挿入右図のように描ける。横軸は、ナノ微結晶の大きさ、縦軸はエネルギーを表す。ナノ

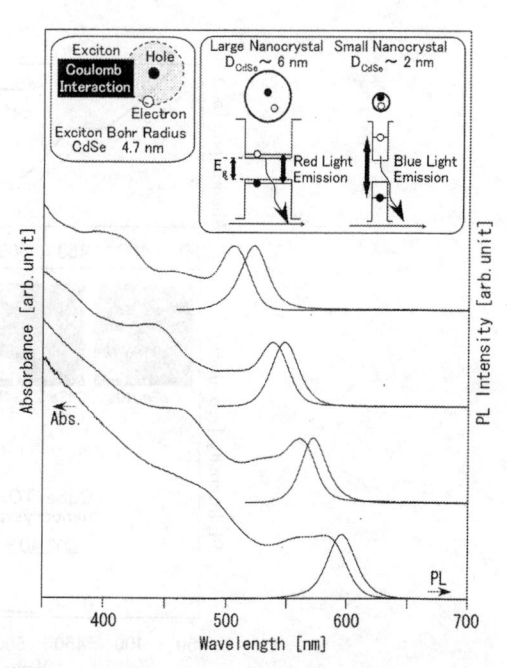

図2　トルエンに分散したCdSe/TOPO系ナノ微結晶の吸収・発光スペクトル
挿入図は、ナノ微結晶の量子サイズ効果を示す模式図。

微結晶の粒径が小さくなるほど、閉じ込め効果が大きくなり、電子・正孔それぞれの最低エネルギーが大きくなる（電子では図中の上側、正孔の場合は下側が高いエネルギーに相当）。その結果、電子と正孔の最低状態間のエネルギー間隔が広がることで最低吸収バンドと発光バンドが高エネルギー側、すなわち、短波長側に移動する（吸収と発光は、それぞれ、電子・正孔対の光生成と輻射再結合に相当する）。図中にE_gと示したバルク結晶のバンドギャップエネルギーに対応する波長は、CdSeでは713nm（室温）であるので、量子サイズ効果により、それより短波長側に吸収・発光が見られる。なお、CdSとCdTeでは、それぞれ514nm、861nmであるので、同じ粒径でもCdSナノ微結晶ではより短波長の、CdTeナノ微結晶ではより長波長の吸収・発光が得られる。

　図3(a)、(b)と挿入左図は、CdSeナノ微結晶にZnS積層膜を形成する前後の吸収・発光スペクトルと、走査型透過型電子顕微鏡像（STEM像）を示す。顕微鏡像中の個々の白丸は、それぞれが単一のナノ微結晶を表す。積層膜形成前後の像の比較から、各ナノ微結晶には、ほぼ均等な厚さだけZnSが積層されることが分かる。また、図(b)より、このZnSの積層によって、発光強度が上昇したことが見て取れる。蛍光色素であるローダミンBとの相対比較から見積もった、ZnS積層前後の量子収率は、それぞれ40％と65％であった。ZnSのバンドギャップはCdSeよ

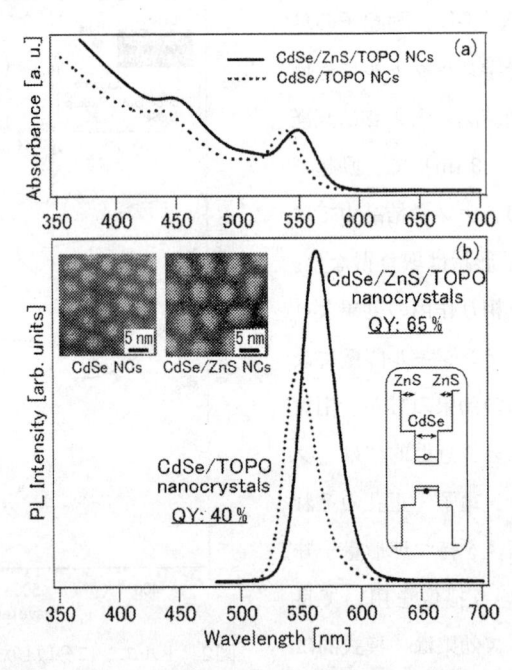

図3　ZnS積層膜形成前後の（a）吸収スペクトルの変化と（b）発光スペクトルの変化
挿入左図は、ナノ微結晶のSTEM像。挿入右図は、CdSe/ZnS/TOPO系ナノ微結晶のバンド構造の模式図。

第12章　高品位CdSe/ZnS/TOPO系ナノ微結晶の合成とその光物理

り大きく，基本的には電子と正孔は，CdSeナノ微結晶中に閉じ込められる（挿入右図）。そのため，電子と正孔が，半導体と有機分子の界面に残存する表面未結合手に近づく確率が減ることで，量子収率が上昇したものと考えられる。また，吸収・発光スペクトルは共に15nm程度の赤シフトを示したが，これは，電子と正孔の波動関数がZnS積層膜まで若干染み出すことで，閉じ込め効果が弱まっていることを意味すると考えられる。

ZnS積層膜の形成により，上述のような量子収率の向上に加えて，ナノ微結晶に強い光耐性・環境耐性ももたらされる。特に，単一ナノ微結晶の発光計測に用いる高強度な光に対しては，光耐性の差が歴然としているので，この種の用途には，ZnS積層膜のあるナノ微結晶を利用すると良い。

3　ナノ微結晶の発光特性－周辺環境依存性

この節では，CdSe/ZnS/TOPO系ナノ微結晶の，発光の雰囲気依存性を示す。発光体本体であるCdSeナノ微結晶が，無機・有機の層により表面を多重に包まれているにもかかわらず，予想以上に，周辺雰囲気に依存して発光特性が変化する。高度に表面が制御された構造が故に，表面の一部分の変化により，発光特性が激変することがある。以下では，この変化を端的に示す，幾つかの実験結果を紹介する。

発光の雰囲気依存性に関する研究を進めるにあたり，2つのアプローチを用いた。1つは，ナノ微結晶のマクロな数の集合（1000個程度）であるアンサンブル試料を用意し，ナノ微結晶からの発光の集団的な（平均的な）特徴を捉えることで，発光の雰囲気依存性の概要を知る方法，もう1つは，各雰囲気中で，単一ナノ微結晶の発光計測を，多数のナノ微結晶に対して行い，その具体的な特徴を把握することである。3.2項で前者を，3.3項で後者の結果を述べる。

3.1　計測用試料，計測方法

ここで，発光計測用試料の作製法を述べる。第2節で述べた合成法を用いてトルエンに分散したCdSe/ZnS/TOPO系ナノ微結晶を，半日間Hexamethyldisilazaneの蒸気中に晒すことで疎水処理を行った石英ガラス基板上に，スピンキャスト（3000rpm，30秒）する。ナノ微結晶は，有機分子の長いアルキル鎖を外に露出することで（図1(a)），強い疎水性を持つため，疎水処理後の石英ガラス基板上では，ナノ微結晶同士が凝集すること無く，比較的均一に分散する。試料は，基板上でのナノ微結晶密度（面密度）が異なる2種類を用意した。1つは，励起光の集光スポット面積（発光強度を観測する領域に相当）である$0.75\mu m^2$内に，約1000個程度のナノ微結晶が含まれるアンサンブル試料，もう1つは，平均0.1個程度以下の単一計測用試料である。ス

ピンキャスト前のトルエン溶液の濃度を調整することで,面密度の制御が可能である。アンサンブル試料の面密度であっても,ナノ微結晶間でエネルギー移動や相互作用を及ぼし合うことのない,十分に疎な状態であると考えている。

これまで,著者らは多くの雰囲気を用意し,ナノ微結晶の発光の雰囲気依存性を観測してきたが,以下では,その代表例として,水蒸気を含む窒素ガス(大気圧),窒素ガス(大気圧),真空という3つの雰囲気における発光特性の違いを示す。水蒸気を含む窒素ガスは,純窒素ガスを,十分に脱気した純水で満たしたバブラーに送り,純水中をバブリングさせることで用意した。以下では,この雰囲気を"H_2O/N_2雰囲気"と記す。

発光の計測には,自作の走査型レーザー顕微鏡を利用した[12]。ナノ微結晶の励起光,及び,ナノ微結晶に光照射効果を与えるための照射光には,アルゴンレーザーからの出力光(488nm,CW)を共通に用いた。試料からの発光は,APD(PE Inc. SPCM-AQR)を利用した単一光子検出器,もしくは,分光器(PI Inc.; CN/CDD)と組み合わせた液体窒素冷却型CCD(AR Corp.; SpectraPro 300i)で検出した。

3.2 アンサンブル試料の発光特性-周辺雰囲気依存性

図4(a)の実線に,H_2O/N_2雰囲気中で,アンサンブル試料にレーザー光($66.7W/cm^2$)を

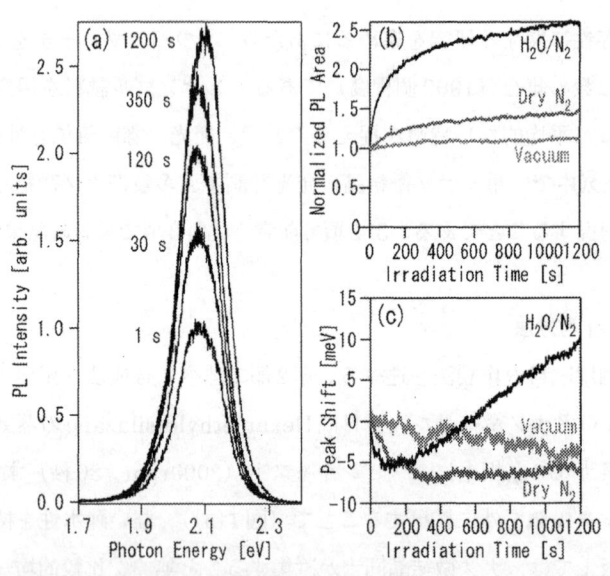

図4 (a) H_2O/N_2雰囲気中で,アンサンブル試料を,レーザー光で連続照射したときの発光スペクトルの時間変化,照射後1秒,30秒,120秒,350秒,1200秒におけるスペクトル。H_2O/N_2雰囲気中,純窒素中,真空中でレーザー光で連続照射したときの (b) 積分発光強度の時間発展図,(c) 発光ピークのシフト量光時間発展図[13]

第12章　高品位CdSe/ZnS/TOPO系ナノ微結晶の合成とその光物理

1200秒間照射し続けたときの発光スペクトルの変化を示す[13]。これらの曲線は，それぞれ光照射開始から1秒，30秒，120秒，350秒，1200秒後の発光スペクトルに対応する。この雰囲気中で光照射を行うと，発光強度が徐々に増加し，照射開始から1200秒後には，2.5倍以上の強度に達する。一般に，有機無機を問わず，多くの発光体が，光劣化により，発光強度の低下を見せることが多い。その逆の振る舞いであるこの現象は，非常に興味深い。そこで，この現象の原因をより深く理解するため，続いて下記の実験を行った。

第一に，この現象での光照射の役割を明確にするため，H_2O/N_2雰囲気中で一旦発光スペクトルを計測した後に，レーザー光を遮断したまま，この雰囲気中に1200秒間放置し，その後，スペクトルの再計測を行った。その結果，発光の増大は確認できなかった。したがって，この発光増大現象には，光照射が必要であると結論づけた。

次に，雰囲気中の窒素分子，水分子のそれぞれが，発光増大に寄与するか否かを明らかにするため，純窒素中と真空中でも同様な光照射の実験を行った。その結果を，図4(b)と(c)に示す。(b)は積分発光強度，(c)は発光ピークのシフト量の光照射時間依存性を表している。始めに，発光強度の変化に注目する。H_2O/N_2雰囲気中では，1200秒後に160％もの増加が見られたのに対して，純窒素中と真空中では43％と9％に留まった。この結果は，発光強度の増大には主に水分子が寄与していることを意味する。また，ピークシフト量に注目すると，H_2O/N_2雰囲気中では，光照射開始直後に5meV程度の赤シフトした後に，11meVの青シフトが見られるのに対し，窒素中や真空中では青シフトは見られなかった。

以上の結果から，雰囲気中の水分子が，ナノ微結晶の発光強度増大の，何らかの役割を担っており，また，その役割を果たすには光照射だと分かった。なお，著者らは，水分子のみならず，メタノールやエタノール，アンモニアといった分子でも，発光強度の増大を観測しており，発光増大に大きく貢献する分子は，全て極性分子であることを見いだしている[13]。したがって，何らかの静電的な作用がこの現象に関与していると考えられる。

一方，応用の観点からは，このナノ微結晶は，極性部分を持つ分子に対するプローブとしての能力を備えているとも言える。この発光増大現象のメカニズムについては，次の3.3項にて議論する。

3.3　単一ナノ微結晶の発光特性－周辺雰囲気依存性

ここでは，真空中とH_2O/N_2雰囲気中における，単一ナノ微結晶の典型的な発光の振る舞いとその特徴を示す。雰囲気によって異なる発光特性が，なぜ生じるのかを考察する。

図5(a)は，真空中の単一CdSe/ZnS/TOPO系ナノ微結晶の発光の時間発展図（励起強度：133W/cm^2，各露光時間：100ms）である。上下に並んだ図5-1，2，3は，それぞれ異なる単

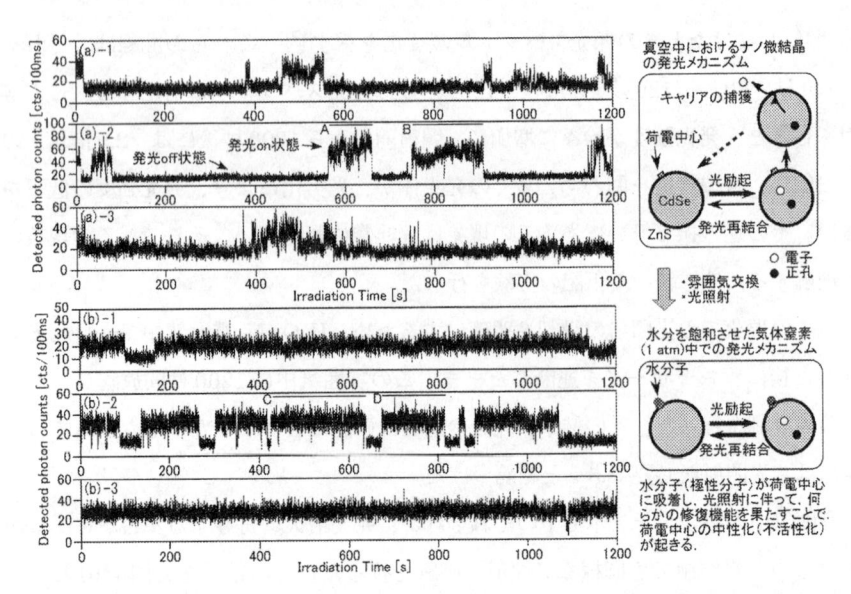

図5 (a), (b) 真空中及びH_2O/N_2雰囲気中における単一ナノ微結晶の発光強度の時間発展図[12] 右図は、H_2O/N_2雰囲気中、真空中における発光メカニズムを示す模式図。

一ナノ微結晶で得た測定結果である。図中に見られるように、発光状態（＝発光on状態）と非発光状態（＝発光off状態）が時間的に不規則に繰り返される、発光明滅現象[14]が観測されている。この現象は、単一ナノ微結晶において、半導体の種類や製法によらず広く観測されており、その原因は、次のように説明されている[14]（図5(a)右側"真空中におけるナノ微結晶の発光メカニズム"参照）。

ナノ微結晶にレーザー光を照射すると、ナノ微結晶内で電子と正孔が生成され、それが再結合する時に光を発する。この計測の各露光時間である100ms内に、電子・正孔対の生成と輻射再結合が繰り返されることで、統計的揺らぎであるショットノイズによるばらつきを除けば、常にほぼ一定数と見なせる発光光子が検出され続ける（発光状態＝発光on状態）。しかし、何らかの理由により、ある確率で電子もしくは正孔が、ナノ微結晶の表面か外に存在する捕獲中心に束縛される。このような束縛が生じたナノ微結晶内では、強い内部電場がかかることで、その後にレーザー光照射することで生成される電子・正孔対は無輻射緩和する（非発光状態＝発光off状態）。最終的に、捕獲中心に束縛されていた荷電粒子がナノ微結晶内に戻り、結晶内に残されていた荷電粒子と再結合することで、再び、発光状態に戻る。このような過程が繰り返されることで、発光明滅現象が生み出されると考えている。

一方、図5(b)は、H_2O/N_2雰囲気中での時間発展図を示している。一見して分かるように、発光on状態の持続時間が、真空中に比べて増大している。全てのナノ微結晶で必ずこのような顕著な変化が観測されるという訳ではないが、真空中で行った64個のナノ微結晶に対する計測

第12章　高品位CdSe/ZnS/TOPO系ナノ微結晶の合成とその光物理

の全てで，on状態の総時間よりもoff状態の総時間の方が長かったのに対して，H_2O/N_2雰囲気中の57個のナノ微結晶に対する計測では，5つのナノ微結晶で発光on状態でいる時間の方が長かった。

　ここで，アンサンブル試料の結果から，発光増大には静電的な作用が関係するとの結果も踏まえ，この現象の原因を次のように考える（図5(a)(b)右側の模式図）。ナノ微結晶表面に存在する捕獲中心には，ある割合で帯電しているものが存在し，その周辺では局所的に弱い電場が生じていると仮定する。元々，このナノ微結晶では，CdやZn原子表面の電荷の不足分を，有機分子の不対電子によって補償することで，安定な表面構造を形成していたので，スピンキャストによって有機分子の一部が脱離していたり，局所的に補償が十分でないことで帯電している場所が存在していたとしても，不思議はない。このような帯電した捕獲中心に対して極性を持つ水分子が吸着している時に，ナノ微結晶に光照射を行うことで，吸着分子が電荷を静電的に中和するような準安定な構造を形成し，捕獲機能を解消したと考えると，on状態の持続時間の増大を理解できる。

　また，図5の(a)と(b)の詳細を比較すると，発光on時間の増大以外にも，真空とH_2O/N_2雰囲気中での発光の振る舞いに差が見られる。真空中では，図5(a)-2のA，B部のように，発光on状態中の発光強度に，数～数十秒程度のゆっくりした時間周期を持つ揺らぎが見られる。一方，図5(b)-2のC，D部のように，H_2O/N_2雰囲気中では，ショットノイズを除く揺らぎは見いだせない。この現象に関しても，帯電した捕獲中心がナノ微結晶表面に存在すると考えることで理解できる。この捕獲中心と，レーザー光照射により次々と光生成される電子・正孔対との静電相互作用が，捕獲中心周辺の不安定な局所電荷配置を時々刻々と変化させることで，発光強度の揺らぎを導くと考えられる。また，この捕獲中心が水分子によって中性化し，静電相互作用が働かなくなることで，H_2O/N_2雰囲気中での揺らぎの解消が説明される。

　最後に，単一CdSe/ZnS/TOPO系ナノ微結晶の発光スペクトルの周辺環境依存性を，図6に示す[15]。この計測では，連続的に光照射を行った状態で，①真空 → ②H_2O/N_2雰囲気 → ③真空，の順に環境を交換した。ただし，②のスペクトルは，②のH_2O/N_2雰囲気中で十分に光照射を行った後のスペクトルである。雰囲気を真空に戻すことで可逆なスペクトルの変化が見られた。この可逆性は，水分子の吸脱着に起因すると考えられる。一方スペクトルの詳細を見ると①，③の真空中では，②と比較して，低エネルギー側に，かつ，広いバンド幅を持つ発光が観測されている。

　この赤シフトとバンド幅の広がりもまた，帯電した捕獲中心がナノ微結晶表面に存在すると考えることで説明される。電場に起因する発光波長の赤シフトはStark shiftと呼ばれ，ナノ微結晶では，局所的な電場による赤シフトはしばしば観測される現象である[16]。また，バンド幅の

143

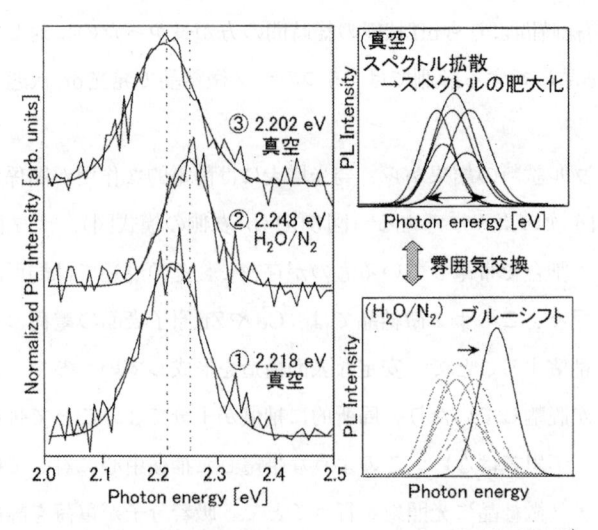

図6 単一ナノ微結晶の発光スペクトルの周辺環境依存性[15]
1回の測定時間は，20秒である。

増大は，局所電荷配置が時々刻々と変化することで，ナノ微結晶に加わる電場の大きさも変化し，スペクトルが拡散することに起因すると考えられる。このスペクトル拡散を時間的に積分して観測すると，バンド幅の広がりとして観測されることになる（図6右側）。

以上の結果から，今回紹介した単一ナノ微結晶を用いた発光明滅現象やスペクトルの計測は，周辺の微環境を非接触でプローブする上で，有効な手段であると考えられる。

4 今後の展望

本章では，CdSe/ZnS/TOPO系ナノ微結晶の基礎的な光学特性と，ナノ微結晶の微環境プローブとして応用に向けた基礎情報となる，発光の周辺雰囲気依存性についての結果を紹介し，窒素ガス中に極性分子（水分子）が含まれる場合には，ナノ微結晶の発光特性が大きく変化することを示した。今後，生命科学医療領域における応用に向けては，水中での発光特性の取得を積み重ねる必要があると思われる。著者らは，現在，東京農工大学生命工学科養王田研究室と共同で，水中におけるCdSe/ZnS/TOPO系ナノ微結晶，及び，水中で分子シャペロニンと複合体を形成したナノ微結晶の単一発光計測とその解析を進めている。

第12章　高品位CdSe/ZnS/TOPO系ナノ微結晶の合成とその光物理

文　献

1) C.B. Murray et al., *J. Am. Chem. Soc.*, **115**, 8706 (1993)
2) X. Peng et al., *Angew. Chem. Int. Ed. Engl.*, **36**, 45 (1997)
3) M.A. Hines and P.G. Sionnest, *J. Phys. Chem.*, **100**, 468 (1996)
4) C. Santori et al., *Phys. Rev. Lett.*, **86**, 1502 (2001)
5) P. Michler, et al., *Nature*, **406**, 968 (2000)
6) W.C.W. Chan and S. Nie, *Science*, **281**, 2016 (1998)
7) L.G. Wang et al., *Phys. Rev. Lett.*, **89**, 075506-1 (2002)
8) T. Mokari and U. Banin, *Chem. Mater.*, **15**, 3955 (2003)
9) K. Hashizume et al., *J. Lumin.*, **98**, 49 (2002)
10) D.V. Talapin et al., *Nano Lett.*, **1**, 207 (2001)
11) J. Hu et al., *Nature*, **292**, 2060 (2001)
12) M. Oda et al., *J. Lumin.*, **127**, 198 (2007)
13) M. Oda, et al., *J. Lumin.*, **119-120**, 570 (2007)
14) M. Nirmal et al., *Nature*, **383**, 802 (1996)
15) M. Oda et al., *Colloids and Surfaces B: Biointerfaces*, **56**, 241 (2007)
16) S.A. Empedocles et al., *Phys. Rev. Lett.*, **77**, 3873 (1996)

第13章 表面の化学修飾による量子ドットの水溶化
—カリックスアレーンを用いた高輝度水溶性量子ドットの作製—

神 隆*

1 はじめに

　量子ドットとは，直径が2～10nmの量子井戸構造を有する半導体ナノ結晶で，従来の有機色素や緑色蛍光タンパク質にはない優れた蛍光特性（抗光退色性，高輝度，一波長励起多色蛍光等）を備えており，近年，生命医科学分野における in vivo イメージング用蛍光プローブとして急速な発展[1]を遂げている。1993年，MITのBawendiらのグローブにより量子ドットの液相での化学合成法（コロイド法）が開発され[2]，1997年にはコアーシェル構造を有する高輝度発光の量子ドット[3]が合成された。その翌年には，Alivisatos[4]およびNie[5]らのグループがそれぞれ独立に，量子ドットの細胞イメージング用蛍光プローブとしての有効性を確認し，Science誌上に発表した。これ以降，量子ドットの合成法はさらに発展し，現在，癌細胞の検出や一分子測定のための蛍光プローブとして盛んに研究がおこなわれている[1]。CdSe/ZnSなどの量子ドットを使った蛍光プローブはすでに市販されており，量子ドットによる in vivo 蛍光イメージングは今や一般的な手法となりつつある。コロイド法によって合成される量子ドットは，一般に，水には不溶であり，蛍光プローブとして利用するには，まず量子ドットの表面を化学修飾して親水性にする必要がある。さらに量子ドット表面に抗体やアビジン，ビオチンなどの生体分子を修飾することによって in vivo イメージング用の蛍光プローブとなる。本章では，量子ドットを水溶化するための表面被覆法を概説したうえで，機能性有機化合物であるカリックスアレーンを使った高輝度水溶性量子ドットの新規作製法[6～8]について説明する。

2 表面被覆による量子ドットの水溶化法

　ここ，10年にわたる量子ドットの合成法の進歩により，現在では可視から近赤外領域にわたる高輝度な量子ドットが容易に得られるようになった。たとえば，コアーシェル構造をもつ可視部発光（470～620nm）のCdSe/ZnS量子ドット[3]では，量子収率がヘキサン中で30～50％の

＊　Takashi Jin　北海道大学　電子科学研究所　電子機能素子部門　助教

第13章　表面の化学修飾による量子ドットの水溶化

値を示す。また，合金型のCdSe$_x$Te$_{1-x}$[9]では，近赤外領域（700～850nm）で発光し，その量子収率はクロロホルム中で60％にも達する。このような高輝度量子ドットは，一般にトリオクチルフォスフィンオキシド（TOPO）やアルキルアミン類などの配位性化合物を反応溶媒として用いるため，得られる量子ドットはこのような化合物で被覆された構造となる。そのため，量子ドットは，極めて疎水性が高く，水には溶解しない。これらの量子ドットを in vivo イメージング用の蛍光プローブとして応用するには，疎水性の表面を両親媒性の化合物で被覆し親水化する必要がある。その方法は，大きく2つに分けられる（図1）。1つは，量子ドット表面の疎水性配位化合物を両親媒性チオールやアミン類などで置換する配位子交換法である。もう1つは，量子ドット表面の疎水性配位化合物をそのまま残した状態で，両親媒性の化合物（高分子やリン脂質等）でカプセル化する方法である。

2.1 配位子交換による表面被覆

配位子交換による表面被覆の利点は，水溶性量子ドットの作製が比較的簡単におこなえる点にある。配位子交換法で作製した量子ドットの粒径は，ポリマーなどのカプセル化によって作製した量子ドットに比べて小さく，その大きさは一般的なタンパク質（5～10nm）程度であり，水中での分散性もよい。しかし，メルカプトカルボン酸などを使ったチオール被覆量子ドットでは，安定性に関し問題が指摘されている[1b, 1c, 10]。アルキル鎖の短いメルカプト酢酸，メルカプトプロピオン酸を使った場合，調製直後には弱塩基性の水溶液で安定であるが，室温空気中で明るい場所に放置すると量子ドットが会合を起こし，1週間ないし2週間で沈澱してしまう。この原因

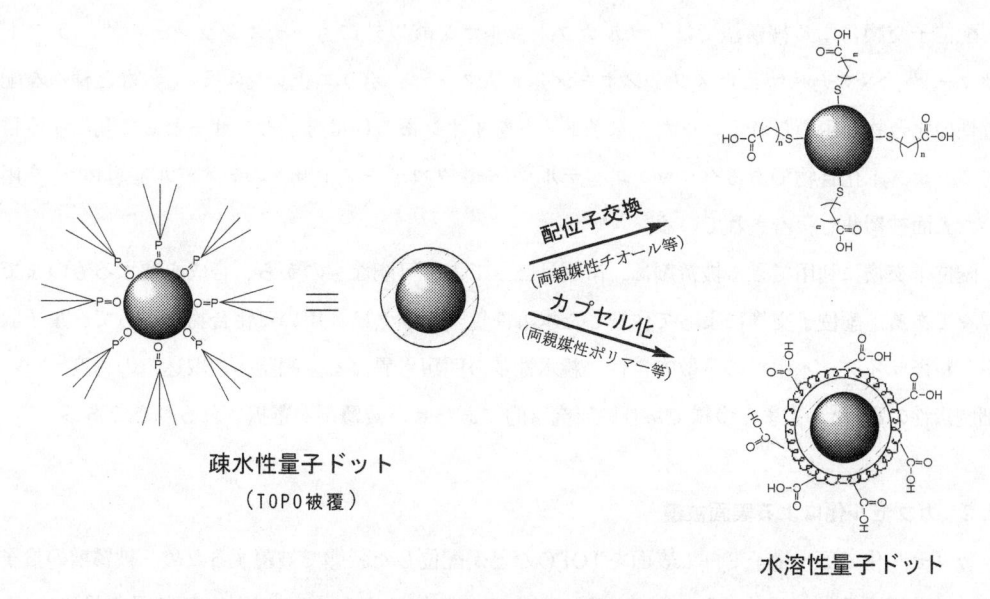

図1　量子ドットを水溶化するための表面被覆法（親水基としてカルボン酸を例示）

は，光酸化によってジスルフィド結合が形成され，量子ドット表面からチオール化合物が脱離することによるとされている[10, 11]。Mattoussiらのグループは，チオール被覆による量子ドットの分散安定性を改善するために，2価チオール化合物であるジヒドロリポ酸による表面被覆法を報告[12]している。1価のチオール化合物で被覆した場合に比べ，水中での分散安定性が格段に向上する（1～2年安定）。また，最近，カルボジチオレートで配位子交換することによって，光酸化に対して安定な水溶性量子ドットが作製できるという報告[13]もある。

一般に量子ドットは，溶媒を蒸発させ乾固してしまうと，量子ドットが会合してしまい，再溶解させることが難しい。Jiangらは，メルカプトウンデカン酸被覆の量子ドットにおいて，リジンやジアミノピメリン酸によりクロスカップリングをして安定性を高める方法を報告[14]している。彼等は，固体状態で，400mg以上のクロスカップリングをしたメルカプトウンデカン酸被覆の水溶性量子ドットを得ている。このように調製した量子ドットは4か月後でも，簡単に水に溶解し，その蛍光特性は作製直後のものと変化がないという。再溶解後の分散性に問題がなければ，水溶性量子ドットを固体状態で長期間保存できる技術として画期的である。

チオール被覆のもう1つの欠点として指摘されているのが，発光の量子収率の極端な低下[6, 15]である。この原因として，配位子交換に伴って生成する表面欠陥があげられている[16]。最近，Wangらはチオール修飾に伴う量子収率の低下を避けるための新しい被覆法を報告[17]している。彼等は，CdSe/ZnS量子ドットにおいて，ZnSによるシェル構造の作製とメルカプトプロピオン酸修飾を1段階でおこなう合成法を提案している。その結果，量子収率が5倍程度改善されるとしている。

配位子交換による被覆法では，メルカプトカルボン酸以外にも，チオシラノール[18]，デンドリマー[19]，ペプチド[20]，ホスフィンオキシドポリマー[21]，ポリエチレンイミン[22]など様々な配位性の化合物が用いられる。また，量子ドットをイオンあるいは分子センサーとして利用する目的で，ホスト化合物であるクラウンエーテル[23]やシクロデキストリンのチオール誘導体[24]を用いた表面被覆法も報告されている。

配位子交換に利用できる被覆剤は，市販品として入手可能なものから，合成を要するものまで様々である。配位子交換によって作製した水溶性量子ドットは，用いる化合物によって，量子収率，粒径サイズ，水中での分散安定性，親水性基の種類も異なる。細胞への取込みの程度[25]や，細胞毒性の程度[26]もまた多様であり，研究目的にあわせた被覆剤が選択されるべきである。

2.2 カプセル化による表面被覆

カプセル化では，量子ドット表面をTOPOなどが配位した状態で被覆するため，被覆前の量子ドットの蛍光特性が維持できるという利点がある。したがって，この方法は配位子交換に比べ，

第13章 表面の化学修飾による量子ドットの水溶化

輝度の高い水溶性量子ドットを調製するのに適している。現在，市販されている量子ドットはすべてカプセル化による表面被覆法を用いている。Invitrogen社[27]からは，オクチルアミン修飾ポリアクリル酸で被覆をしたタイプの量子ドットが，またEvident Technologies社[28]からはリン脂質−PEG（ポリエチレングリコール）修飾をしたタイプの量子ドットが製品化されている。これまで報告されている被覆剤は，基本的にはみな両親媒性のポリマーや脂質である。カプセル化には，量子ドットと被覆剤をクロロホルムなどの有機溶媒に溶解し，減圧下でゆっくり溶媒を蒸発させ，フィルム状にしたものを水に分散させる方法が一般的である。この時，被覆剤は，量子ドット表面に疎水性相互作用により吸着し，親水性基が水相に露出して水溶化する。このようにして調製した水溶性量子ドットでは粒径の分布が大きくなるため，ゲルろ過や遠心などを利用して精製する必要がある。この点では，配位子交換の場合に比べ，精製にかなりの手間が必要となる。

カプセル化による表面被覆は，輝度の高い水溶性量子ドットが得られる利点がある一方，粒径サイズが被覆前に比べかなり大きくなる欠点もある。使用する化合物にもよるが，たとえば，CdSe/ZnS量子ドット（直径約5nm）をリン脂質−PEGで被覆した場合，粒径サイズは10〜15nmになると報告[29]されている。また，両親媒性のブロック共重合体を用いた場合[25]には，粒径サイズが30〜40nmにもなってしまう。また，カプセル化のもう1つの欠点として，表面構造の不均一性があげられる。生体分子の修飾する際などに配向や分子数を制御することが難しくなると考えられる。このような欠点はあるが，両親媒性高分子化合物によるカプセル化は，高輝度な水溶性量子ドットプローブを開発するための表面被覆法として，非常に有効である[30]。

3 カリックスアレーンを被覆剤として用いた高輝度水溶性量子ドットの作製法

前述したように，量子ドットの水溶化には，これまで数多くの両親媒性化合物が利用されてきた。現在のところ，得られる水溶性量子ドットの輝度，粒径サイズ，水中での分散安定性，作製法の手軽さなど，全てを満足させる汎用的な被覆剤はないといってよい。配位子交換法は簡便ではあるが，チオール類など用いた場合には，毒性や腐食性の点で，取扱いに注意しなければならない。また，両親媒性高分子化合物を使ったカプセル化では，高輝度な量子ドットは得られるが，かなりの手間をかけて被覆剤の合成や被覆後の精製をおこなう必要がある。

我々は，高輝度な水溶性量子ドットを作製するための被覆剤として，合成および取扱いが容易な両親媒性のカリックスアレーン[31]を選択した。カリックスアレーン類（カリックスレゾルカレーン）を利用した水溶性量子ドットの合成をはじめて報告したのは，京都大学の青山らのグループである。彼等は，エンドソームマーカーとして，糖鎖修飾カリックスレゾルカレーン被覆の水溶性CdSe量子ドットを報告している[32]。カリックスアレーンは，フェノールとホルムアルデ

ヒドの環状縮合体で、4量体、6量体、および8量体を大量に合成することができる。また、市販品として入手することもできる。被覆剤として利用したカリックスアレーンは2種類で、両親媒性のカルボン酸誘導体およびスルホン化カリックスアレーンのアルキル化誘導体である（図2）。いずれの誘導体も、母体化合物であるカリックスアレーンおよびスルホン化カリックスアレーンから2段階あるいは1段階で合成できる。

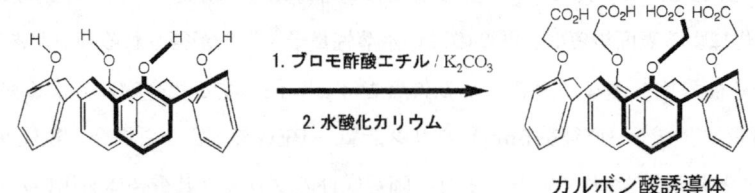

　両親媒性カリックスアレーンによる量子ドットの水溶化法[33]は、基本的にはカプセル化による表面被覆である（図3）。カリックスアレーン誘導体の分子量は、縮合体のサイズやアルキル鎖の長さにもよるが分子量が約500～2000で、一般的な有機化合物と高分子化合物の中間あた

図2　表面被覆剤として用いた両親媒性カリックス[4]アレーンの合成法

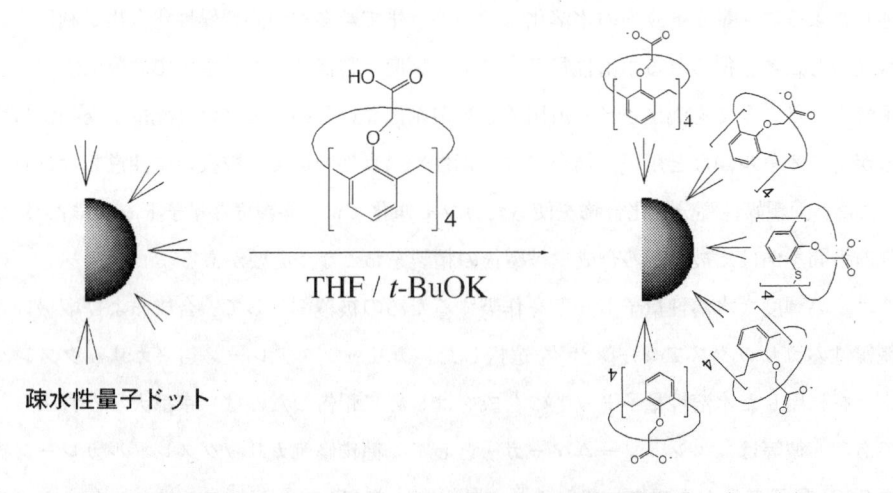

図3　両親媒性カリックスアレーンによる量子ドットの表面被覆（カプセル化）

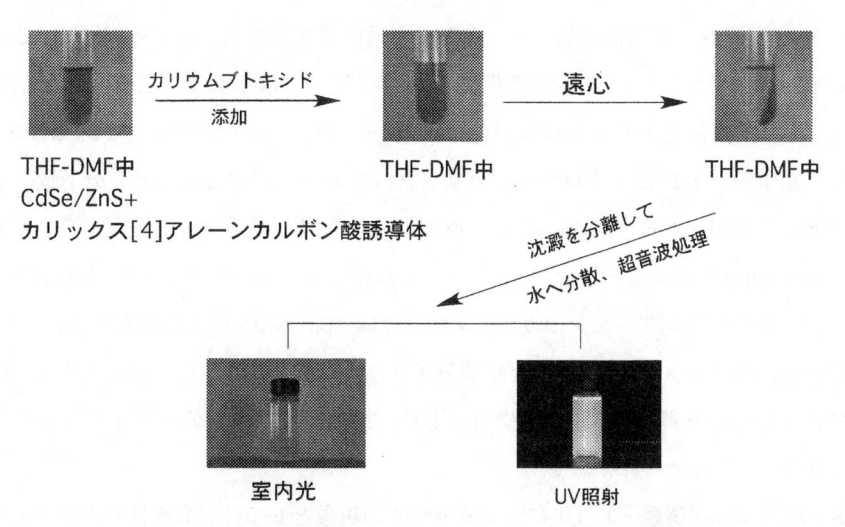

第13章　表面の化学修飾による量子ドットの水溶化

図4　カリックス[4]アレーンのカルボン酸誘導体を用いたCdSe/ZnS量子ドットの水溶化（カラー口絵参照）

りである。このような両親媒性カリックスアレーンは，水中では疎水性相互作用に基づいてミセル形成[34]することが知られている。

3.1　カルボン酸誘導体被覆水溶性量子ドット

CdSe/ZnS量子ドットをカリックスアレーンのカルボン酸誘導体で表面被覆し水溶化する方法[6, 8]を図4に示した。まず，TOPO被覆のCdSe/ZnS量子ドットと，カリックス[4]アレーンのカルボン酸誘導体をTHF（テトラヒドロフラン）とDMF（ジメチルホルムアミド）の混合溶媒に溶解する。その後，脱プロトン化剤であるカリウムブトキシドを加え，生じたゲル状の沈澱を遠心で分離し，これを水に分散させる。不溶成分は$0.2\mu M$のメンブレンフィルターで除去し[35]，過剰のカリウムブトキシドやカリックスアレーンは透析膜を使って溶液から除く。その結果，分散性のよいカリックスアレーン被覆量子ドットが調製できる。こうして得られたカリックスアレーン被覆の水溶性量子ドットは，チオール被覆の場合と比べると非常に輝度が高い。575nmおよび610nmに発光ピークをもつカリックス[4]アレーン被覆の量子ドットの発光収率は，それぞれ28％と34％であり，メルカプトプロピオン酸被覆の量子ドットの発光効率のおよそ10～20倍である（図5）[6]。

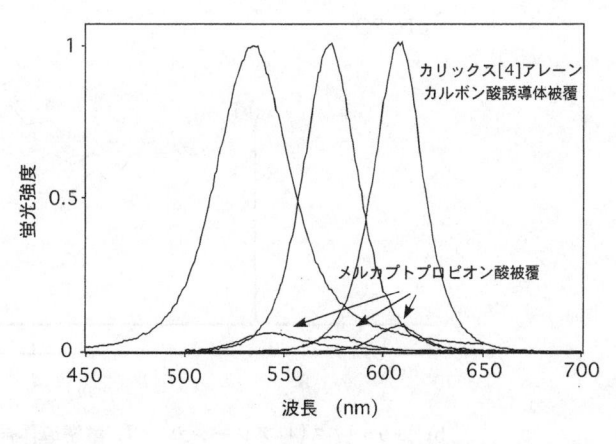

図5　カリックスアレーン及びチオール被覆CdSe/ZnS量子ドットの蛍光スペクトル

量子ドットの生命科学領域への応用

　カリックス[4]アレーン被覆の量子ドットが示す高い発光効率は，カプセル化による表面構造に起因していると考えられる。表面被覆構造については，^{1}HNMRおよび蛍光相関分光法（FCS）による量子ドットの粒径サイズ（hydrodynamic size）の測定から推測できる。^{1}HNMRスペクトルから，量子ドット表面にはTOPOとカリックスアレーンが存在し，その分子数の比が，約10：7であることがわかる（図6）。また，FCS測定からは，量子ドットを覆っている有機相の厚さが，約2.5nmであることがわかる[6, 8]。この長さは，ほぼ，TOPO（長軸方向の長さ，1.3nm）とカリックス[4]アレーンのカルボン酸誘導体（0.95nm）の分子の長さの和に相当する。この結果から，カリックス[4]アレーン被覆量子ドットは図3に示されているような二重層構造をとっていることが推測できる。この構造により，被覆前のCdSe/ZnS量子ドットの蛍光特性が維持されるものと考えられる。

　カルボン酸誘導体被覆量子ドットにおける興味深い現象としては，発光波長のシフトが上げら

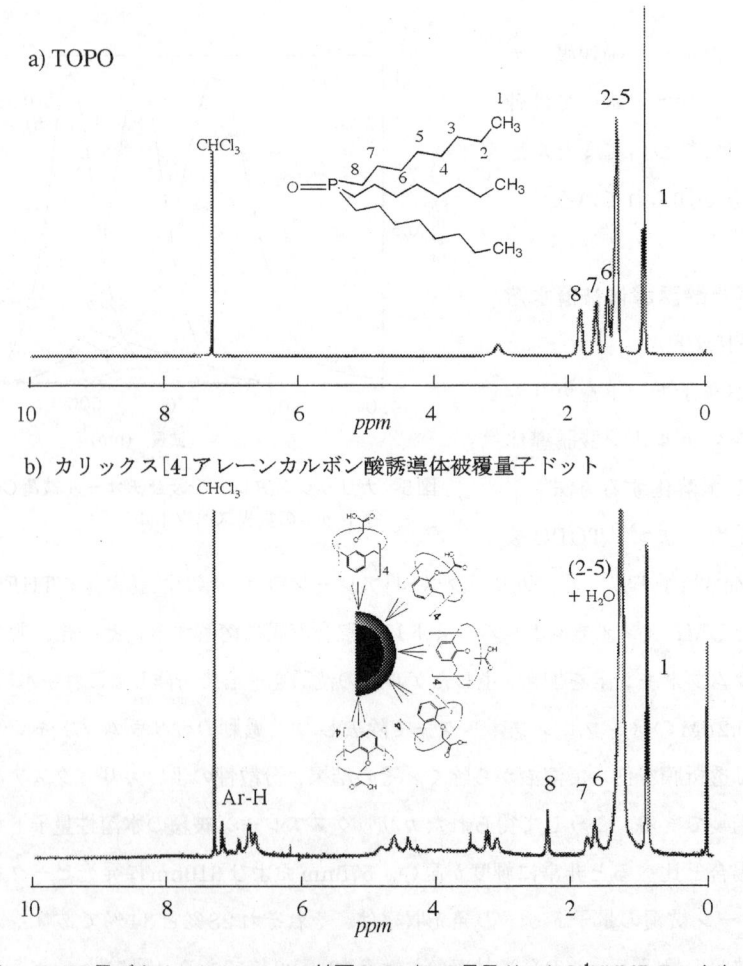

図6　TOPO及びカリックスアレーン被覆CdSe/ZnS量子ドットの^{1}HNMRスペクトル

第13章 表面の化学修飾による量子ドットの水溶化

れる。量子ドットの発光波長は，一般にコアのサイズが大きくなるにつれて長波長にシフトすることが知られている（量子サイズ効果）。最近では，合金型のCdSe$_x$Te$_{1-x}$量子ドットにおいて，コアのサイズを変えずにSeとTeの比率を変えることによって発光波長を変化できるという報告[9]もある。しかし，有機化合物の表面被覆により発光波長を系統的に変化させる報告はない。カルボン酸誘導体被覆量子ドットにおいては，発光波長が用いるカリックスアレーンの環径に依存して，長波長側にシフトする[8]。この原因ははっきりと解明されていないが，表面被覆層の誘電率の違いあるいは量子ドット表面とカリックスアレーンとの直接的な相互作用に起因していると考えられる。量子ドットのコアサイズを保ったままでマルチカラーの水溶性量子ドットが得られるため，FRETを使った実験などで利用価値が高いと考えられる。

カルボン酸誘導体被覆量子ドットの水中での分散性は，弱塩基性条件（pH＝9.2）では1か月以上保たれる。しかし，pHが中性から酸性側ではカルボン酸の電荷が中和され，量子ドットの会合がおこる。また，量子ドットの会合凝縮は高濃度条件ではさらに顕著になる。現在，分散安定性を高めるため，表面のカルボン酸誘導体を分子間でクロスカップリングすることを検討中である。

3.2 スルホン化カリックスアレーンのアルキル誘導体被覆水溶性量子ドット

スルホン化カリックスアレーンは水溶性が高く，それ自体では量子ドットの被覆剤としては適さない。フェノール性の水酸基にアルキル鎖を導入することで両親媒性になり，これを用いると量子ドットの水溶化がおこなえる[7]（図7）。ただし，アルキル差の鎖長は，炭素数で6以上が必要であり，それ以下になると水溶性量子ドットを調製することはできない，また鎖長が長すぎてもよくなく，炭素数は18以下が適当である。スルホン化カリックスアレーン誘導体被覆の量子ドットは，THF中で疎水性量子ドットと混合物し，生じたゲル状の沈澱を水に分散させ，5分から10分超音波処理をすることによって調製できる。こうして得られた水溶性量子ドットは，カルボン酸誘導体を使った場合に比べ，酸性のpH領域でも安定である。ただし，水溶性量子ドットの濃度が高ければ（約1μM以上），やはり会合凝縮を起こす。

蛍光の発光収率は，用いるアルキル化誘導体の鎖長が長いほど高くなる。CdSe/ZnS量子ドット（600nm）をヘキシル誘導体で水溶化した場合の量子収率は約0.1である[7]。また，量子ドットの粒径は，メルカプト酢酸で被覆した場合の約2倍（12nm）である。表面被覆構造は，カルボン酸誘導体被覆の場合と同様，二重層構造である（図7）。アルキル誘導体の鎖長が長いほど発光収率が高くなる理由は，二重層構造の厚さが増すにつれて量子ドット表面への水分子の侵入が抑えられることによると考えられる。

スルホン化カリックスアレーン被覆量子ドットの興味深い性質は，アセチルコリンに対して蛍

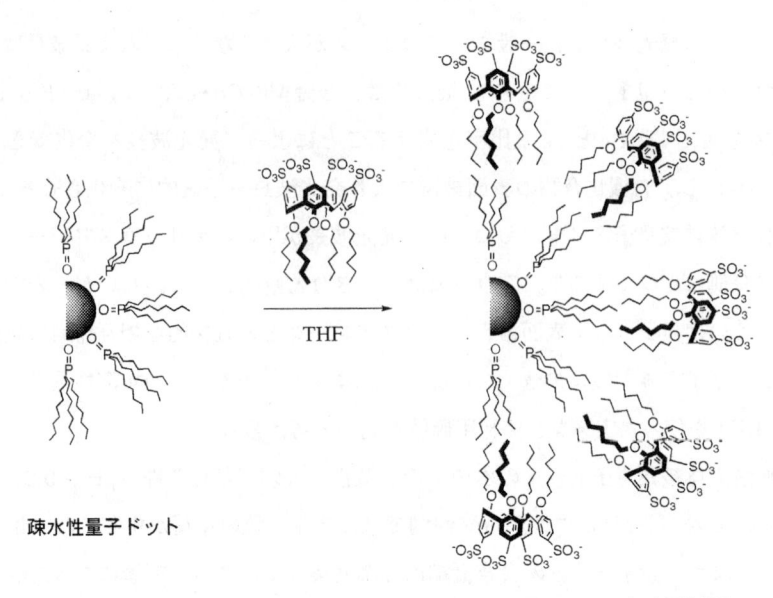

図7 スルホン化カリックスアレーン誘導体による量子ドットの表面被覆

光消光を示すことである。他の神経伝達物質であるグルタミン酸，GABAにはほとんど蛍光応答を示さないが，モノアミン系の神経伝達物質であるヒスタミンやアセチルコリンの加水分解物であるコリンには，アセチルコリンの場合に比べそれぞれ13％および50％程度の蛍光消光を示す[8]。量子ドットの表面で，おそらくスルホン化カリックスアレーンによってアセチルコリンの第4級アンモニウムイオン部位が包接化[36]され，量子ドットの蛍光消光を引き起こすものと考えられる。

4 その他の両親媒性カリックスアレーンによる量子ドットの水溶化

我々は，チアカリックス[4]アレーンのカルボン酸誘導体を使った高輝度水溶性量子ドットの調製にも成功している[37]。この場合，水溶性量子ドットは，銅イオンに選択的な蛍光センサーとして機能する。両親媒性カリックスアレーン類には，上述した以外にもさまざまなタイプのものが知られている[31]。アミノ基，アルコール性水酸基，糖鎖，ペプチドなどをもつ両親媒性カリックスアレーンによっても水溶性量子ドットの合成は可能であろう。両親媒性カリックスアレーンは，被覆剤として機能するだけでなく，量子ドット表面での分子（イオン）認識場の構築に繋がるため，今後，カリックスアレーン被覆量子ドットを用いた蛍光センサー（指示薬）への発展が期待できる。

第13章　表面の化学修飾による量子ドットの水溶化

5　おわりに

　量子ドットを蛍光プローブとして応用するために，これまで様々なタイプの表面被覆剤が開発されてきた。しかし，現在のところ，高輝度，安定性，分散の小さな粒径サイズ，作製法の簡便さ等の条件をすべて満足する汎用的な表面被覆剤はないといってよい。研究目的にあわせて様々な被覆剤が用いられているのが現状である。

　今後，量子ドットを in vivo イメージングの分野でさらに発展させるためには，生体毒性の低い安定な高輝度水溶性量子ドットの大量合成法の確立が必須である。生体レベルでのイメージングにおいては，最近，光だけではなくMRIやPET，X線断層撮影などにコントラストをもつ高輝度近赤外量子ドットの開発が望まれている。水溶性量子ドットを作製するための表面被覆剤，被覆法，また表面構造の研究は，マルチモーダルな量子ドットプローブを開発するために今後さらに重要性を増すものと考えられる。

文　　献

1) 最近の総説，たとえば a) F.Pinaud et al., *Biomaterials*, **27**, 1679 (2006); b) J.M. Klostranec and W.C.W. Chan, *Adv. Mater.*, **18**, 1953 (2006); c) I.L. Medintz et al., *Nat. Mate.*, **4**, 435 (2005); d) X. Michalet et al., *Science*, **307**, 538 (2005); e) X. Gao et al., *Curr. Opin. Biotechnol.*, **16**, 63 (2005)
2) C.B. Murry et al., *J. Am. Chem. Soc.*, **115**, 8706 (1993)
3) B.O. Dabbousi et al., *J. Phys. Chem. B*, **101**, 9463 (1997)
4) M. Bruchez Jr. et al., *Science*, **281**, 2013 (1998)
5) W.C.W. Chan and S. Nie, *Science*, **281**, 2016 (1998)
6) T. Jin et al., *Chem. Commun.*, 2829 (2005)
7) T. Jin et al., *Chem. Commun.*, 4300 (2005)
8) T. Jin et al., *J. Am. Chem. Soc.*, **128**, 9288 (2006)
9) R.E.Baily and S. Nie, *J. Am. Chem. Soc.*, **125**, 7100 (2006)
10) J. Aldana et al., *J. Am. Chem. Soc.*, **123**, 8844 (2001)
11) S. Jeong et al., *J. Am. Chem. Soc.*, **127**, 10126 (2005)
12) H. Mattoussi et al., *J. Am. Chem. Soc.*, **122**, 12142 (2005)
13) F. Dubois et al., *J. Am. Chem. Soc.*, **129**, 482 (2007)
14) W. Jiang et al., *Chem. Mater.*, **18**, 872 (2006)
15) S. Kim and M.G. Bawendi, *J. Am. Chem. Soc.*, **125**, 14652 (2003)
16) J.A. Kloepfer et al., *J. Phys. Chem. B*, **109**, 9996 (2005)

17) Q. Wang *et al.*, *J. Am. Chem. Soc.*, **129**, 6380 (2007)
18) D. Gerion *et al.*, *J. Phys. Chem. B*, **105**, 8861 (2001)
19) W. Guo *et al.*, *Chem. Mater.*, **15**, 3125 (2003)
20) F. Pinaud *et al.*, *J. Am. Chem. Soc.*, **126**, 6115 (2004); S. Santa *et al.*, *Chem. Commun.*, 3144 (2005)
21) S-K. Kim *et al.*, *J. Am. Chem. Soc.*, **127**, 4556 (2005)
22) T. Nann, *Chem. Commun.*, 1735 (2005)
23) K. Palaniappan *et al.*, *Chem. Commun.*, 2704 (2004); K. Palaniappan *et al.*, *Chem. Mater.*, **18**, 1275 (2006)
24) C.-Y. Chen *et al.*, *Chem. Commun.*, 2603 (2006)
25) A.M. Smith *et al.*, *Phys. Chem. Chem. Phys.*, **8**, 3895 (2006)
26) A. Hoshino *et al.*, *Nano. Lett.*, **4**, 2163 (2004)
27) http://probes.invitrogen.com/products/qdot/
28) http://www.evidenttech.com/
29) B. Dubertret *et al.*, *Science*, **298**, 1759 (2002)
30) 例えば，X. Wu *et al.*, *Nat. Biotech.*, **21**, 41 (2003); E.-C. Kang *et al.*, *Chem. Lett.*, **33**, 840 (2004); X. Gao *et al.*, *Nat. Biotech.*, **22**, 969 (2004); T. Pellegrino *et al.*, *Nano. Lett.*, **4**, 703 (2004); H. Fan *et al.*, *Nano. Lett.*, **5**, 645 (2005); W.J.M. Mulder *et al.*, *Nano. Lett.*, **6**, 1 (2006); H. Duan and S. Nie, *J. Am. Chem. Soc.*, **129**, 3333 (2007)
31) Z. Asfari *et al.*, "Calixarene 2001", Kluwer Academic Publishers, London (2001)
32) F. Osaki *et al.*, *J. Am. Chem. Soc.*, **126**, 6520 (2004)
33) 特許：特願2004-275675（日本），特願20046-536415（国際出願，PCT/JP2005/017493）
34) S. Shinkai *et al.*, *J. Am. Chem. Soc.*, **108**, 2409 (1986)
35) フィルターで溶液が透明にならない場合は，会合している量子ドットあるいはTOPOを遠心（10,000G程度）で取り除くこともできる。また，水溶性量子ドットは超遠心（600,000G程度）で分離することができる。
36) T. Jin, *J. Inclu. Phen.*, **45**, 195 (2003)
37) T. Jin *et al.*, 論文投稿中

第IV編
量子ドット特性の利用

第14章 半導体ナノ粒子複合体を用いる機能性材料の創製と応用

金原　数*

1　ナノ粒子

　半導体をはじめとする無機材料の物性は，粒子のサイズをナノメートル程度のスケールにまで小さくしていくと，バルクではみられない性質を示し始める。このような現象は量子サイズ効果と呼ばれている。具体的には，特徴的な呈色，発光性，高い触媒活性などを示すことがあり，近年このような微粒子を利用した材料が注目を集めている。ナノ粒子の示す光学的性質の代表的な例は，金ナノ粒子などの貴金属微粒子で観測される表面プラズモン共鳴による特徴的な可視領域の吸収と，半導体ナノ粒子などにみられる蛍光波長の短波長シフトである。これらの性質はナノ粒子のサイズや環境の変化を敏感に反映して変化し，また光学的あるいは電気化学的特性に優れているため，センシング材料としての応用が検討されてきた[1]。

　ナノ粒子は表面積が大きく，多くの場合水中で不安定なコロイドを形成するため，ちょっとした環境変化により容易に凝集してしまう。このため，通常は凝集を防ぐためナノ粒子の周りを親水性基あるいは疎水性基で覆うことで，水中あるいは有機溶媒中で凝集しないよう安定化させる。半導体ナノ粒子として代表的なCdSやCdSeの場合，短波長側にシフトした蛍光発光がナノ粒子としての大きな特徴であるが，凝集すると系外に排出されてしまうため，この蛍光性を利用できなくなる。生体関連材料等への応用を考えた場合には，とりわけナノ粒子を水中で安定に分散する必要があり，このため種々の安定化剤が開発されてきた。またこれとは別に，ナノ粒子そのものの安定性・耐久性向上のため，表面を安定性の高い物質で覆ったコアシェル型のナノ粒子が多く作られている。

　ナノ粒子の調製は，一般的には安定化剤の存在下，原料となる無機塩の化学反応により粒子を成長させる。粒子の大きさは，反応液の濃度，反応温度，および反応時間により調節可能である。また1990年代に入り，ナノ粒子形成のテンプレートとしてタンパク質を利用した例が報告されるようになった。代表的な例は，生体内で鉄イオンを貯蔵することが知られているフェリチンを利用したナノ粒子の形成制御であり，S. Mannらによって先駆的な研究がなされた[2]。タンパク

---

*　Kazushi Kinbara　東京大学　大学院工学系研究科　化学生命工学専攻　准教授

質等の生体分子の大きさがちょうどナノ粒子の大きさと同程度であることから，様々な生体分子／ナノ粒子複合体が報告され，その応用の可能性も多岐にわたる。本稿ではナノ粒子を用いた機能材料のうち半導体ナノ粒子として知られる硫化カドミウム（CdS）ナノ粒子を中心に焦点をあて，特にタンパク質との複合体に関する最近の研究動向について概観する。

2 タンパク質とナノ粒子の複合化

　ナノ粒子とタンパク質を複合化する場合，ナノ粒子上に直接担持する方法と，リンカーを介してナノ粒子と共有結合的に複合化する方法の2通りがある。前者の場合，ナノ粒子への吸着に伴いタンパク質の変性，活性の低下などが起こることが多く，最近では後者により行うことが多い。ナノ粒子と結合し，なおかつタンパク質の適切な部位と反応し，固定化できるリンカーの開発が重要であり，ナノ粒子側の官能基としてはチオール，ジスルフィド，リン，アルコキシシラン，ハロシラン，タンパク質側の官能基としては，マレイミド，アミン，活性エステルなどを導入したものが報告されている[1]。

　多くのナノ粒子は電子線を通さないため，透過型電子顕微鏡により存在を確認することができ，タンパク質の可視化用のラベル化剤として幅広く利用されている。この用途では，特に金ナノ粒子が多く用いられる。金ナノ粒子は，幅広いサイズの粒子が入手可能なことに加え，特にサイズの小さなナノ粒子に関しては，Au_{13}，Au_{55}など，分子量分布を持たない均一な粒子を得ることができることが大きな利点である。また，金ナノ粒子に関しては，後処理として還元的条件下銀イオンで処理することにより銀でコートされたコアシェル型のナノ粒子へと成長させ，コントラストを上げる手法なども知られている[3]。また，金ナノ粒子は，表面プラズモン共鳴により赤紫色の独特の呈色を示すため，クロマトグラフィーによる検出を目的としたラベル化剤として利用されることも多い。また，表面プラズモン共鳴はBIACOREの測定原理として広く知られているが，感度が高いため，タンパク質のコンホメーション変化の検出例なども報告されている[4]。一般的に，ナノ粒子表面には多数のリンカー分子が導入されるため，何も工夫しないと一つのナノ粒子上にタンパク質を一つだけ入れることは難しい。しかしながら最近では，統計的な手法や固相合成を利用した手法などにより，一つのナノ粒子上に一つだけリンカー分子が導入されたラベル化剤が報告されている。また，金ナノ粒子に関しては，マレイミド部位を末端に有するリンカーを一つだけ導入したものがラベル化剤としてすでに市販されている。

　一方，蛍光ラベル化剤としては，非常に強い蛍光を示すCdSあるいはCdSeナノ粒子がよく用いられる。これらの半導体ナノ粒子は，可視光領域に極めて特徴的な蛍光を発する。しかも，その色がナノ粒子のサイズにより大きく変化するため，粒子サイズを制御することにより様々な色

第14章　半導体ナノ粒子複合体を用いる機能性材料の創製と応用

のナノ粒子を入手することができる。CdSナノ粒子などでは，蛍光性だけでなく光化学的な反応性もあるため，蛍光発光条件により不安定化することもある。このため，初期にはナノ粒子の表面を有機物で覆って安定化していたが，最近では特に発色の安定性を向上させるため，表面をZnSなどでコートしたコアシェル型のナノ粒子が用いられることが多い。ZnS/CdSe系については市販されているものもある。コアシェル型ナノ粒子の表面を様々な官能基により修飾することで，幅広い応用が試みられている。半導体ナノ粒子の利用法としては，単なる蛍光ラベルとしての利用の他に，蛍光共鳴エネルギー移動（FRET）を利用した検出例が多い。強い発光が特徴的に見られるため，その消光の度合い，あるいは新たな発光の発現などにより物質間の立体的な位置情報を得るのに利用される。

　ここまで述べてきた応用は，タンパク質の化学修飾という形でナノ粒子とタンパク質の複合体を得る汎用的な応用手法であるが，タンパク質を鋳型として用いてナノ粒子合成を行うと，より直接的に複合体を得ることができる。この手法のメリットはナノ粒子表面に安定化剤を添加する必要がなく，ナノ粒子の物性をより直接的に利用できることにある。数あるタンパク質のうち，中空タンパク質はナノメートルサイズの空孔を有するものが多く，ナノ粒子のサイズ制御に適している。先駆的な研究は先に述べたS. Mannらによるフェリチンを利用した合成で，実際に酸化鉄ナノ粒子を得ることに成功しているが[2]，他にもフェリチンはいくつかのナノ粒子合成のテンプレートして利用されており[5,6]，得られた複合体を触媒反応へと応用した例もある[7]。また，フェリチンと銀結合ペプチドのキメラタンパク質を用いた，銀ナノ粒子の合成例も報告されており，その利用可能性が拡大しつつある[8]。一方，最近ではDpsと呼ばれるより空孔の小さなタンパク質を鋳型とすることで，同様にferritinを用いた場合（直径7nm）よりも小さなCdSナノ粒子（直径4.2nm）を合成できることが報告されている[9]。

　ナノ粒子の実際的な応用を考えた場合，ナノ粒子の規則的な配列を作ることは重要である。高分子マトリックスはナノ粒子を適度に分散させるだけでなく[10]，その配列を制御する手段としても注目されている[11,12]。合成高分子を利用した最近の例では，デンドリマー（樹状分子）を側鎖に有するポリマーを鋳型としてナノ粒子を合成することで，ネックレス状にナノ粒子が配列した集合体が得られている[13]。また，単純に単層カーボンナノチューブ上にCdSeナノ粒子を自己組織化した例も報告されているが[14]，さらに超分子化学的な観点からナノ粒子を配列させる研究も盛んに行われている。Stuppらは，末端にアルキル鎖を導入したオリゴペプチドからなる両親媒性ペプチドが形成するナノファイバー（直径6～8nm）の存在下CdSナノ粒子を生成させると，ナノファイバーがCdSナノ粒子で覆われることを見いだしている[15]。同様に，グリコリピッドから成るらせん状のナノチューブ（直径150～400nm）の表面にアミノ基を導入することにより，CdSナノ粒子をこのナノチューブの周りにらせん状に配列させた例も報告されてい

る[16]。また，生体分子を活用した興味深い例としては，遺伝子工学的に変位を導入したウィルスを利用して，ナノ粒子の配列パターンを制御した例が報告されている[17]。この手法は，様々なウィルスへと展開できると考えられる。また，筒状タンパク質の2次元結晶化を利用して，2次元的規則性をもったナノ粒子の2次元配列が作られている[18]。

一方，より実用性を意識した研究としては，CdSナノ粒子表面に水素結合性官能基を導入することで，電極上に高効率にナノ粒子を配列できることが報告されている[19]。また，CdSナノ粒子上にヌクレオチドを導入し，塩基対形成を利用してCdSナノ粒子を自己組織化することにより，光電素子が構築されている[20]。さらに，CdSナノ粒子をセンシング材料へ応用した例としては，CdSナノ粒子とペプチドを複合化させた材料を用いて，ペプチドの定量的検出を行った例が報告されている[21]。この例では，直径12nm程のCdSナノ粒子表面にthiovanic acidを固定化することにより表面にカルボキシレート基を導入している。ペプチド鎖が相互作用することにより，ナノ粒子由来の蛍光が増減することが明らかになっている。さらに，この現象を利用して，ペプチド鎖の定量的解析を行うことに成功している。また，電極上にCdSナノ粒子の単層膜を作成し，酸化型あるいは還元型のチトクロームCの存在下，光誘起電流を生じさせることに成功した例も報告されている[22]。一方，生体分子への応用には至っていないが興味深い例として，シリカ粒子の中に，CdSナノ粒子を閉じこめた，ジングルベル型複合体が報告されている[23]。この複合体中のCdSナノ粒子は光照射により大きさを調整することができる。このため，シリカ内部で適切な大きさにまで削ることにより，内部にゲスト包接空間を持ったユニークな複合体を調製できる。この取り込み能を制御することを利用して，センシング材料を開発できるのではないかと期待されている。また，生体分子への直接的な適用は行われていないが，ポリスチレン／ポリアクリル酸ブロック共重合体でコートしたCdSナノ粒子が，化学的環境の変化に応じて発光を変化させることが報告されている[8]。

3 シャペロニンとCdSナノ粒子の複合化

前節でも紹介したように，生体分子，とりわけタンパク質とナノ粒子との複合材料は様々な応用が期待されている。これらの中で，生体分子機械とナノ粒子とを複合化させると，刺激に応答してナノ粒子をダイナミックに扱うことのできる，動的な複合体を得ることができる。本節では，これを実現したシャペロニンと硫化カドミウムナノ粒子との複合体について解説する。

シャペロニン（chaperonin）は，内部に筒状の空孔を有する巨大タンパク質であり，分子機械の一つとして知られている。大腸菌由来のシャペロニンであるGroELの場合，7個のサブユニット（60kDa）が会合することでドーナッツ状の環状構造を作り，さらにそれらが二つ重なった

第14章 半導体ナノ粒子複合体を用いる機能性材料の創製と応用

ダブルデッカー型の円筒構造をしている[24]。これは高さ約14nm，外径は約14nmほどの円筒であり，中央には内径4.5nmに達する巨大な空孔が存在する（図1左）。総分子量は840kDaにもなり，タンパク質の中ではかなり大きな部類に属する。高度好熱菌由来のシャペロニン T. th. cpn の場合（図1右），GroELの空孔の一方の入り口をキャップする形で，別のサブユニット集合体が会合しており，全体として，弾丸のような形になっている。GroELが実際に細胞内で機能を発揮するときには，コシャペロンとしてちょうどキャップのようにはたらくGroESが作用して弾丸状の会合体が形成される。結果的に，GroEL，T. th. cpn.いずれも細胞内での機能発現に関しては，ほぼ同じメカニズムで進行すると考えられている。

　シャペロニンの細胞内での役割は，様々な刺激により変性して高次構造の崩れたタンパク質が，再び元の正しい立体構造へと折り畳む（リフォールディング）のを手助けすることである。シャペロニンの名の由来である「シャペロン（chaperon）」とは介添人の意であり，タンパク質がリフォールディングするのを介添えするタンパク質，ということでシャペロニンと呼ばれている。シャペロニンの機能をもう少し具体的に説明すると，生体内でまず変性したタンパク質を空孔内に取り込む。ここでは，正しい構造のタンパク質と比較して変性したタンパク質の方が疎水性が高いことを利用して取り込む。すなわち，シャペロニン空孔の入り口付近が疎水性になっているため，変性タンパク質が選択的に空孔部と相互作用を起こして会合し，最終的に取り込まれる。この過程までは特別なエネルギーは必要としない。続いて，会合体にアデノシン三リン酸（ATP）を加えると，GroELにGroESが作用して弾丸状の会合体が形成され，さらにここでATPの加水分解のエネルギーを利用して，変性したタンパク質を正しい構造へとリフォールディングしたの

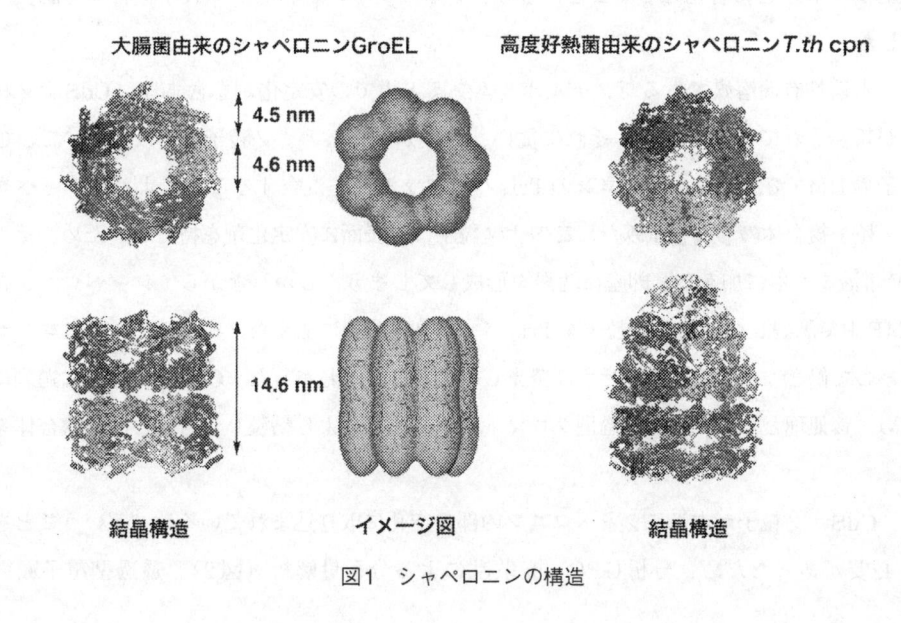

図1　シャペロニンの構造

ちに放出する。このようにして，シャペロニンはATPの加水分解エネルギーを利用してタンパク質の構造を修復する「医者」のような働きをしている。シャペロニンがリフォールディングしたタンパク質を放出する際に，ATPの加水分解と同時に大きなコンホメーション変化が起こり，空孔の形が変化する。この構造変化がシャペロニンの分子機械としての最も大きな特徴である。

これらの特徴から，シャペロニンを材料として眺めたとき他の材料には見られない魅力的な点は，①直径4.5nmという巨大なナノ空間にゲストを取り込むことができる，②ATPを加えると機械的に空孔の形が変化して内包物を放出する，という2点であると考えられる。

さて，シャペロニンGroELあるいは $T.\ th.$ cpnは，内部の空孔の直径が4～5nmほどであり，ちょうどナノ粒子のサイズと同等である。このため，シャペロニンがCdSなどのナノ粒子を安定化する入れ物としてはたらくことが期待される。発光性ナノ粒子を用いるとプローブとして用いることができるため，その挙動をモニターしやすい。そこで，水中では不安定なCdSナノ粒子がシャペロニンに内包されることで安定化し，さらにシャペロニンのATP応答性を利用して，必要に応じてこれを放出する，発光性ナノ粒子に刺激応答性を付与した新しいタイプの複合体を創製することを目指した。

ナノ粒子とシャペロニンを複合化する上で重要なポイントは，ナノ粒子の調製に水溶性溶媒を用いることである。さらに，表面を被覆しないでこれを得られれば，様々なアプリケーションへと展開できる可能性が高まるため，さらに好ましいと言える。そこでまず，シャペロニンを鋳型としてCdSナノ粒子を調製しようと試みたが，CdSナノ粒子の合成条件でシャペロニンが変性してしまうことが分かった。そこで，シャペロニンのバッファ水溶液中であらかじめ合成しておいたCdSナノ粒子と複合化させることにより，シャペロニン／CdSナノ粒子複合体を調製することにした。

幸い，水溶性有機溶媒であるジメチルホルムアミド中での安定化剤を含まないCdSナノ粒子調製法が報告されていたため[25]，それに従い，粒径2～3nmのナノ粒子を得た。続いて，CdSナノ粒子のDMF溶液とシャペロニンのTrisバッファ溶液を混合することにより，シャペロニン／ナノ粒子複合体の形成を試みた。このナノ粒子は，表面に安定化剤を持たないため，そのままDMF溶液を水中に加えると即座に沈殿を形成してしまう。しかしながら，シャペロニン存在下，DMF中で調製したCdSナノ粒子をTrisバッファ水溶液に加えたところ，シャペロニンが安定化剤として働き，水中でも凝集せずに発光し続けることがわかった。CdSナノ粒子は過剰に加えたため，後処理として，ゲル透過型クロマトグラフィーにより精製し，目的とする複合体を得た。

次に，CdSナノ粒子が本当にシャペロニン内部の空孔に取り込まれているか，ということを確認する必要があったため，分析GPC，光散乱による分子量解析（図2），透過型電子顕微鏡

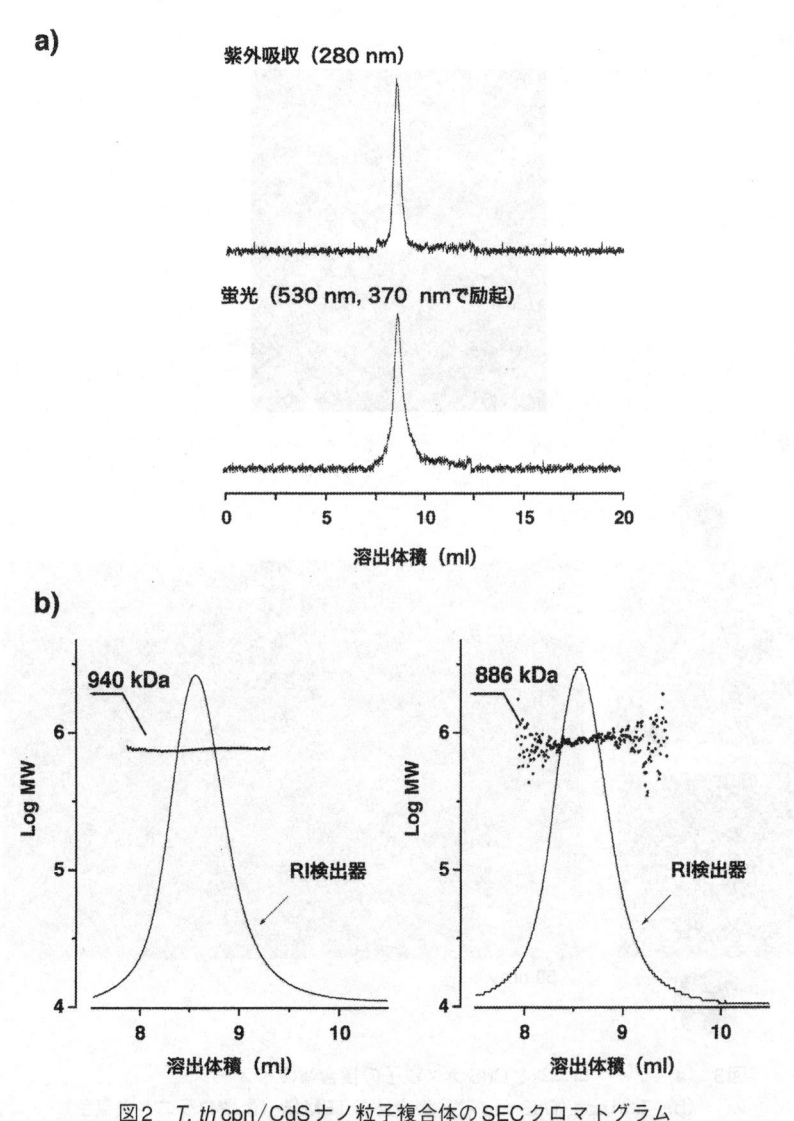

第14章　半導体ナノ粒子複合体を用いる機能性材料の創製と応用

図2　T. th cpn/CdSナノ粒子複合体のSECクロマトグラム
a) 紫外吸収（280nm）および蛍光（530nm，370nm励起）による検出結果，
b) RIおよびMALSによる検出結果。上部のプロットは分子量を表す。

(TEM) 像による解析を行った（図3）。複合体のSECのクロマトグラムを紫外吸収（280nm）と蛍光発光（530nm（370nmで励起））で同時にモニターしたところ，いずれの場合もシャペロニン単独の場合と同様の溶出体積のところにモニターできる成分が観測された（図2a））。この系では蛍光性を有する成分はナノ粒子のみであることから，一つのシャペロニンとCdSナノ粒子が何らかの複合体を作っていることが強く示唆された。さらに，SECと同時に光散乱測定を行い，複合体の分子量を解析したところ，この分子量がシャペロニン単独の場合とほぼ同じである

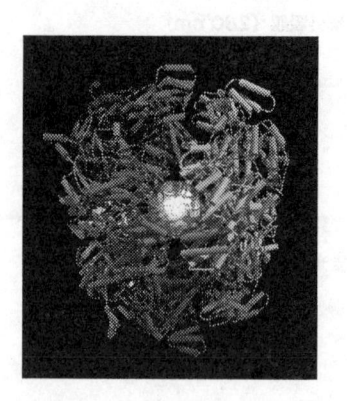

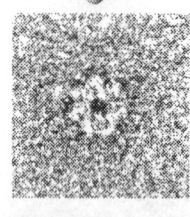

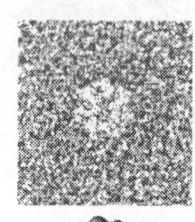

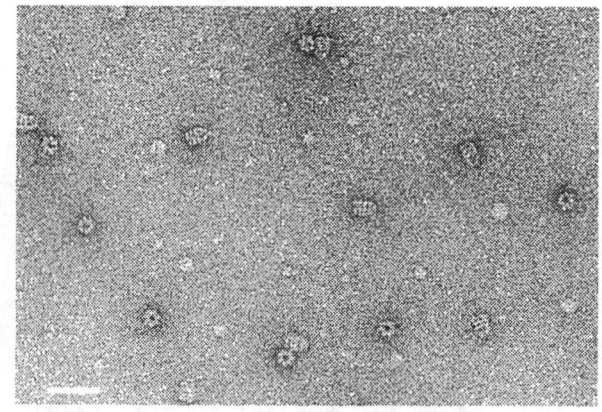

量子ドットの生命科学領域への応用

図3 (a) シャペロニンとCdSナノ粒子の複合体のイメージ図，
(b) T. th cpn/CdSナノ粒子複合体のTEM像（酢酸ウラニル負染色）

ことが分かった（図2b））。この結果から，複合体の構造としては，複数のシャペロニンが1つのナノ粒子を取り囲んでいるわけではなく，シャペロニン1でナノ粒子が複合体を形成していることが強く示唆された。一方，透過型電子顕微鏡（TEM）像によりシャペロニンと複合体を比較したところ，複合体ではシャペロニン空孔の中心にナノ粒子が取り込まれていることが観察された（図3b））。これらの結果を総合的に判断し，CdSナノ粒子が確かにシャペロニン空孔に取り込まれていると結論づけた。

　シャペロニン／CdSナノ粒子複合体は耐熱性が優れており，大腸菌由来のGroELとの複合体では40℃，高度好熱菌由来のT. th. cpnとの複合体では，80℃まで加熱に耐えられることが分

第14章　半導体ナノ粒子複合体を用いる機能性材料の創製と応用

かった。両者の耐熱温度の違いは，シャペロニンが発現する菌の生存可能温度に相当している。このことから，複合体形成によりタンパク質ケージの安定性が低下することはなく，安定な複合体が得られることが分かった。

このように安定な複合体であるが，ここにATP，Mg^{2+}イオン，K^+イオンを複合体の溶液に添加したところ，たちどころに沈殿が生じ，ナノ粒子特有の蛍光が消失した。CdSナノ粒子がTris-HCl水溶液中で凝集したことを示す。すなわちATPに応答してシャペロニンが内包していたCdSナノ粒子を放出したと考えられる（図4a）。ここで重要なことは，このような放出が起こるためには，ATP，Mg^{2+}イオン，K^+イオンの3種が必要であり，いずれかが欠けると全く応答性がなくなるという点である（図4b）。この3種の成分は，生体系でシャペロニンが変性タンパク質のリフォールディングを行うのに必要とされる成分であり，ナノ粒子の放出が，生体系のリフォールディングの過程で起こる機構と同じ原理で起こっていることを強く示唆するものである。

以上のように，シャペロニンが人工物であるCdSナノ粒子を変性タンパク質と同様に取り込み，ATPにより放出する，ダイナミックなキャリアーとして機能することが分かった[26]。

4　まとめ

ポストゲノム時代を迎え，新しい機能をもったタンパク質が続々と発見されている。これらを検出するプローブとしての半導体ナノ粒子の重要性は増す一方である。今後は，よりタンパク質

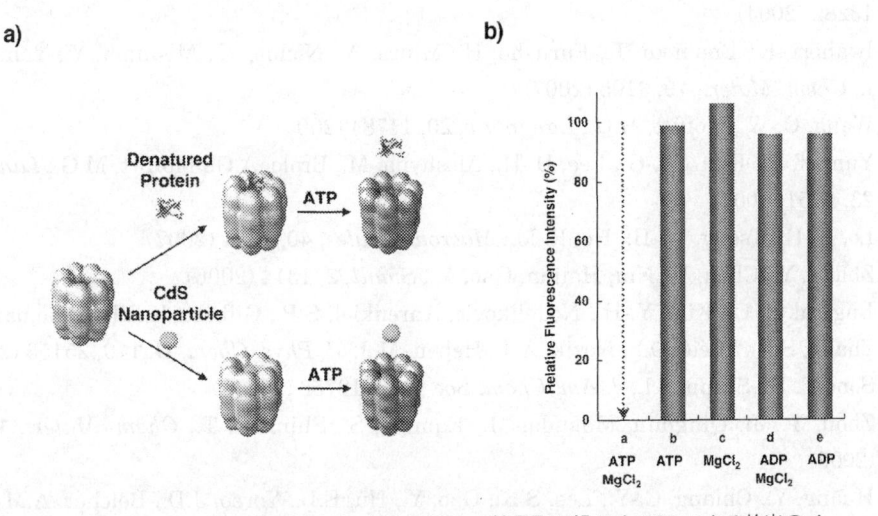

図4　a）シャペロニン（GroEL）によるCdSナノ粒子取り込みとATPによる放出のイメージ図，b）複合体にATP等を加えたときのナノ粒子に由来する蛍光強度の変化。K^+を含むバッファ中での検討結果

に対する選択性を持ったプローブの開発が重要になると思われる。また，これとは全く異なる方向性の研究として，タンパク質とナノ粒子の機能を融合した複合材料の創製も興深い分野である。ナノ粒子のサイズがちょうどタンパク質のサイズと近いことから，ナノ粒子の機能化，タンパク質の機能化，といういずれの視点からも機能材料の設計を行いやすい。シャペロニンのような分子機械に限らず，合成分子では実現できないような高度な機能を有するタンパク質との組み合わせにより，既存の枠を越えた新たな材料が開発されるのではないかと期待される。

文　献

1) Katz, E., Willner, I., *Angew. Chem. Int. Ed.*, **43**, 6042 (2004)
2) Meldrum, F.C., Heywood, B.R., Mann, S., *Science*, **257**, 522 (1992)
3) Gilerovitch, H.G., Bishop, G.A., King, J.S., Burry, R.W., *J. Histochem. Cytochem.*, **43**, 337 (1995)
4) Chah, S., Hammond, M.R., Zare, R.N., *Chem. Biol.*, **12**, 323 (2005)
5) Tsukamoto, R., Iwahori, K., Muraoka, M., Yamashita, I., *Bull. Chem. Soc. Jpn.*, **78**, 2075 (2005)
6) Iwahori, K., Yoshizawa, K., Muraoka, M., Yamashita, I., *Inorg. Chem.*, **44**, 6393 (2005)
7) Ueno, T., Suzuki, M., Goto, T., Matsumoto, T., Nagayama, K., Watanabe, Y., *Angew. Chem., Int. Ed.*, **43**, 2527 (2004)
8) Kramer, R.M., Li, C., Carter, D.C., Stone, M.O., Naik, R.R., *J. Am. Chem. Soc.*, **126**, 13282 (2004)
9) Iwahori, K., Enomoto, T., Furusho, H., Miura, A., Nishio, K., Mishima, Y., Yamashita, I., *Chem. Mater.*, **19**, 3105 (2007)
10) Wang, C.-W., Moffitt, M.G., *Langmuir*, **20**, 11784 (2004)
11) Yunsuf, H., Kim, W.-G., Lee, D.-H., Aloshyna, M., Brolo, A.G., Moffitt, M.G., *Langmuir*, **23**, 5251 (2007)
12) Lo, K.-H., Tseng, W.-H., Ho, R.-M., *Macromolecules*, **40**, 2621 (2007)
13) Zhang, Y., Chen, Y., Niu, Haijun, Gao, M., *Small*, **2**, 1314 (2006)
14) Engtrakul, C., Kim, Y.-H., Nedeljković, Ahrenkiel, S.P., Gilbert, K.E.H., Alleman, J.L., Zhang, S.B., Mićić, O.I., Nozik, A.J., Heben, M.J., *J. Phys. Chem. B*, **110**, 25153 (2006)
15) Sone E, D., Stupp, S.I., *J. Am. Chem. Soc.*, **126**, 12756 (2004)
16) Zhou, Y., Ji, Qingmin, Masuda, M., Kamiya, S., Shimizu, T., *Chem. Mater.*, **18**, 403 (2006)
17) Huang, Y., Chiang, C.-Y., Lee, S.K., Gao, Y., Hu, E.L., Yoreo, J.D., Belcher, A.M., *Nano Lett.*, **5**, 1429 (2005)
18) McMillan, R.A., Paavola, C.D., Howard, J., Chan, S.L., Zaluzec, Nestor J., Trent, J.D.,

第14章 半導体ナノ粒子複合体を用いる機能性材料の創製と応用

Nature Mater., **1**, 247 (2002)
19) Baron, R., Huang, C.-H., Bassani, D.M., Onopriyenko, A., Zayats, M., Willner, I., *Angew. Chem., Int. Ed.*, **44**, 4010 (2005)
20) Xu, J.-P., Weizmann, Y., Krikhely, N., Baron, R., Willner, I., *Small*, **2**, 1178 (2006)
21) Chen, X., Wang, X., Liu, L., Yang, D., Fan, L., *Anal. Chim. Acta*, **542**, 144 (2005)
22) Katz, E., Zayats, M., Willner, I., Lisdat, F. *Chem. Commun.*, 1395 (2006)
23) Torimoto, T., Reyes, J.P., Iwasaki, K., Pal., B., Shibayama, T., Sugawara, K., Takahashi, H., Ohtani, B., *J. Am. Chem. Soc.*, **125**, 316 (2003)
24) Braig, K., Otwinowski, Z., Hegde, R., Boisvert, D.C., Joachimiak A., Horwich A.L., Sigler P.B., *Nature*, **371**, 578 (1994)
25) Murakoshi, K., Hosokawa, H., Saitoh, M., Wada, Y., Sakata, T., Mori, H., Satoh, M., Yanagida, S., *J. Chem. Soc., Faraday Trans.*, **94**, 579 (1998)
26) Ishii, D., Kinbara, K., Ishida Y., Ishii, N., Okochi, M., Yohda M., Aida, T., *Nature*, **423**, 628 (2003)

第15章 量子ドット医薬の開発と分子標的薬物担体への展開

山本健二[*1], 藤岡宏樹[*2], 星野昭芳[*3], 真鍋法義[*4]

　近年，半導体や金属酸化物などのナノ粒子を用いた産業応用が進んでおり，更にその応用は生物から医療応用にまで至っている。ナノ粒子の中でも量子ドットは，一桁ナノメートル程の大きさを持つナノ粒子で様々な機能を持っている。量子サイズ効果は，なかでも代表的な機能である。電子の運動範囲が日常手にとって見られる金属のように制限がなければ，そのバンドギャップは小さい。ところが一桁ナノメートル程の大きさのナノ粒子内では，電子の運動範囲が制限され，その境界条件では，金属元素の電子軌道が著しく大きくなる（量子サイズ効果）ことが，わが国の物理学者，久保博士によって1960年代に初めて提唱された。量子サイズ効果は，実際にマサチューセッツ工科大学金属学のBowendi博士によってカドミウムとセレンとの半導体のクラスターが製造され，実際に示された。この量子サイズ効果によるバンドギャップのため，半導体ナノ粒子は，蛍光を有する。またこの蛍光は，非常に強力で長時間持続するため生物・医療応用に適している。実際，有機蛍光物質を用いて細胞等を通常の蛍光顕微鏡で観察すると，わずか5分足らずで消光するのに対し，量子ドットは，連続1時間以上も観察するに十分な蛍光強度を保つことが可能であり，またその蛍光強度は，非常に大きい。その特性を生かし従来の有機色素では，観察できなかった一分子蛍光イメージングが可能である。

　蛍光イメージングのためには，興味ある分子に結合させる必要性がある。量子ドットは，薬物など低分子から抗体などの高分子にも結合する事が可能である。量子ドットの形状は，小さい場合は，ポリゴン，大きい場合は，ほぼ球状に成っている。ナノ粒子の表面は，その製造プロセスによって異なっている。また量子ドットの構成元素にも依存する。例えば，カドミウムとセレンから成るII族とVI族から成る半導体，インジウムとリンから成るIII族とV族から成る半導体ま

[*1] Kenji Yamamoto　国立国際医療センター研究所　国際臨床研究センター　センター長
[*2] Kouki Fujioka　国立国際医療センター研究所　国際臨床研究センター　流動研究員
[*3] Akiyoshi Hoshino　㈳日本学術振興会　特別研究員；国立国際医療センター研究所　国際臨床研究センター　協力研究員
[*4] Noriyoshi Manabe　㈶医療機器センター　流動研究員；国立国際医療センター研究所　国際臨床研究センター　協力研究員

第15章 量子ドット医薬の開発と分子標的薬物担体への展開

たIV族元素である炭素，シリコン，ゲルマニウムから形成される量子ドットが挙げられる。

量子ドット等ナノ粒子の機能を維持し，また更に機能を高め，また異なる機能を持たすため様々な表面加工法が開発されている。ナノ粒子の表面を安定化するには，量子ドット製造後ZnS等で被覆する方法がある。製造された量子ドットを内殻（コア）にZnSを外殻（シェル）としたコアシェル構造を形成させる方法である。このコアシェル構造は，安定化させるだけでなく量子効率を増加させ蛍光強度を大きくする方法として知られている。また更に二重，三重のシェルを形成させ，粒子の直径を変化させる事が可能である。量子ドットの蛍光は量子サイズ効果によりその粒子径が大きい程長波長の蛍光を持つ事が知られている。そのため異なる蛍光色を持つ量子ドットは，粒子径も異なる。そのため蛍光色が異なれば，細胞生物学的に，また毒性学的にその影響が異なる可能性があり，それを等しく揃えるため表面加工により同じ粒子径で異なる蛍光を発するナノ粒子を製造する事も可能となる。しかしながら，表面加工が十分成されなかった場合，あるいは逆に十分成されすぎた場合，ナノ粒子の機能低下を起こす事もあるので注意する必要性がある。また量子ドットの表面加工は，量子ドットの毒性において極めて重要な要因である。

量子ドットの表面に興味ある分子を結合させる方法については，直接，量子ドット表面に結合させる方法とアダプター分子を介して行なう方法とがある。本稿では，直接量子ドット表面に結合させる方法について，一つの例として，IV族元素のシリコンを用いて説明したい。強い還元剤を用いて製造したシリコンドットの製造直後の表面は，-Si-Hとなっている。このシリコン分子は，分子端にC=C二重結合を有する化合物と適当な触媒で共有結合させることが可能でありSi-Cを生じる。この場合，前述の様に，合成されたシリコン量子ドットは，表面加工を行なわなければ，直ぐ酸化されてしまうため，それを防ぐためにもこのような表面加工を行なう必要性もある。もうひとつの結合方法としては，ナノ粒子表面をZnSで覆いコアシェル型の量子ドットを作成し，メルカプト基を分子端に持つ分子とZn-S-として結合させる方法である。例えばカプトプリルは，システニルプロリンから成るジペプチドのシステイン側のアミノ基をメチル基に変えた誘導体であり，高血圧治療薬としてよく用いられている。そのシステインのメルカプト基を用いてカプトプリルと呼ばれているシステニル・プロリン誘導体と量子ドットと結合させることが可能である（図1に示す）。ホットソープ法で作られた量子ドットは，非水溶性有機化合物で被覆されているため水には溶けない。一方カプトプリルは，水に溶解するため，その非水溶性有機化合物をカプトプリルに置換することによりカプトプリル量子ドット複合体は，水溶性となる。図2の左端のチューブには，非水溶性有機化合物で被覆されている量子ドットを水に混入したもので，蛍光を発している量子ドットが，水と分離しているのが認められる。図2右端のチューブは，カプトプリル水溶液であり蛍光を認めない。中央の二本のチューブは，カプトプリル量子ドット複合体であり，カプトプリルで被覆された量子ドットが蛍光を保ちながら水溶液中に

171

量子ドットの生命科学領域への応用

図1 Quantum dotの作成と可溶化

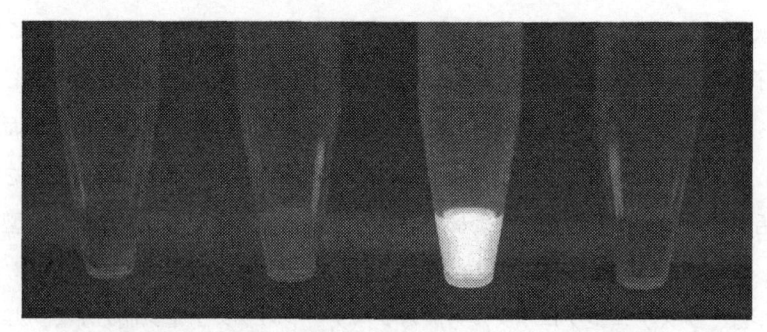

図2 captorilの配位によるQdotの可溶化（カラー口絵参照）
左より Qdot-TOPO, Qdot-captoril(red), Qdot-captoril(yellow), captoril 250mM NaoH水溶液に希釈。

分散しているのが認められる。

　このように薬物を量子ドット表面に結合させる事は，比較的簡単にできる。薬物は比較的低分子化合物が多い。そのため安定に結合させる事が可能である。結合部位を顧慮することにより薬理作用を保持したまま薬物を量子ドットに，安定に結合させることも可能である。高血圧治療薬であるカプトプリルを量子ドットに結合させ，血漿内における異なる濃度において蛍光強度を測定し，蛍光強度・濃度検量線をプロットしたのが図3である。この図では，横軸に量子ドット・

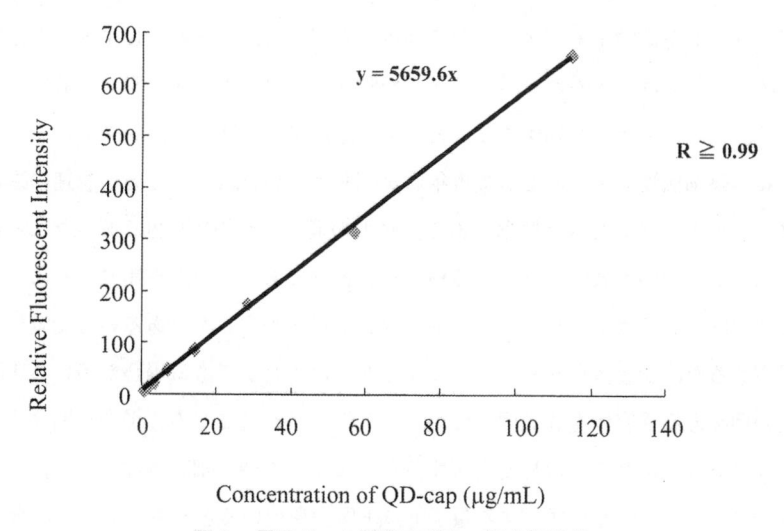

第15章　量子ドット医薬の開発と分子標的薬物担体への展開

図3　量子ドット医薬の輝度・濃度検量線

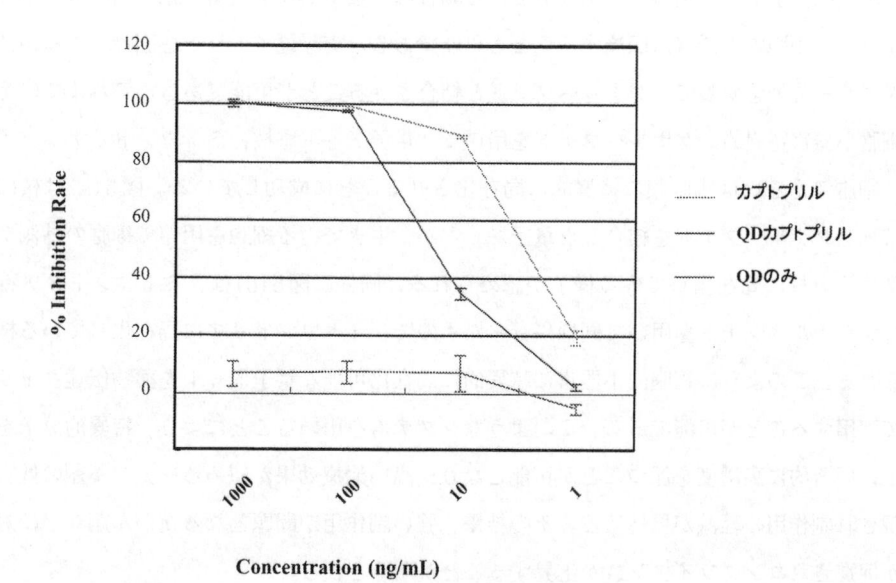

図4　In vitro 濃度・薬効試験

カプトプリル濃度を，縦軸は蛍光強度を表す。この検量線により蛍光用から濃度を推定する事が可能である。量子ドット・カプトプリルの濃度・薬効試験を図4に示す。カプトプリルのみ投与した対照実験は，量子ドット表面についてあるカプトプリルの分量に合わせてプロットしてある。低濃度あるいは，高濃度で両者の活性は一致しているが中間濃度では，約1/3の活性を有する。これは，カプトプリルが量子ドット表面に束縛されているため，自由に運動できる同じ濃度のカプトプリルに比べて起こる現象であると考えられる。

量子ドットの生命科学領域への応用

　実際，量子ドットを薬物キャリアーとして利用する事が可能である。量子ドットは強力な蛍光を有するため，近年では，体外から量子ドットの動態を観察するイメージング機器がいくつか開発されている。このシステムを利用することにより追跡可能な薬剤伝達システムを開発することが可能である。薬剤伝達システムとして近年わが国をはじめ，欧米で開発が急速に進んでいるのは，分子ターゲッティングと言う概念である。ヒトの遺伝子が約2万個であったことからその標的となる蛋白質は，細胞膜表面に存在する様々な受容体である。薬剤を開発するに当たって，それら受容体に対応するリガンドをターゲットにコントロールするか，あるいは受容体とリガンドの結合を阻害するため受容体をターゲットにするかのいずれかである場合が多い。実際，細胞を用いて特定の興味ある受容体を膜表面に発現し，リガンドが既知である場合，開発中の薬物でその受容体・リガンドの結合をどの程度阻害するか，またその時の細胞毒性は十分低いか，などの検討を行うのに量子ドットを担体とする量子ドット医薬を用いると非常に簡単で都合がよい。

　また細胞内分子が，薬剤のターゲットである場合は，量子ドット医薬が細胞内に取り込まれピンポイントに細胞内小器官に伝達することも可能である。実際量子ドットを直接，あるいは適当なアダプター分子を介してシグナルペプチドと結合させることが可能である。これまでにそのような細胞小器官特異的シグナルペプチドを用いて，量子ドットを核，ミトコンドリア，ライソゾーム，細胞質あるいは細胞膜に特異的に局在化させることに成功している。図5(a)は核に特異的な移行シグナルペプチドを結合した量子ドットが，生きている細胞を用いて細胞の外側から細胞内部に入り核に局在化している様子が認められる。同様に図5(b)は，ミトコンドリア特異的な移行シグナルペプチドを用いて同様に行ったもので，ミトコンドリアに局在化している様子が認められる。このように細胞内小器官に特異的に局在化可能な量子ドットを薬物伝達キャリアーとして利用することが可能である。このようなシステムを用いることにより，特異的分子をターゲットに局所的に高濃度を保つことが可能となり，高い治療効果が望める一方で薬剤の低容量化が実現され副作用の軽減が見込める。その結果，強い副作用が問題となる抗がん剤などに対する服薬が促進されコンプライアンスが上昇することが期待される。

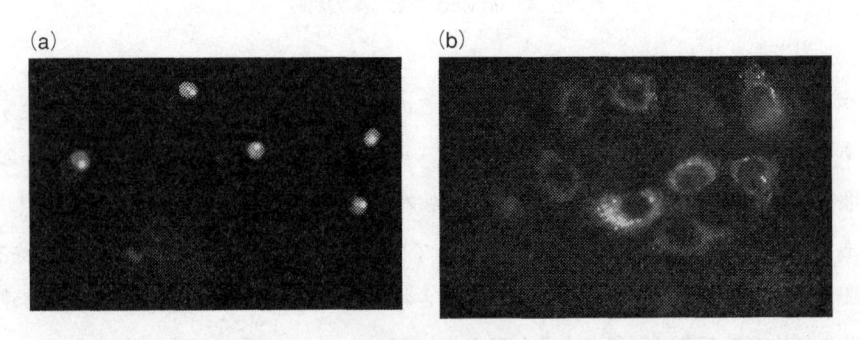

図5　(a) 半導体ナノ粒子の核移行，(b) 半導体ナノ粒子のミトコンドリア移行（カラー口絵参照）

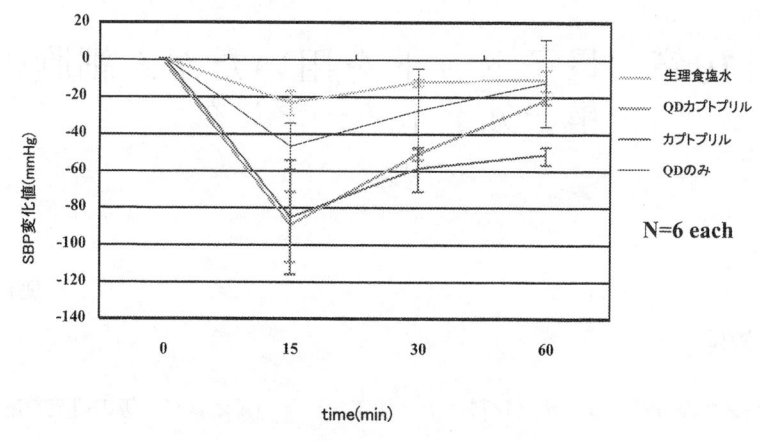

第15章 量子ドット医薬の開発と分子標的薬物担体への展開

図6 高血圧ラットによる動物実験

　最後に，モデル薬物として血圧降下剤であるカプトプリルを用いた量子ドット医薬について紹介する。図6に示すよう，家族性高血圧ラットをモデル動物としてカプトプリルを結合した量子ドットを体内に投与すると15分後には収縮期血圧が投与前は，200mmHgであったものが100mmHg以上の血圧降下作用が認められている。

　前述のように，血中量子ドット医薬の濃度は，検量線を書くことにより蛍光強度を用いて知る事が可能である。量子ドット医薬の血液内濃度変化この濃度変化曲線から量子ドット医薬の半減期を算出することが可能である。このモデル薬物の場合は，約0.6時間と推定され，これは既に報告されている製薬メーカーのものとほぼ一致している。

　またこの量子ドット医薬を動物体内に導入し，蛍光強度を計測することにより経時的な臓器分布について推定することができる。通常，医薬品の経時的臓器分布は，ラジオアイソトープなどを用いて行なわれている。しかしながら追跡機能を備えた，量子ドット医薬を用いることにより，安価で簡便に臓器局在性を経時的に追跡する事が可能である。

　以上の様に量子ドット医薬は，強力な蛍光強度を持続し，その特性を利用して薬物の薬剤伝達担体として利用する事が可能であり，新規薬物開発段階から動物実験また臨床試験に至るまで有利なシステムであると考えられる。またこの蛍光を体外から追跡することにより将来は，個人レベルでの薬物動態を観察することが可能となり，副作用の早期発見が期待される。またがん特異的リガンドと抗がん剤を結合した量子ドット医薬は，がん組織の発見と治療を同時に行うことが可能であり，転移がんなどの治療困難ながんに対し有効であると期待している。

第16章 量子ドットを用いたがん細胞の単一分子イメージング

樋口秀男*

1 はじめに

　ナノサイエンスの分野では、ナノ材料、ナノ加工、ナノバイオロジー等の研究や応用が盛んである[1~3]。応用の中でも、ナノサイエンスで発展した技術を医学に応用したナノ医学そして実用を目指したナノ医療が今後急速に発展すると期待されている。ナノ医学として注目されているのは、ナノ材料を利用して身体の機能や病巣内の生体分子をイメージングする技術である。ここでは、ナノ材料分野で生まれた非常に明るい蛍光性量子ドットを利用して、細胞内やマウス内でのタンパク質1分子の運動や機能をナノイメージングした研究を紹介する。細胞内やマウス内の1分子機能を観ることによって、将来我々の病気を分子レベルで見て、治す技術へと発展することが期待される。

2 量子ドットの優れた蛍光特性と欠点

　半導体材料の結晶サイズが〜10nm以下であるナノ粒子を量子ドットと呼び、量子ドットでは電子が限られた領域に閉じこめられるためにエネルギー順位がとびとびとなる[4]。CdSe、CdS、CdTe、ZnSeなどの物質では、このとびとびのエネルギー順位の差が可視光から赤外光のエネルギー程度となるために、光を吸収し蛍光が発せられる。量子ドットの優れた特性は吸収係数の高さと酸化に強いことである。例えばCdSeでは吸収係数が3百万にも成り、有機蛍光色素やGFP（green fluorescence protein）関連タンパク質の数万から十万と比べると、30倍以上である[5]。量子ドットそれ自体は、無極性溶媒では高い発光効率（量子収率）を示すが、水などの極性溶媒中では消光して、量子収率は非常に小さい。この消光を防ぐために、量子ドットをZnS等でコートすることで、量子収率はもとの高い値に戻る。その量子収率は〜0.4であるので、明るい有機蛍光色素と同程度である。従って、同一強度の光で励起した場合、量子ドットは有機蛍光色素の30倍程度の明るさにすることができる。2つめの特徴の酸化に強い点は細胞やマウス内には酸素

　＊ Hideo Higuchi　東北大学　先進医工学研究機構　ナノメディシン分野　教授

第16章 量子ドットを用いたがん細胞の単一分子イメージング

が必要であるから，これらの系での測定には有用な特性である。有機蛍光色素では，酸素が存在すると容易に不可逆な化学反応を行い，退色してしまうのに対して，ZnSでコートされた量子ドットは酸素濃度にあまり依存せず，退色時間が非常に遅い。例えば，CdSe-ZnS粒子の退色時間は，ローダミン，Cy3, GFPなどの安定は蛍光分子の30〜100倍も遅い。吸収係数の高さと退色時間の遅さから，量子ドットはこれまでの蛍光物質の1000倍程度の蛍光光子を発する桁違いの特長を持っている。

　量子ドットの欠点を知ることも重要なので欠点を2つ上げておく。量子ドット自体の大きさは5〜10nmであり，タンパク質に匹敵するサイズであるが，量子ドットはZnSでコートされた後にさらにポリマーやタンパク質でコートするので最終的な大きさは15〜20nmである。大きいために起こる可能性のある，立体阻害や拡散速度の低下に注意が必要である。もう1つは，量子ドットの発光では点滅（ブリンキング）現象が知られている。量子ドットの発光が消えている時間が短ければ，撮影時間を長くとれば，消えた画像をなくすことができる。時間分解能をあげて観察したいときには，後で述べるような溶液に工夫が必要である。

3　量子ドットの生物科学への応用の概要

　ナノ材料は数々あれど中でも蛍光性量子ドットが現在これほど脚光を浴びているのは，これまでの生物学の歴史と強い関係がある。19世紀中頃には，天然物から抽出された蛍光分子の蛍光が観察され，色素（染料）が人工的に合成された。以来，20世紀前半までに化学分野で蛍光分子の特性や量子化学的な解析がなされた。それ以後，高感度の蛍光分光器や蛍光顕微鏡が進歩し，生物への応用を生化学者や生物物理学者が発展させた。

　蛍光分子で観察・測定できるのは，局在，角度，数nmの距離，環境等である[6]。標識された分子の局在は，蛍光免疫法やGFP法に代表される最も一般的な方法で観察される。角度測定は主に精製されたタンパク質の構造変化や膜タンパク質の回転を検出するのに利用された。数nmの距離測定は，蛍光エネルギー移動（fluorescence energy transfer，FRET）法と呼ばれる，2つの蛍光色素間の距離が数nm以内になると，短波長の吸収波長を持つ蛍光分子（ドナー分子）から発せられた蛍光を他方の蛍光分子（アクセプター分子）が吸収し，アクセプター分子が蛍光を発する量子力学的効果を利用する方法である。環境のセンシングでは，蛍光分子の蛍光強度や蛍光波長が，pH，温度，疎水性，誘電率などによって変化する特性を利用して，環境を色や波長で知る方法である。これらの特性は，量子ドットも同様に利用できるので，今後は，蛍光の特性を駆使して測定対象を広げて行くと期待される。この解説では，局在を扱った例を紹介する。

　生物学の観察の歴史は光学顕微鏡の進歩と深く関係をしている[7〜9]。蛍光観察は初期には，透

過型が用いられた。透過型では，ランプとコンデンサーレンズの間に，特定の励起光が通る励起フィルターを入れて，対物レンズとカメラの間に，励起光をカットして蛍光を通すバンドパスフィルターを入れて蛍光像のカメラ撮影を行う。1970年代に，優れたダイクロミラーができるようになって，このミラーと励起フィルターおよびバンドパスフィルターを1つの部品に組み込んだ現在の落射蛍光顕微鏡が市販され，背景光を劇的に落とすことに成功して暗い像も撮影可能となった。この落射蛍光顕微鏡は，細胞などの厚い試料では背景からの蛍光があるため，コントラストが悪かった。この問題点を解決したのが，1980年初頭に現れた共焦点顕微鏡で，厚い試料でも，光学的切片を取り背景光を劇的に減らすことができた。

　像の記録には1980年頃までは静止画なら写真，動画なら16mmビデオカメラが用いられた。1980年以後，電気記録のCCDカメラや高感度ビデオカメラの性能の進歩と記録媒体の進歩とあいまって，生物分野で蛍光観察に多用されることとなった。現在では，家庭用デジタルカメラやビデオカメラでも蛍光観察は，十分できるまでカメラの性能が上がり，一方コストが下がった。最先端の蛍光イメージングの研究では，カメラ感度を上げるための増幅機構，電気ノイズを低減するための冷却機構を備えた超高感度低ノイズカメラ，例えば冷却式EM-CCDビデオカメラが用いられる。ビデオカメラの画像は，一般にはコンピューターに取り込まれ，画像は情報量が多いので，観たい情報のみを取り出したり，その部分を増強する優れたソフトが利用される。我々が使用している実際の装置を図1に示した。

4　蛍光量子ドットを用いたタンパク質1分子のナノ蛍光イメージング

　有機蛍光分子を用いた，1分子蛍光観察が1995年に日本で初めて成功した[10]。この論文では筋肉モータータンパク質のミオシン有機蛍光分子を結合し1分子を観察したばかりでなく，さらに蛍光分子をエネルギー源の分子であるATPに結合し1分子の化学反応を可視化するなど画期的な研究を行った。この観察方法を利用して1分子の蛍光をラベルしたモータータンパク質の運動が観察された。この蛍光の位置精度は20～50nmほどしか無く，動いているか否かを検出するに過ぎなかった。位置精度を上げ，蛍光の位置の中心を1nm程度の精度で測定できれば，分子の運動をナノメートル精度で決定できるはずである。

　精度をあげるためには，明るい蛍光物質，顕微鏡の振動の減少，背景光の減少，イメージング装置のノイズの低減そして光子数を増加するなどのテクノロジーが必要である（図1）。蛍光材料として，すでに説明した非常に明るいCdSe量子ドットを用いた。中でも，青色や紫外線のような短波長励起は細胞にダメージを与えるので，グリーンレーザーで励起できる量子ドットを用いた。振動の減少には，ナノ計測で培われたノウハウが活かされ，ステージや対物レンズの振動

第16章 量子ドットを用いたがん細胞の単一分子イメージング

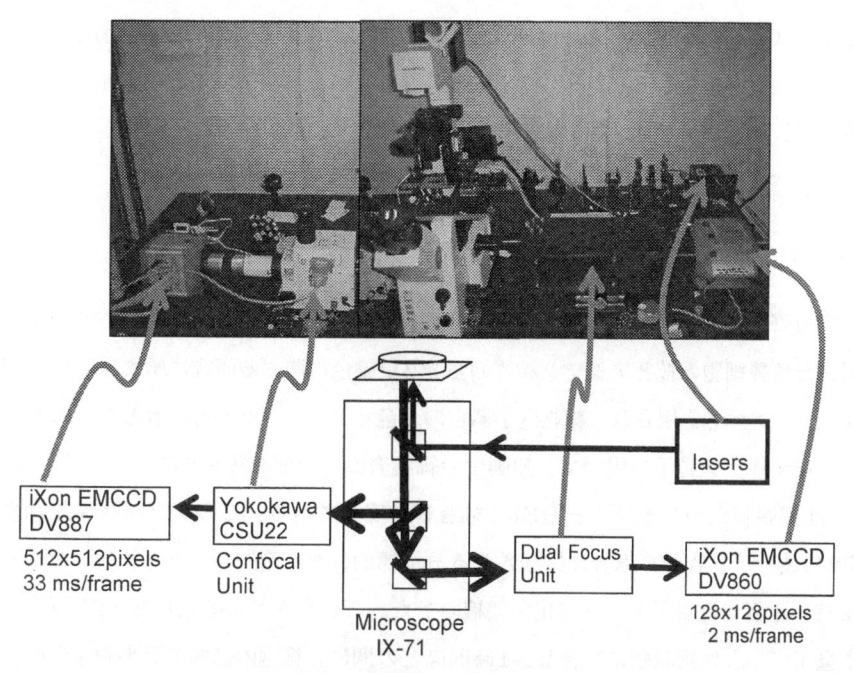

図1 我々が開発した顕微鏡システム

を抑えた。背景光の減少のためには，レーザーからの光を通さず，蛍光のみを透過する優れた光学フィルターが選ばれた。イメージングカメラのノイズの低減と明るいイメージを得るためには，冷却しながら電子増幅するEM-CCDカメラが利用された。光子数の増加のためには，レーザー光を集光して，蛍光を励起する光を強くした[11]。

位置精度sは開口数が1.3の対物レンズを用いた場合，

$$s \sim \frac{\lambda}{2\sqrt{n}}$$

と近似的に表される（λは蛍光波長，nはCCDがカウントする光子数）。蛍光波長が600nmのときに1nmの位置精度を得るためには，光子が約10万個必要である。励起光を非常に強くすると，この程度の光子が得られる。量子ドットでは，退色するまでにカメラで約1億光子を受光できるので，1000フレームの画像を得ることができる。位置精度を10nmに下げれば，10万フレームとなり，ビデオレートなら約1時間（33ms×10万）イメージングが可能となる。

この方法を利用して，細胞分裂や細胞輸送に関与するモータータンパク質であるダイニンやキネシンに量子ドット（CdSe）を結合して，1分子の運動を観察した。EM-CCDによって撮影された画像の蛍光像は，2次元のガウス関数のフィッティングによって，中心の位置を求めた。このような，1分子の蛍光像をナノメートル精度で測定するイメージング法は，FIONA（Fluorescence

Imaging with One Nanometer Accuracy）法と近年呼ばれている。筆者らは，前述の細胞質ダイニンに量子ドットを結合して，2ミリ秒の高速撮影を行い，生理環境に近い条件下（無負荷で高ATP濃度）で，8nmのステップを初めて観察した（図2）[12]。

5 量子ドットによる細胞内ナノイメージング

　細胞生物分野での量子ドットの分子イメージングは，1998年にBruchezらが2種類の量子ドットを用いた培養細胞の核とアクチン繊維の蛍光2重染色に関する研究に始まった[13]。以後，生細胞イメージングへも応用され，細胞内小器官の多色イメージングが行われるようになった。

　我々は，蛍光性ナノ粒子を用いて，運動中の細胞表面の詳細な観測を試みた[14, 15]。乳がんの約30％では細胞膜上のレセプターHER2を過剰発現している。このタンパク質に対する抗体（抗HER2抗体）は，乳がん患者に投与される分子標的抗がん剤（ハーセプチン）である。この抗HER2抗体を蛍光性量子ドットに化学架橋させた。これを乳がん細胞KPL-4と混合したところ，まず量子ドットは細胞膜に結合し，1時間ほどの間に，細胞内に膜ごと小胞を形成して取り込まれた（エンドサイトーシス）。その後，量子ドットを含んだ小胞は細胞内を細胞核に向けて輸送された。この小胞の運動をレーザー共焦点顕微鏡で蛍光観察を行った。対物レンズを上下にずらすことで，観察像の3次元像を取得し，新たに開発された装置にて解析した。330ms毎に9枚の共焦点像を取得し，ひとつの3次元画像を構築した（図3）。そして，量子ドットの3次元位置を取得するため，蛍光強度を重みとした輝点の重心を計算するソフトウェアを開発した。細胞内において，モータータンパク質によって輸送されている量子ドットの位置の経時変化を3次元計測できた（分解能～10nm）（図3）。さらに，その装置で，抗体－量子ドットが細胞膜から核付近に輸送される過程が単一分子レベルでナノイメージングされた。現在では，細胞内のタンパク質や受容体の動態を2nmかつ2ms（画像のビニングを行えば0.3msまで向上できた）の精度で解析することに成功し，ステップ状の運動を捉えることができた（図3）。この

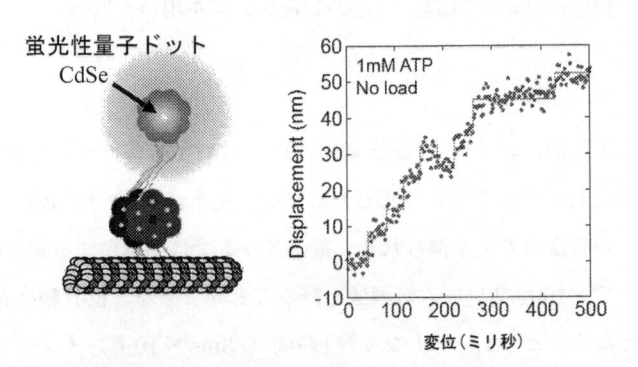

図2　蛍光量子ドット（CdSe）を用いたモータータンパク質ダイニンの1分子ナノイメージング
（左）蛍光量子ドットをダイニン分子に結合し，蛍光像の強度分布をガウス分布でフィットさせて，蛍光輝点の位置を1nm精度で決定した。（右）ダイニン1分子にCdSe量子ドットを付加し，その蛍光像の位置を経時的に解析した例。

第16章 量子ドットを用いたがん細胞の単一分子イメージング

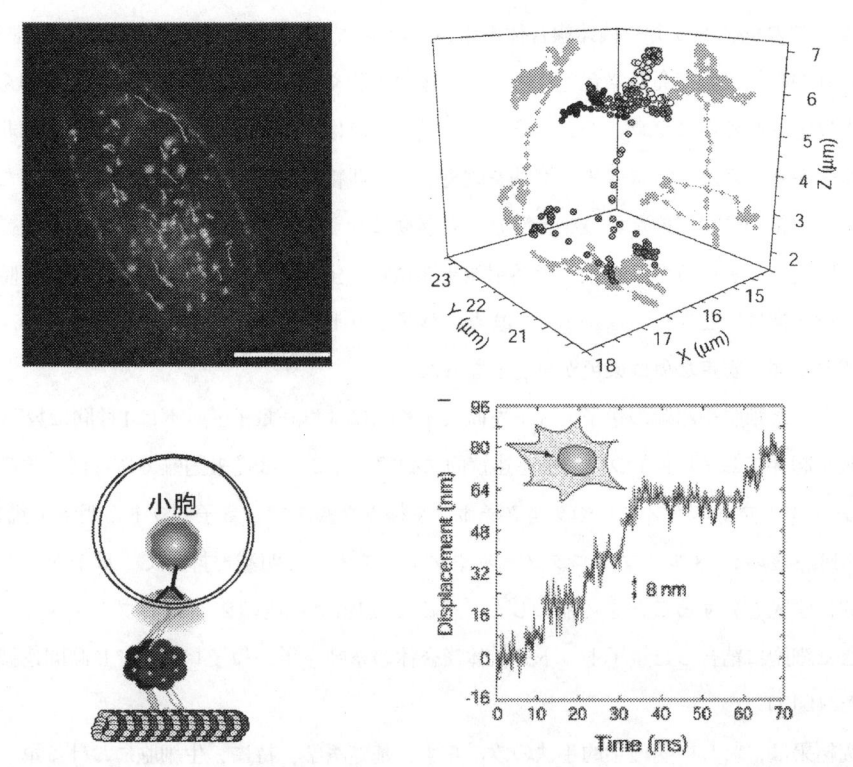

図3 蛍光量子ドットー抗HER2抗体を取り込んだ乳がん細胞の蛍光イメージ（カラー口絵参照）
（上左）白い点が細胞に取り込まれた量子ドットを示し，量子ドットから伸びた線が運動の軌跡を表している。（上右）共焦点顕微鏡を用いて，対物レンズを上下させて量子ドットの中心の位置を3次元的に追跡した。3次元画像は1秒間に3枚えられた。
（下左）細胞内に取り込まれた小胞が，ダイニンで輸送されているイメージ図。（下右）細胞内小胞に取り込まれた量子ドットの運動を，ナノメートル精度で追跡したときの軌跡。8nmのステップ状変位が観測された。

実験により，細胞内の運動は精製したタンパク質の実験系でえられたステップ運動の結果と矛盾しないことが明らかにされた。精製した系では得られない現象として，細胞内では，レールタンパク質の乗り換えや，レール上で停止する現象が見られた。これらの現象のメカニズムの解明は，今後に残された重要課題である。

6 免疫染色における量子ドットの応用

細胞生物学や医学においては，客観的，かつ，高感度に細胞や組織を診断できる定量的手法の開発が必須である。細胞や組織の免疫染色法のために，蛍光量子ドットの優れた蛍光強度と安定性の利点を生かした方法を開発した[16, 17]。量子ドットに乳がん細胞に対する抗HER2抗体を結

量子ドットの生命科学領域への応用

合させた。この量子ドット—抗体複合体を用いてホルマリンで固定した乳がん培養細胞と組織，及び培養乳がん生細胞で免疫染色を行った。抗体の細胞や組織への非特異的な結合を抑えるために抗体を反応させる前にブロッキングを行う。従来法では，量子ドット—抗体複合体は非特異的な結合が多かったので，ブロッキング法を改良して，非特異的な結合を効率的に抑制した。これにより乳がん細胞に特異的な免疫染色観察を高感度に行うことが可能となった。標本を緑色レーザーにて励起，高感度カメラを備えた落射蛍光顕微鏡で蛍光画像を取得した（図4）。1時間観察しても，蛍光像は殆ど劣化しなかった。また，量子ドット単一粒子を容易に観察できた。このように，感度が高く安定な免疫染色が可能となった。

また，生きた細胞や組織の量子ドットを観察する際には単一量子ドットは1秒間に数回～数10回も明滅が起きてしまい，1つの粒子を連続的に観察することは従来困難であった。そこで，還元剤の2-メルカプトエタノールやグルタチオンを様々な濃度で，量子ドットの明滅を観測した。1～10mM程度の2-メルカプトエタノールやグルタチオンは明滅を抑えて，量子ドットが長時間連続的に蛍光を発することを可能にした。そこで，1mM程度の2-メルカプトエタノール存在下で生きた細胞に結合した量子ドット—抗体複合体の挙動を単一粒子レベルで長時間連続的に観察できた（図4）。

本研究結果は，新しい病理学的手法のみならず，基礎医学，特に，生細胞における単一粒子解析やタンパク質動態の解析やナノドラッグデリバリーシステム（DDS）可視化など，薬理研究

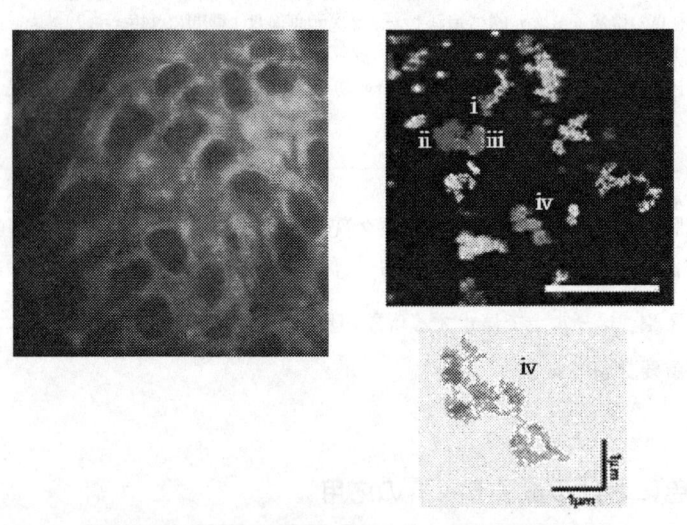

図4 組織を用いた免疫組織染色と生細胞の連続観察
（左）マウスから取り出した腫瘍をフォルマリン固定して，量子ドット—抗体複合体にて染色を行った。写真の1辺は60μmに相当する。（右）還元剤の2-メルカプトエタノールを含んだ培地にて生細胞に量子ドット—抗体複合体を反応させて，蛍光像を長フレーム（2500枚）観察することができた。白い線は，量子ドットの軌跡を表す。下の図では，軌跡を拡大した。

第16章 量子ドットを用いたがん細胞の単一分子イメージング

への貢献が期待される。

7 マウス内 *in vivo* 単粒子イメージング

　細胞内小胞輸送の1分子イメージングで見たように量子ドットは，従来の有機系蛍光色素と比較して，蛍光強度が高く，耐光性が強い。そのため，量子ドットは細胞ばかりでなく，生きた個体の生体内イメージングにも応用できる。特に生体内での単粒子イメージングに用いるプローブとして最適である。我々は，細胞内ナノイメージングで用いたものと同様なテクノロジーを用いて，担がんマウスの生体腫瘍内で小胞に結合した単一量子ドットを追跡することに成功した[18]。量子ドットに，転移性乳がんに対する抗がん剤である抗HER2モノクローナル抗体を約1分子結合させた。一方，マウスにはHER2発現乳がんを埋め込み腫瘍に成長させた，担がんマウスを作製した。この量子ドット−抗体を担がんマウスの尻尾の静脈に注射後，腫瘍内に集積した様子を背部の皮膚に固定した透明な窓を通してイメージングした。単一量子ドット抗体の複合体は，ま

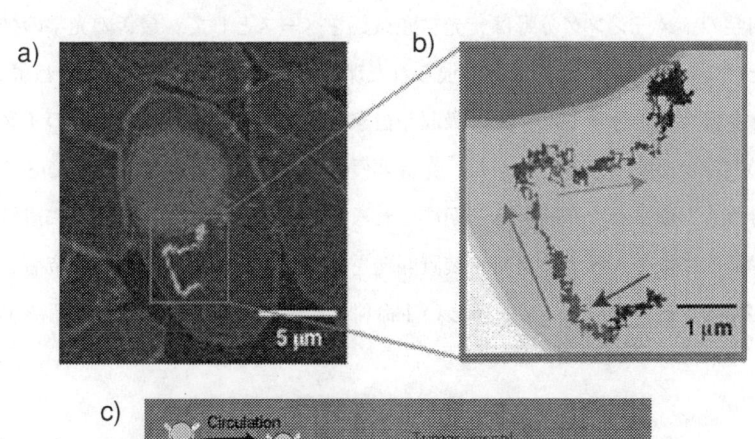

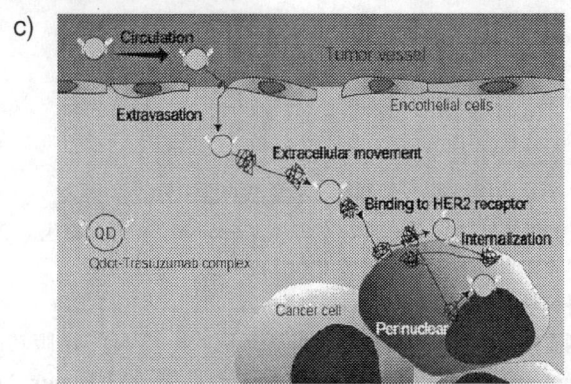

図5　マウス内がん細胞の1分子可視化
a) 生きたマウスのがん細胞の中を運動する単一量子ドットの結合した抗体の運動の軌跡。イメージは共焦点顕微鏡を用いて，ビデオレートで撮影された。b) a図を拡大図したもの。矢印で示した方向に移動した。c) 軌跡を元に速度を計算した。

ず，血管をすり抜けて血管とがん細胞の間の結合組織内に入った。結合組織内では数 μm/secの速い移動と停止を繰り返し，拡散をした。量子ドット抗体ががん細胞に出会うと，細胞に結合し，細胞膜に沿って移動をした。がん細胞に結合した量子ドットー抗体のいくつかは細胞内にエンドサイトーシスし，細胞内を輸送された（図5）。細胞内をモータータンパク質に乗っていると思われる小胞は600nm/sec程度の動きを行い，動いては止まり，動いては止まりを繰り返した（図5）。最終的に，量子ドットを含んだ小胞は，細胞核の付近での遅い小さな動きとなった。

マウスの量子ドットの運動の精度は，2次元にて，30nm，33msの精度であった。細胞内で得られた精度の2nm，2ms（ビニング時0.3ms）に比べて非常に悪い原因は，呼吸や血量に伴う振動と共焦点を用いて，しかもマウス体内から発する自家蛍光強度が高いことなどに起因する。これらが今後解決すべき課題である。

8 おわりに

近年の生命科学のイメージング分野は，光学顕微鏡をベースとして，最新の光学の技術が導入されて発展をとげている。しかし，生命の限られた環境で利用できる技術はごくわずかである。人を含めた個体を扱う医学分野では，光の吸収や自家蛍光の問題があり，細胞等のイメージング法以外に数々の改良が必要である。しかし，光は非侵襲で高感度で診断や治療ができる可能性を有しており，今後もたゆまなく発展すると期待される。特に，量子ドットのように最新のナノテクノロジーを積極的に取り入れて，材料や装置開発を得意とする理工学分野の研究者と医学生物分野の研究者が協同することによって，新しい生命科学や医療が開かれることを期待する。

文　献

1) 川合知二監修, ナノテク活用技術のすべて, 工業調査会 (2002)
2) 柳田敏雄, 石渡信一, ナノピコスペーシングのイメージング, 吉岡書店 (1997)
3) 竹安邦夫編, ナノバイオロジー, 共立出版 (2004)
4) 横山浩編, ナノ材料科学, オーム社 (2004)
5) 小川誠二, 上野照剛監修, 非侵襲・可視化技術ハンドブック, NTS出版 (2007)
6) J.R. Lakowicz, Principles of Fluorescence Spectroscopy, Kluwer Academic/Plenum Publishers, New York (1999)
7) S. Inoue, K.R. Spring著, ビデオ顕微鏡, 共立出版 (2001)
8) 野島博編, 顕微鏡の使い方ノート, 羊土社 (1997)

9) Barry R. Masters, Confocal Microscopy and Multiphoton Excitation Microscopy, SPIE, Washington (2006)
10) T.Funatsu, Y. Harada, M. Tokunaga, K. Saito and T. Yanagida, *Nature*, **374**, 555-559 (1995)
11) 鳥羽栞, 渡辺朋信, 樋口秀男, ナノメートル計測が拓く1分子の世界, バイオテクノロジージャーナル, 羊土社, 600-604 (2006)
12) S. Toba, T.M. Watanabe, L. Yamaguchi, Y.Y. Toyoshima and H. Higuchi, *Proc. Natl. Acad. Sci. USA*, **103**, 5741-5745 (2006)
13) M. Bruchez Jr., M. Moronne, P. Gin, S. Weiss & A.P. Alivisatos, *Science*, **281**, 2013-2016 (1998)
14) T.M. Watanabe, T. Sato, K. Gonda and H. Higuchi. Three-dimensional nanometry of vesicle transport in a living cell using dual-focus imaging optics. *Biochem. Biophys. Res. Comm.*, **359**, 1-7 (2007)
15) T.M. Watanabe and H. Higuchi. Stepwise Movements in Vesicle Transport of HER2 by Motor Proteins in Living Cells. *Biophysical J.*, **92**, 4109-4120 (2007)
16) S. Li-Shishido, T.M. Watanabe, H.Tada, H. Higuchi and N.Ohuchi. *Biochem. Biophys. Res. Comm.*, **351**, 7-13 (2006)
17) X. Gao, Y. Cui, R.M. Levenson, L.W. Chung and S. Nie, *Nat. Biotechnol.*, **22**, 969-976 (2004)
18) Tada, H., H. Higuchi, T.M. Watanabe, and N. Ohuchi. In vivo Real-time Tracking of Single Quantum Dots Conjugated with Monoclonal Anti-HER2 Antibody in Tumors of Mice. *Cancer Res.*, **67**, 1138-1144 (2007)

第17章 生体分子に量子ドットを標識して用いるバイオイメージング

大庭英樹*

1 はじめに

　量子ドットは，これまでに開発され，一般的に広く使用されているフルオロセインやローダミンのような有機系の蛍光色素に比べて，吸収した光子に対する，発光する光子の割合を意味する量子収率が非常に高く，光学物質に吸収される特定波長の光量を指すモル吸光係数も非常に高い[1,2]。また，生体分子に量子ドットを標識させる手法もいろいろと開発されている。これらの理由から，多くの研究者たちによって量子ドットのバイオ技術への応用が試みられ，現在では，量子ドットは各種のイメージングへの応用が可能な次世代の材料として非常に注目されている。
　本章では量子ドットで標識した生体分子を用いてバイオイメージングへ応用する技術について，いくつかの実例を挙げて紹介する。

2 量子ドットによる生体分子の標識化

　量子ドットは金属であることから，そのままでは生体分子と直接結合させることは不可能である。また，ナノサイズであることから，溶媒，特に水溶性溶媒中では容易に凝集してしまう。最近，量子ドットをカルボキシル基やアミノ基などの官能基をもつポリマーや脂質分子で被覆する[3〜5]，あるいは，メルカプト酢酸，ジチオスレトールやペプチドで修飾する[6〜8]，ことにより量子ドットを水溶性化させ，水溶性溶媒中で均一に分散させる方法がいくつか開発されている。これらの方法で処理された量子ドットは，官能基を介して，タンパク質（酵素，ホルモン，リンホカインやサイトカインなどの液性因子，受容体，成長因子，抗体）をはじめ，核酸（DNAやRNAなど），糖質（多糖，ムコ多糖など），オリゴペプチド，オリゴヌクレオチド，などのさまざまな生体分子と共役化できる。C.W. Warrenら[6]はコア部分がCdSe，シェル部分がZnSから構成される量子ドットの表面をメルカプト酢酸で修飾し，官能基としてカルボキシル基を導入している。この表面修飾により，量子ドットは水溶性溶媒中でも凝集することなく分散した状態で

＊　Hideki Ooba　㈱産業技術総合研究所　生産計測技術研究センター　主任研究員

第17章　生体分子に量子ドットを標識して用いるバイオイメージング

存在できる。また，当該量子ドットはEDCA（1-Ethyl-3-（3-dimethylaminopropyl）carbodiimide，hydrochloride）のような脱水縮合剤を用いて生体分子の分子表面に存在するアミノ基との間で縮合反応により化学的な結合を形成させることが可能となる。

3　量子ドットを用いたバイオイメージング技術

3.1　in vitroバイオイメージング技術

(1) がん細胞の識別技術

　糖タンパク質と糖脂質は細胞膜を構成する生体分子である（図1）。これらの生体分子は糖鎖と呼ばれる分子がその末端に化学的に結合しているために，単に細胞膜の構成成分としてだけではなく，細胞接着や，細胞外部の情報を細胞内部に伝えるレセプター分子やアンテナ分子としての役割も担っている。糖鎖の構造は細胞の種類によって異なり，また，がん化などの細胞の変異によっても変化することが知られている。一方，自然界にはこの糖鎖の構造の違いを厳密に識別して，結合するタンパク質が存在し，総称してレクチンと呼ばれている。レクチンはこれまでにさまざまなものが植物の種子や動物の組織から見出され，認識する糖鎖の構造や種類によって細かく分類されている。最近，量子ドットで標識したレクチンを用いて，白血球細胞のがんである白血病細胞を正常な白血球細胞と高感度に識別できることが報告された[9]。用いたレクチンは大豆凝集素（SBA）と呼ばれるものである。SBAをサイズが3nmの量子ドットで標識したもの（QdotSBA）を調製し，これを株化した白血病細胞のJurkatの培養液中に添加して，一定時間培養後，共焦点レーザー蛍光顕微鏡で観察すると，白血病細胞の表面に量子ドットが結合しているために鮮やかな緑色の蛍光を発しているのが分かる（図2．A）。これに対して，QdotSBAを正常な白血球細胞に添加しても，結合しないために，レーザー光を照射しても全く蛍光を発しない

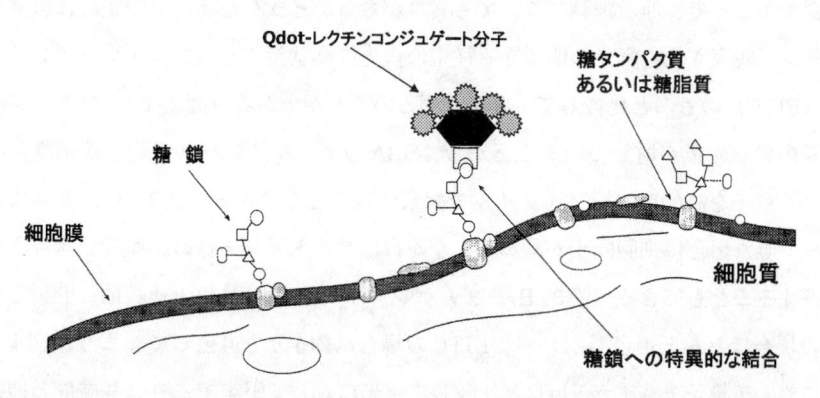

図1　Qdot-レクチンコンジュゲート分子と細胞表面に存在する糖タンパク質糖鎖，あるいは糖脂質糖鎖との結合様式

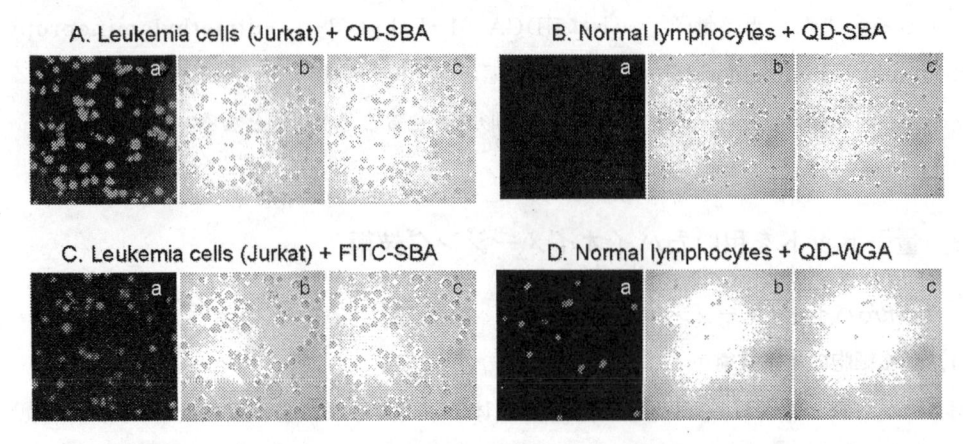

図2 量子ドット標識レクチンとFITC標識レクチンを用いた細胞識別技術(カラー口絵参照)
Jurkat:急性リンパ性白血病細胞株
SBA:大豆レクチン,WGA:小麦胚芽凝集素
a:蛍光画像,b:透過画像,c:a+b

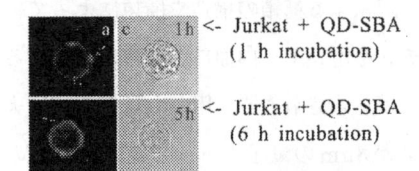

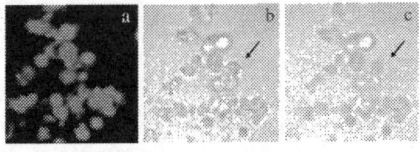

図3 量子ドット標識レクチンと細胞との相互作用観察(カラー口絵参照)

(図2.B)。これはSBAが白血病細胞だけに発現している細胞表面糖鎖を特異的に認識して結合するという(図1),生体分子が持つ分子認識機能を利用したものである。この技術はレクチンの種類を変えることで,他の細胞についても異常があるかどうかを簡便かつ正確に識別することに応用できる。観察される蛍光の明るさも従来の蛍光標識試薬であるフルオロセインイソチオシアネート(FITC)のものと比較して,非常に明るいことが分かる(図2.C)。また,時間経過と共に細胞質内の蛍光量が増していることから,SBAのようなタンパク質分子が細胞質内に取り込まれていく様子を高感度にリアルタイムで観察することもできる(図3.A)。さらに長時間インキュベートした場合に細胞同士が凝集し,なかにはアポトーシス様の細胞死が誘導されている細胞を観察することもできる(図3.B)。また,レーザー光を30分以上連続的に照射しても,量子ドットの場合ほとんど退色しないが,FITCの場合は約5分で退色してしまう(図4.A,B)。これは光に対して量子ドットがFITCと比較して,光に対して堅牢であり,長時間の観察にも適していることを示唆している。

第17章　生体分子に量子ドットを標識して用いるバイオイメージング

A. QD-LECTIN CONJUGATES – DYNAMICS OF THE SIGNAL DURING MICROSCOPIC IMAGING

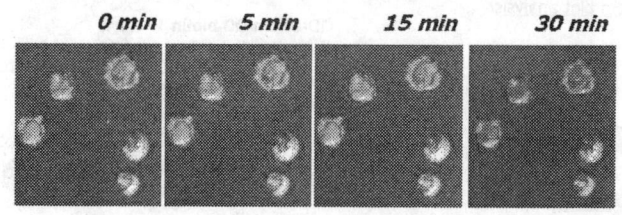

0 min　　5 min　　15 min　　30 min

B. FITC-LECTIN CONJUGATES – DYNAMICS OF THE SIGNAL DURING MICROSCOPIC IMAGING

0 min　　2 min　　5 min

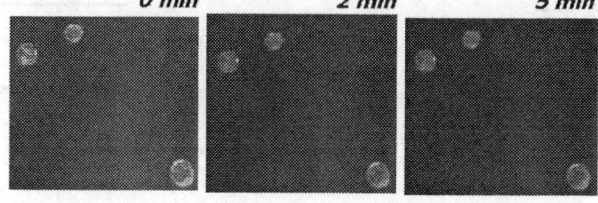

図4　量子ドット標識レクチンとFITC標識レクチンのレーザー照射
共焦点レーザー蛍光顕微鏡：BioRad Radiance 2000

(2) 量子ドットを用いたイムノブロット技術

抗体は抗原と呼ばれる特定の物質とのみ特異的に結合する生体分子である。抗体を用いて，目的とするタンパク質を検出するイムノブロット法が開発されて，すでに20年以上が経過している。しかし，現在でも分子生物学や医学の分野においては細胞や組織中のタンパク質を検出するためには必要不可欠な技術である。特にゲノムの機能解析や全タンパク質（プロテオミクス）解析におけるマイクロアレイ技術の基本となる方法の1つでもある。このようにイムノブロット法は長い間，幅広く利用されているにもかかわらず，これまでに技術的に大きな改善はなされていない。さらに，①定量性に欠ける，②操作工程が煩雑で結果が出るまでに長時間かかる，③再現性に乏しい，④微量のタンパク質を検出するには感度が低すぎる，⑤細胞溶解液から直接に検出できない，⑥タンパク質の沈殿・濃縮などの前処理を必要とする，などの問題がある。これらの問題を解消できる新しい技術として，タンパク質アビジンや生体分子ビオチンと量子ドットを結合した材料を合成し，この材料をビオチンで標識した抗体と組み合わせたイムノブロット法が提案されている[10]。その原理は図4に示すように，まずビオチン標識した抗体が標的タンパク質を特異的に認識して結合する。次に抗体に標識されているビオチンに1個の量子ドット－アビジンが結合する。そのアビジンに量子ドット－ビオチンが結合する。そのビオチンに次の量子ドット－アビジンが結合する。この操作を繰り返すことにより，抗体上に多数の量子ドットが集積され，蛍光強度が増強される。図5では従来のイムノブロット法（A1，化学発光検出）と今回開発した量子ドットを利用した新規イムノブロット法（B1，蛍光検出）の原理をそれぞれ模式的に表している。

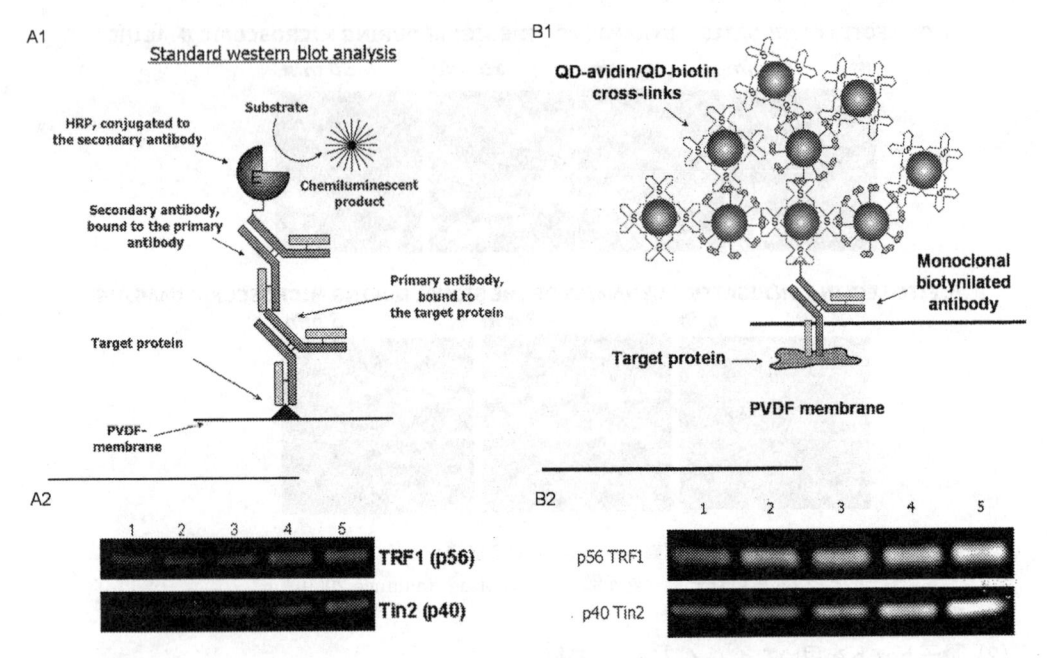

図5　細胞中に存在する微量タンパク質の検出
左：従来のイムノブロット法　A1；スキーム，A2；TRF1およびTin2のバンド
右：量子ドット使用イムノブロッティング解析法　B1；スキーム，B2；TRF1およびTin2
　　のバンド番号は細胞溶解液中での次のそれぞれの目的タンパク質の濃度を示す。
　　1, 10 µg/ml；2, 20 µg/ml；3, 30 µg/ml；4, 40 µg/ml；5, 50 µg/ml．

　この方法により細胞分裂にかかわるTelomeric Binding Factor（TRF1，56KDa）とTRF1-interacting nuclear Protein 2（Tin2，40kDa）の2種類のタンパク質の検出を行ったところ，従来のイムノブロット法では検出が不可能であった（図5A2）これらのタンパク質を，量子ドットを用いたイムノブロッティング解析法では高感度に検出できることが示された（図5B2）。さらに，量子ドットの蛍光シグナルは市販の蛍光測定装置中で連続測定した場合でも約40分間は安定であり，解析や検出データの取得にも適しているという。また，4℃で遮光しておけば，蛍光シグナルに大きな変化は見られず，数週間は安定である。実験に供されたタンパク質は慢性骨髄性白血病細胞に90％以上の割合で発現しているが，ごくわずかにしか存在しないタンパク質であり，この技術を応用すれば，がん細胞のような病態細胞の診断を行える可能性がある。

3.2　in vivoバイオイメージング技術
（1）細胞内バイオイメージング
　量子ドットで抗体を標識することにより，細胞質内に存在して，機能している特定のタンパク質をその場で高感度に分子イメージングすることも可能である。例えば細胞質に存在する繊維状

第17章　生体分子に量子ドットを標識して用いるバイオイメージング

タンパク質のラミン，細胞骨格を構成するアクチンタンパク質，白血病細胞に90％以上の割合で存在するc-ablタンパク質，それぞれに特異的に結合する抗体を量子ドットで標識し，陽イオン性脂質をベースとした両親媒性のトランスフェクション試薬，例えばPULSinkit（フナコシ社）など，を用いて細胞質に取り込ませ，共焦点レーザー蛍光顕微鏡で観察すると，これらのタンパク質の細胞内部での存在箇所や，発現の様子を簡便，かつ高感度に観察，検出することができる（図6）。

(2) 生体内バイオイメージング

現在，がん治療においては，いかに小さな段階でがん組織を検出し，選択的に取り除けるかが，治療成績を向上させる上でとても重要である。そのため，Positron Emission Tomography（PET：陽電子放射線断層撮影法）と呼ばれる診断技術が注目されている。PETはポジトロンを放出するアイソトープで標識された薬剤を注射し，その体内分布を特殊なカメラで映像化する診断法で，がんの性質（悪性度）を診断したり，転移・再発巣の診断をしたりする上で有用性が高い検査である。最近では単なるがんの診断法としてだけではなく，薬物の体内動態や組織のエネルギー代謝を調べる技術としてもその有用性が高く評価されている。しかし，放射性物質を使うために被爆が大きな問題となっている。そこで，量子ドットの高い発光効率と長寿命の性質を利用して生体内でがん細胞や組織のイメージングを行う試みも始まっている。そのひとつに，前立腺特異的膜抗原に対する抗体を融合させた量子ドットをマウスの尾から注射し，一定時間経過した後，マウスに紫外線を照射することにより，前立腺がんを検出した報告がある（図7）[4]。量子ドットを使う利点として，まず量子ドットが近赤外部の波長まで蛍光を有するために皮膚や組織の自家蛍光と区別するのが容易であることが挙げられる。加えて，一励起波長で同時多色観察が

Qdot-抗lamin A/C抗体　　**Qdot-抗β-actin抗体**　　**Qdot-抗c-abl抗体**

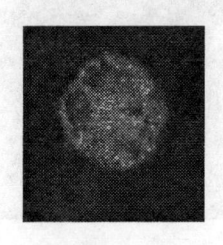

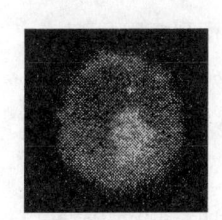

lamin：繊維状タンパク質

actin：細胞骨格タンパク質

C-abl：白血病細胞に高発現し，細胞増殖に関与するタンパク質

図6　量子ドット標識抗体を用いた細胞内タンパク質イメージング

できるため数種類のがんの診断を同時に行うことも可能である。現在のところ，この技術は紫外線が透過するマウスのような小動物では有効である。また，量子ドットの体内動態や毒性等について十分な検討はなされていない。今後，これらの課題が克服されれば，量子ドットを使った診断技術がPETの代替法として実用化される可能性も充分に考えられる。

4 FRET（Fluorescence Resonance Energy Transfer）への量子ドットの応用

4.1 FRETとは

　FRETはドナー分子である蛍光色素を励起した際に励起エネルギーがその近傍に存在するアクセプター分子に移動する現象である。この現象はドナーとアクセプター分子間の距離が1～10nmという非常に広い範囲で起こることが知られている。アクセプター分子が蛍光物質である場合，アクセプター分子からの蛍光が観測されることになる。FRETは分光学定規（optical ruler）とも呼ばれているほど，その効率はドナーとアクセプター分子の距離を反映している。この励起エネルギーが移動する現象は今から40年ほど前に，すでにプロリンを用いたペプチド鎖に異なる蛍光色素を2つ導入することで実証されている[11]。量子ドットはそのサイズや性能において，今後広くFRETへ応用できる蛍光物質として期待されており，これを用いた様々なバイオイメージング技術が開発されるものと考えられる。

4.2 FRETを用いたsiRNAへの量子ドット応用技術

　siRNAは，20～30塩基程度の短い配列で，一部に相補的な配列を持つ遺伝子，mRNAの機能を効率的に低下させることから，遺伝子の機能を解明したり，医薬品へ応用したりすることが期待されている化合物である。しかし，ターゲットであるmRNAが2000～3000

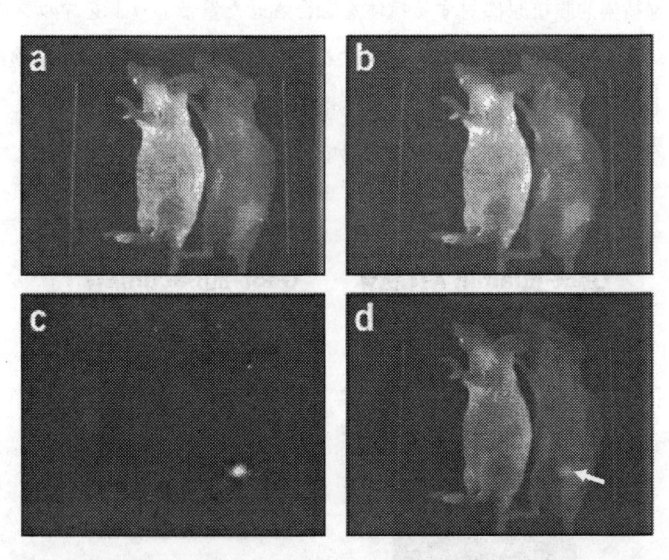

図7　C4-2ヒト前立腺がんを担持したマウスの *in vivo* 蛍光画像
橙色の蛍光シグナル（←）はマウスの前立腺がんを示す。対照として前立腺がんを担持していない健常マウス（左側）を用いた。
(a) オリジナル画像；(b) 自家蛍光画像；(c) 量子ドット画像；
(d) コンピュータ処理画像。
(Gao, X.H. et al. -*Nature Biotech.*, **22**, 969-976 (2004) から引用)

第17章 生体分子に量子ドットを標識して用いるバイオイメージング

塩基程度と大きいためにどの配列を設計するかの明確な指針がなく，通常合成したsiRNAの10％以下しか効果が無いと言われている。

　この問題を解決するために，量子ドットを利用した有効なsiRNA配列のスクリーニング技術が開発されている[12]。本技術では，様々な配列のsiRNAに量子ドットを結合させ，細胞から採取したmRNAに従来の蛍光試薬を結合させ，siRNAとmRNAが近づくことにより起こる量子ドットと蛍光試薬間のFRET現象を利用して，siRNAの効率を推定するものである。

　この場合，最初にsiRNAが結合した量子ドットのみが蛍光を発するような400nm程度の光を照射する。その際に量子ドットが発する光エネルギーを吸収し，蛍光を発する蛍光試薬をmRNAに結合させておけば，量子ドットが吸収したエネルギーは，もう一方の蛍光試薬に遷移して，蛍光を発する。エネルギーが遷移する際には，量子ドットと蛍光試薬の距離が最も重要なパラメータである。ここで用いた量子ドットの場合には，距離（r）が5nm以下の場合が，エネルギー遷移の効率が高く，距離がこれ以上離れると，距離の6乗に反比例して効率が低下する。ここでは，このことを考慮して，量子ドットに適切な距離をおいてsiRNAを結合させている。siRNAのターゲットはmRNA分子であり，mRNA分子には，Cyのような別の蛍光試薬をラベルしている。siRNAとmRNAの相互作用の度合い（距離）が，siRNAの遺伝子機能低下の効果に関連していると考えられるので，既に報告された種々の効果の異なるsiRNAについて，FRETシグナルの強度を測定したところ，両者は，ほぼ比例の関係にあることが分かった。このことから，量子ドットのFRETを用いた方法は，siRNAの効果を簡単に調べる方法として非常に有効であることが分かる。

5　おわりに

　ポストゲノム時代である現在，生体内で機能している分子の役割を機能しているその場で明らかにすることはバイオ研究の大きな目標のひとつである。そのため光反応を利用して生体内で機能する分子をイメージングすることが可能になれば，細胞を破砕した状態では得ることができない生きた状態における分子動態を解明できる。量子ドットはこの目標を達成させるための次世代の蛍光材料として活発な研究開発が行われており，優れた製造方法もいろいろと報告されている。また，量子ドットはその表面に様々な生体分子をコンジュゲートすることにより，*in vitro*や*in vivo*でのバイオイメージング技術として応用できる。

　量子ドットのバイオへの応用研究は始まったばかりである。しかし，紹介したように既に多くの興味ある研究報告がなされ，なかには近い将来，実用化される可能性のある技術もある。

　量子ドットを人に応用するためには，毒性や体内代謝の問題など，まだまだ克服しなければな

らない課題が残っている。しかし，ポリエチレングリコール修飾により量子ドットの生体内滞留時間をコントロールできるという興味ある報告もされている[13]。また，量子ドットの表面に様々な修飾を施して，試験管レベルではあるが，既に量子ドットの毒性をかなり低減することに成功している報告もある[14]。今後，この様なデータが蓄積されることにより，量子ドットを用いた生体内バイオイメージングが実用化される日が来ることを確信している。

文　　献

1) A.P. Alivisatos et al., *Rev. Biomed. Eng.*, **7**, 55 (2005)
2) C.A. Leatherdale et al., *J. Phys. Chem. B*, **106**, 7619 (2002)
3) T. Pellegrino et al., *Nano Lett.*, **4**, 703 (2004)
4) X. Gao et al., *Nature Biotechnol.*, **22**, 969 (2004)
5) B. Dubertret et al., *Science*, **298**, 1759 (2002)
6) C.W. Warren et al., *Science*, **281**, 2016 (1998)
7) S. Pathak et al., *J. Am. Chem. Soc.*, **123**, 4103 (2001)
8) F. Pinaud et al., *J. Am. Chem. Soc.*, **126**, 6115 (2004)
9) Z. Zhelev et al., *Chem. Commun. (Camb.)*, **15**, 1980 (2005)
10) R. Bakalova et al., *J. Am. Chem. Soc.*, **127**, 9328 (2005)
11) L. Stryer et al., *Annu. Rev. Biochem.*, **47**, 819 (1978)
12) R. Bakalova et al., *Nature Biotechnol.*, **22**, 1360 (2004)
13) X. Michalet et al., *Science*, **307**, 538 (2005)
14) Z. Zhelev et al., *J. Am. Chem. Soc.*, **128**, 6324 (2006)

第18章 細胞ストレスのイメージングを目指した糖鎖修飾量子ドットの作製

新倉謙一[*1], 居城邦治[*2]

1 はじめに

　細胞表層の糖鎖は様々なタンパク質リガンドのレセプターとして機能しており，受精・免疫・細胞分化など多様な生体機能に関与するだけでなく，ウイルスや細菌感染，癌の転移にも深く関わっているため生物学のみならず医療・創薬の視点でも重要な生体分子である[1]。例えばインフルエンザウイルスは我々が細胞表層にもつ糖タンパク質の糖鎖を認識して細胞内に感染する。また細胞の癌化に伴い糖鎖異常が起こり，細胞の接着や運動能に影響を与えることで，癌の浸潤や転移と密接に関連している。最近では，癌や炎症が特異的に提示する糖鎖を腫瘍マーカーとして用いる研究も盛んに進められている[2]。

　現在これら糖鎖分子の機能をバイオイメージングという切り口で研究した例はまだ限られている。標的がタンパク質であれば緑色蛍光タンパク質（GFP）との融合遺伝子の細胞内発現などによって，細胞内での動態を追跡することは可能である。しかし糖鎖は遺伝子レベルでの制御は困難なため，イメージングには新たな方法論が必要となる。細胞膜上での糖鎖伸長・糖鎖シグナルによる細胞内物質輸送・糖タンパク質上の糖鎖付加の過程を追跡可能なプローブやイメージング技術は今後糖鎖研究の新たな扉を開くであろう。本章では糖鎖を提示した量子ドットを蛍光プローブとした筆者らの最近の研究を紹介する。

2 糖鎖クラスター効果と糖鎖提示微粒子に関する研究

　糖鎖機能の代表的なものとして糖鎖をシグナルとした細胞内物質輸送があるが，それらをイメージングする研究には，今までに蓄積されてきた糖鎖分子特有の糖鎖クラスター効果に関する知見が役立つであろう（図1）。糖鎖の結合する相手はタンパク質であることが多いが，糖鎖－タンパク質間の結合の特異性は，糖鎖分子の緻密な立体構造に基づく分子認識によって精密に制御

[*1] Kenichi Niikura　北海道大学　電子科学研究所　准教授
[*2] Kuniharu Ijiro　北海道大学　電子科学研究所　教授

されている。しかし，糖鎖－タンパク質間の分子認識が水中での弱い水素結合を基本とするにもかかわらず，タンパク質による比較的強い結合である糖鎖分子認識が観察された。このことから糖鎖が関与する特異的かつ強い分子認識が成立するためには，従来の生体分子間相互作用とは異なる糖鎖特異のメカニズムが必要であると考えられた。糖鎖とタンパク質の親和力は結合点の数によって指数関数的に増幅されるという意外な事実が発見されたのは1978年のことであった。この現象は「糖鎖によるクラスター効果」と呼ばれるもので，米国ジョンズホプキンス大学のY.C. Lee教授がレクチンという糖認識タンパク質と化学合成によってデザインされた種々のガラクトース誘導体を用いた実験により初めて証明した現象である[3]。これらの現象が顕著に現れるのが，生体膜の二分子膜中に存在するスフィンゴ糖脂質が集合したマイクロドメインであり，それら糖鎖クラスターを介した分子認識の重要性が報告されている[4]。以来多価型糖鎖分子や高分子型糖鎖リガンドの合成研究が積極的に行われ，様々な糖鎖密度を持つ糖鎖高分子が報告されてきた。中でも注目すべき研究としてS. Penadesらの糖鎖提示金微粒子の研究がある。彼女らは金微粒子の表層に，化学合成した様々な糖脂質を提示させた糖鎖提示金微粒子の作製法を報告している（図2）[5,6]。微粒子の表層にマイクロドメイン同様に高密度で糖鎖を提示できるため，糖鎖クラスター効果による高い結合力を生み出すツールになることを証明した。彼女らの一連の実験によって糖鎖ナノ微粒子はケミカルバイオロジーにとって有用なツールとなることが示されたが，金微粒子の結果は同じくナノサイズの微粒子である量子ドットにおいてもあてはまるであろう。この微粒子上で発揮されるクラスター効果こそが量子ドットによる糖鎖研究に期待する大き

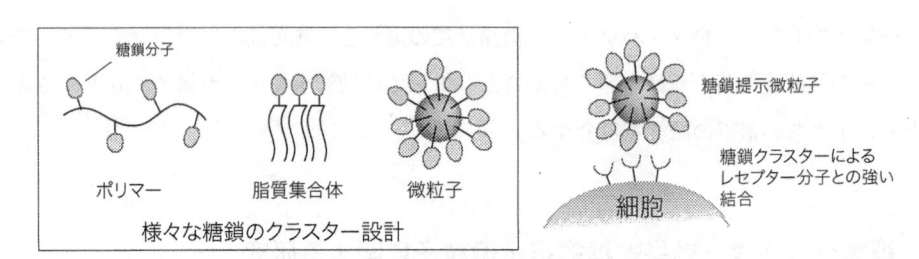

図1 糖鎖クラスター効果を得るための分子設計

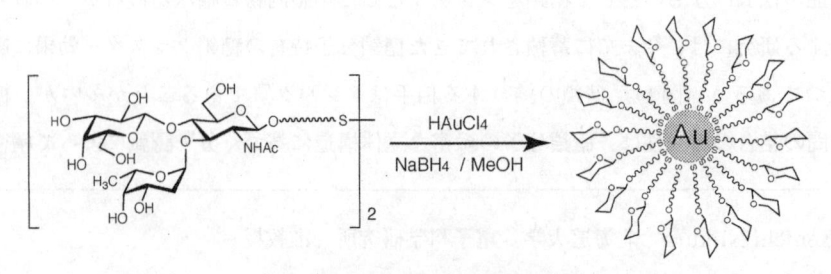

図2 糖鎖被覆金微粒子の作製[5]

第18章 細胞ストレスのイメージングを目指した糖鎖修飾量子ドットの作製

な特性の1つである。

3 糖鎖及び糖鎖関連分子の細胞内イメージング技術に関する研究

　糖鎖の構造解析手法は，糖鎖選択的化学修飾法の開発や質量分析機器の進歩もあり著しい成果があがっている。今後，それらの構造情報を基にした，糖鎖や糖タンパク質の細胞内挙動を直接イメージングする技術もますます重要になってくるであろう。現在，糖鎖の細胞内分布の解析は，抗体や蛍光標識レクチンを用いて細胞や組織切片を染色するという生化学的手法が主流である。しかし細胞を固定化するなどの従来法では，本来ダイナミックであろう糖鎖の付加・解離などを時間とともに追跡することは困難である。現在，それら糖鎖の細胞内挙動を明らかにできる糖鎖プローブ分子の開発や追跡手法の確立が課題となっている。

　現在までに糖鎖の細胞内挙動をイメージングによって解析した例はまだ少ない。その中からいくつか紹介する。M. Monsignyらは牛血清アルブミン（BSA）といったタンパク質側鎖のアミノ基を目的の糖鎖及び色素で化学修飾し，人工の蛍光性糖タンパク質を作製している（図3(a)）[7]。これらの人工糖タンパク質をマイクロインジェクションにより細胞内に注入し，細胞周期に依存した糖鎖依存型の核内移行を蛍光イメージングにより調べている。また最近ではL.K. MahalらがCFPとYFPという異なる蛍光波長を発する2つの蛍光タンパク質と1つのレクチンタンパク質を組み合わせた複合タンパク質をつくった。細胞内で発現した複合タンパク質が糖鎖

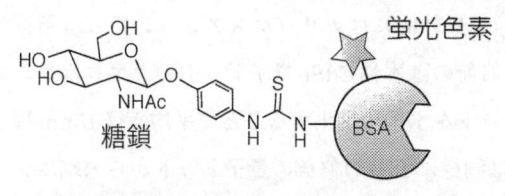

(a) 糖鎖と蛍光色素で化学修飾した人工糖タンパク質[7]

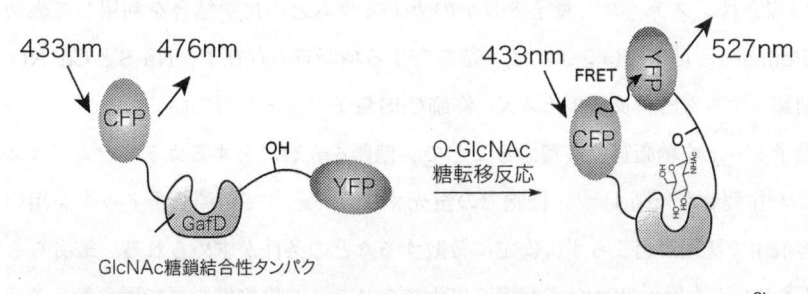

(b) 蛍光タンパクのエネルギー移動を利用した糖転移反応蛍光センサー[8]

図3　細胞内で糖鎖機能解析のための蛍光プローブ

（GlcNAc）修飾されると，引き続き起こるレクチン部位の糖鎖認識によってCFPからYFPへの蛍光共鳴エネルギー移動（FRET）が起こる。GlcNAc付加によって蛍光波長が変化するため，細胞内での糖鎖修飾を追跡するためのセンサーとして応用できることを報告している（図3(b)）[8]。

　色素分子や蛍光タンパク質を用いた糖鎖蛍光プローブだけでなく糖鎖研究を進める上で大変魅力的な材料として，量子ドットが挙げられる。量子ドットをツールとした糖鎖研究には有機分子には無いいくつかのメリットがある。まずは金微粒子同様に強い糖鎖クラスター効果の誘起が期待できる点である。また量子ドットのサイズがタンパク質とほぼ同程度なので糖鎖修飾量子ドットが疑似糖タンパク質として振る舞うことも期待できる。タンパク質には様々なシグナル配列を含んでいるのに対して，糖鎖提示量子ドットはタンパク質構造やアミノ酸配列の影響を受けずに純粋に糖鎖機能を追跡することができる点も重要である。量子ドットを用いたこれまでの糖鎖研究および筆者らの研究成果を次に記載する。

4　糖鎖提示量子ドットの合成法とキャラクタリゼーション

　糖鎖を量子ドットに提示させる手法は近年になっていくつか報告されているのでそれらのいくつかを紹介する。例えばE.L. Chaikofらはビオチンを末端に有し，側鎖にラクトースを有するアクリルアミド型高分子によって量子ドットの修飾を施している[9]。アビジン修飾量子ドットは何種類か市販されており，アビジンとビオチンとの強い結合によってラクトース型高分子で量子ドットを被覆している。また青山らは糖脂質の疎水的な物理吸着を利用して表面に水溶性な糖鎖を提示した量子ドットを作製している[10]。具体的にはカリックスアレーン型の糖脂質とトリオクチルフォスフィンオキシド（TOPO）修飾の疎水性CdSe量子ドットのクロロホルム溶液を用意し，その有機相から糖脂質被覆量子ドットを水相に抽出することで平均直径15nm程度の水溶性量子ドットを得ている。またFangらは同様にTOPO修飾の量子ドットから末端にシステイン基を有する糖脂質で修飾することでN-アセチルグルコサミンで修飾された量子ドットを得ている[11]。この場合はシステインと量子ドットのカドミウムとの化学結合を利用して表層を覆っている。S. Penadesらは末端にシステイン基を有する糖脂質の存在下，Na_2Sと$Cd(NO_3)_2$から水溶液中で糖鎖（マルトール及びルイスX）修飾CdS量子ドットを得ている[12]。

　我々は量子ドットを糖脂質で被覆することで，糖鎖を表層に有するカドミウムテルル（CdTe）量子ドットを作製した（図4）[13]。細胞での蛍光マーカーとして糖鎖量子ドットを用いるためには，緩衝溶液中で沈殿が起こらずに安定に分散するなどの条件が求められる。筆者らもTOPO修飾CdSe量子ドット表層のTOPOを有機溶媒中でシステイン修飾糖脂質で置き換える手法で水溶性の糖鎖修飾量子ドットの作製を試みたが，安定に水に分散する粒子が得られなかった。そこで

第18章　細胞ストレスのイメージングを目指した糖鎖修飾量子ドットの作製

量子ドットの被覆に用いた合成糖脂質

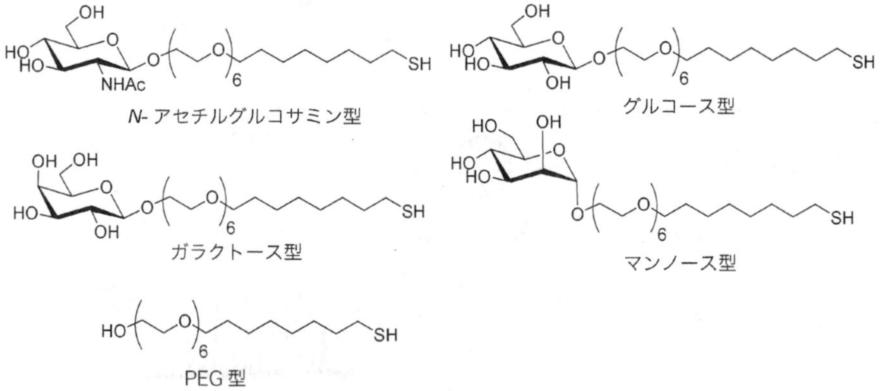

N-アセチルグルコサミン型

グルコース型

ガラクトース型

マンノース型

PEG型

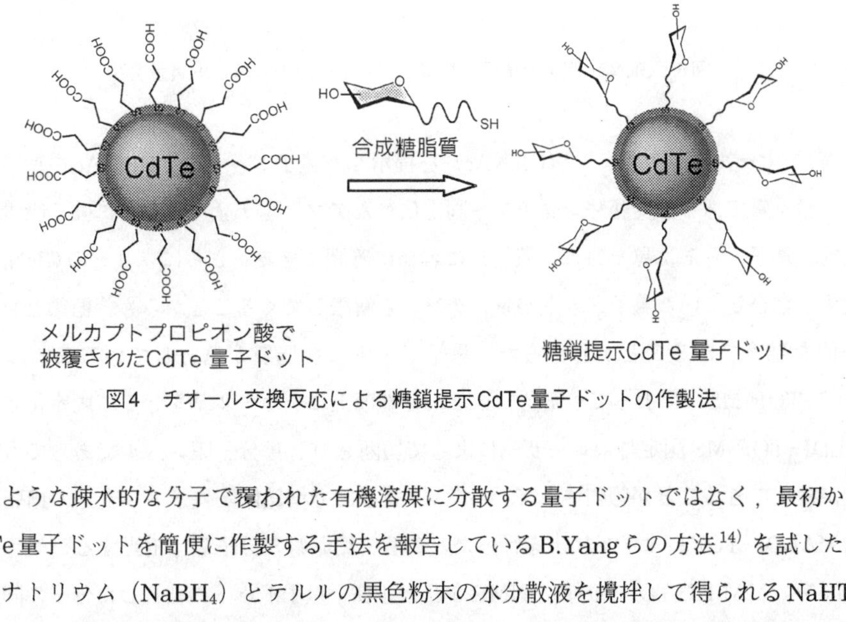

メルカプトプロピオン酸で被覆されたCdTe量子ドット　→　合成糖脂質　→　糖鎖提示CdTe量子ドット

図4　チオール交換反応による糖鎖提示CdTe量子ドットの作製法

TOPOのような疎水的な分子で覆われた有機溶媒に分散する量子ドットではなく，最初から水溶性のCdTe量子ドットを簡便に作製する手法を報告しているB.Yangらの方法[14]を試した。水素化ホウ素ナトリウム（$NaBH_4$）とテルルの黒色粉末の水分散液を撹拌して得られるNaHTeの水溶液を，あらかじめ用意した塩化カドミウムとメルカプトプロピオン酸を含む水溶液に添加し環流するというきわめて簡便な手法である。コストも安価で，水溶液中で強い蛍光を発する量子ドットが大量に作製できる。この場合量子ドットは表層をメルカプトプロピオン酸で被覆されている。筆者らはこの被覆材を目的の糖脂質で置換することで，糖脂質被覆量子ドットを調製した。数mMのオーダーの糖脂質の水溶液と適量の量子ドットを混合して3時間程度放置するだけで脂質の置換が起こる。さらに量子ドットはその直径が数nmあるのでミリポア社などから市販されているタンパク質や核酸を精製するためのスピンカラムなどによって未反応の糖脂質などの低分子から容易に分離・回収できる。量子ドットの表層に糖鎖が提示されたことを最も簡便に確認する手法は，糖鎖結合タンパク質であるレクチン固定化アフィニティーカラムを用いることである。

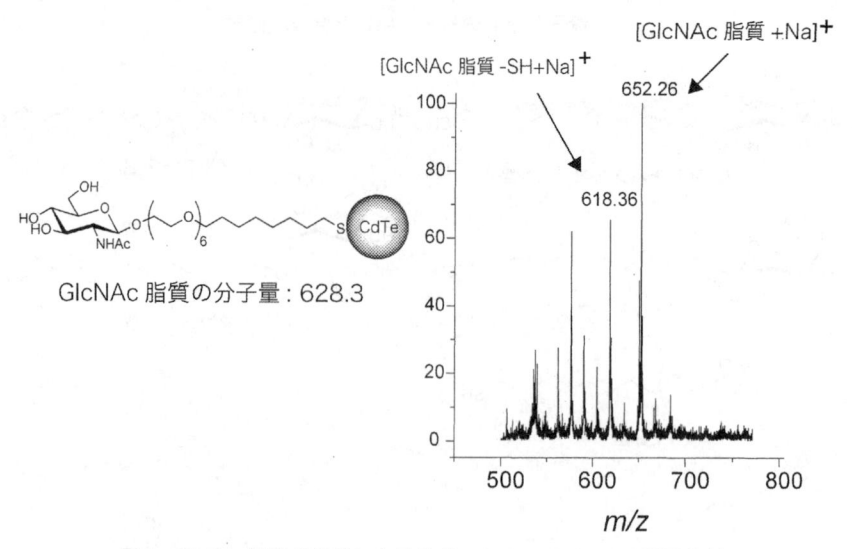

図5 GlcNAc脂質を提示した量子ドットのMALDI-TOF質量分析

例えばN-アセチルグルコサミン（GlcNAc）を提示した量子ドットは，GlcNAcを特異的に認識するタンパク質である小麦胚芽レクチンを固定化したアフィニティーカラムに強く吸着することが視覚的（量子ドットは見た目には黄色）に容易に確認できる。さらにフリーのGlcNAcをカラムに流すと結合していた量子ドットがレクチンから解離してくることからも，糖鎖とレクチンとの特異的な結合であることがわかった。量子ドットに糖脂質が結合していることは質量分析（MALDI-TOF MS）によっても確認できた。金基板上にチオール基を介して固定化された分子はMALDI-TOF MS測定時のレーザーによって切断され，単分子膜レベルであっても効率よく分子量が検出できることが報告されている[15, 16]。そこで糖鎖修飾量子ドット上の糖脂質の質量分析をMALDI-TOFによって検出を行ったところ，糖脂質の分子量に相当するシグナルが得られた（図5）。MALDI-TOF MSは，NMRなどと並び，量子ドットに結合した分子の同定に有用なアプローチであると考えられる。

5 糖鎖提示量子ドットの細胞内挙動と細胞ストレスイメージングへの展開

我々は糖鎖提示量子ドットの細胞内での振る舞いを調べた。特に着目したのがGlcNAc修飾の量子ドットである。哺乳動物で広く共通して見られるタンパク質の翻訳後修飾の1つにO-GlcNAc修飾がある[17]。タンパク質のセリンあるいはスレオニン残基の側鎖水酸基にGlcNAcが1つ付加する。このGlcNAc基からのさらなる糖鎖伸長や硫酸化などの修飾を受けることはない。タンパク質の糖鎖修飾はいくつか種類があるが，GlcNAc糖鎖修飾の特徴はリン酸修飾と競合し

第18章 細胞ストレスのイメージングを目指した糖鎖修飾量子ドットの作製

て可逆的に起こる点が特徴である．糖尿病や神経変成疾患を始め，様々な疾患との関連が明らかになりつつある．我々は中でもGlcNAc修飾と細胞ストレスとの関連に関する報告に着目した．興味深いことに近年，GlcNAcは熱ショックタンパク質（HSP70）と結合するという報告がなされた[18]．細かい分子メカニズムに関しては全く明らかにされてないが，我々はHSP70とGlcNAc基との結合を原理としたGlcNAcによる細胞ストレスのセンシングが可能であるのではないかと考えた．細胞がストレスを感じるとまずシャペロンであるHSP70の強い発現が起こる．これらHSP70の細胞内発現の増加をGlcNAc修飾量子ドットで検出できれば今まで困難であった細胞ストレスセンシングをリアルタイムで測定することが可能になる（図6）．

　我々は，糖鎖修飾量子ドットとしてグルコース（Glc）・ガラクトース（Gal）・マンノース（Man）・N-アセチルグルコサミン（GlcNAc）を上記手法により提示させた．またコントロールとして糖鎖のないPEGを提示した微粒子も作製し，それらの細胞内挙動を蛍光顕微鏡で調べた．これらの糖鎖修飾量子ドットはそのままでは細胞内に入っていかなかった．そこで細胞膜を特異的に破損することで物質の膜透過性を上げる界面活性剤の1つであるジキトニンで細胞を処理し，膜透過性を向上させた．ジキトニン処理したHeLa細胞に対して糖鎖修飾量子ドットを添加し，30分後に緩衝溶液にて細胞を洗浄した．その際，結合の弱い量子ドットは細胞外へ洗い流されてしまうが，結合の強いものは細胞内にとどまる．共焦点顕微鏡の画像を図7に示す．興味深いことにGlcNAcを提示した量子ドットだけはATP存在下で選択的に細胞内に集積することがわかった．HSP70はシャペロン分子の1つで，ATP依存的に構造異常タンパク質に結合することが知られている[19]．GlcNAを認識して結合する単純なレクチンというのは動物細胞には存在せず，ATP依存的な糖鎖修飾量子ドットの集積はHSP70への結合を示唆するものである．他の種類の糖鎖ではATPの存在に関係なくほとんど集積は見られなかった．ガラクトースを認識するレクチンであるガレクチンも細胞内には存在するが，ジキトニンの処理によって細胞外へ流れ出たと思われる．

　このような明確なATP依存的な糖鎖集積という報告は今までになく，量子ドット上糖鎖のクラスター効果によるアフィニティーの増加が糖鎖選択性の向上につながったと考えている．さらに市販の小胞体マーカーとの同時染色によってGlcNAc修飾量子ドットは細胞の小胞体への蓄積

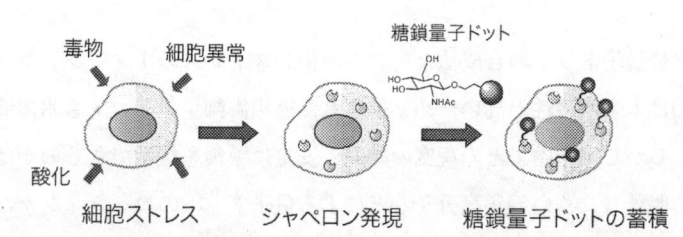

図6　シャペロンを認識する糖鎖蛍光プローブを用いた細胞ストレスの新規センシング

量子ドットの生命科学領域への応用

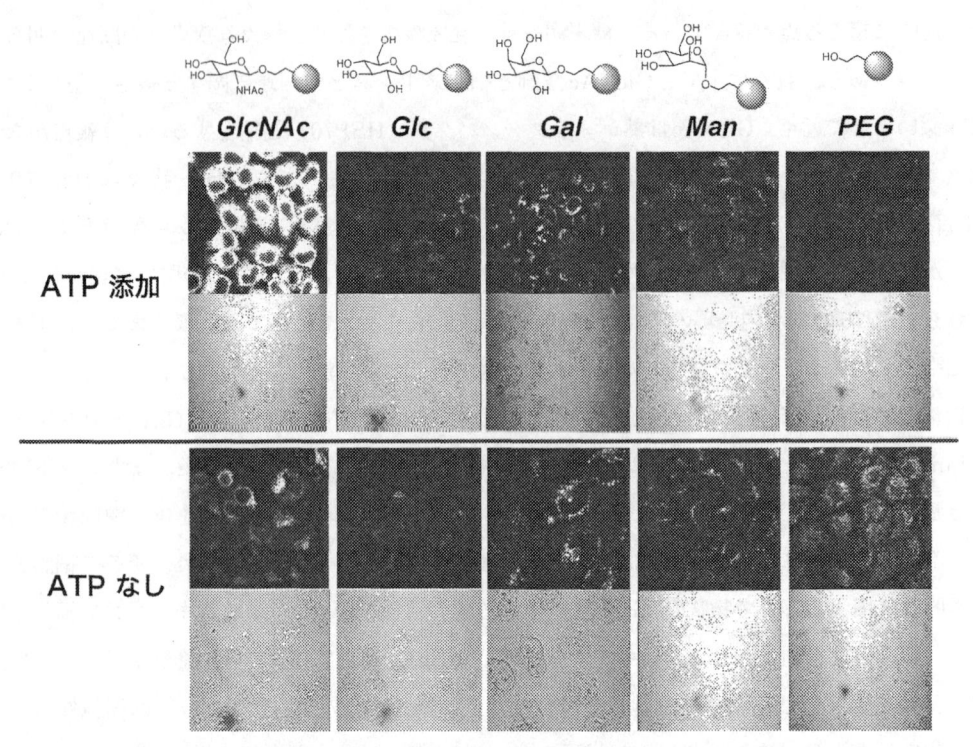

図7 糖鎖提示量子ドット添加後のジキトニン処理HeLa細胞の蛍光および位相差像（カラー口絵参照）
GlcNAc量子ドットではATPの有無によって，量子ドットの集積に大きな違いがでる．

であることが示唆された．通常ジキトニンアッセイは，細胞質液が流れ出てしまう欠点があるが，細胞及び細胞内組織の膜タンパク質への結合を調べるには優れた系である．我々の系では糖鎖提示量子ドットが膜タンパク質（HSP70のファミリーであるGRP78であると推察している）とのアフィニティーが強かったこともイメージングできた要因であろう．HSP70ファミリーは細胞がストレスを受けたときに強く発現される．我々の結果は，毒物暴露などによって誘導される細胞が感じるストレスを，蛍光でイメージングするための新しい技術の足がかりになると考えている．

6 おわりに

本章では糖鎖修飾量子ドットの合成法とそれらの細胞ストレスのイメージングへの応用に関して紹介した．糖鎖は本来水溶性が高いため，得られた糖鎖修飾量子ドットも水溶液中で高い分散性を有していた．しかし細胞内でどの程度の時間，安定に糖鎖を提示できるのかは現状では不明である．表面から脱離しにくい糖鎖高分子などによる量子ドットのコーティングなど，修飾法のさらなる検討が必要となるであろう．糖鎖量子ドットの細胞内への導入の低さも課題である．量

第18章　細胞ストレスのイメージングを目指した糖鎖修飾量子ドットの作製

子ドットの生きた細胞への高い導入効率を目指した研究なども最近報告され[20]，それらの技術の融合によって今後糖鎖量子ドットは*in vivo*でも有用な機能的なプローブに進化して行くであろう。さらには蛍光エネルギー移動（FRET）などを利用することで，標的分子への結合時にのみ効率よく蛍光発光するような仕組みを導入することも必要である。細胞ストレスのイメージングは，異常細胞（癌細胞など）の早期発見を可能とする新たな基盤技術となりうる。糖鎖量子ドットにさらなる仕組みを付加することで細胞ストレスセンシングの精度を高めるべく研究を進めている。

文　　献

1) M.E. Taylor, K. Drickamer, Introduction to Glycobiology, 2ed., OXFORD (2003)
2) 古川鋼一，遠藤玉夫，川嵜敏祐編集，実験医学増刊，羊土社，130-135 (2007)
3) Y.C. Lee, *Carbohydrate Res.*, **2**, 509 (1978)
4) S.-i. Hakomori, *Trend Glycosci. Glycotechnol.*, **13**, 219-230 (2001)
5) J.M. de la Fuente, A.G. Barrientos, T.C. Rojas, J. Rojo, J. Canda, A. Fernadez, S. Penadés, *Angew. Chem. Int. Ed.*, **40**, 2257-2261 (2001)
6) A.G. Barrientos, J.M. de la Fuente, T.C. Rojas, A. Fernandez, S. Penadés, *Chem. Eur. J.*, **9**, 1909-1921 (2003)
7) E. Duverger, A.-C. Roche, M. Monsigny, *Glycobiology*, **6**, 381-386 (1996)
8) L.D. Carrillo, L. Krishnamoorthy, K.L. Mahal, *J. Am. Chem. Soc.*, **128**, 14768-14769 (2006)
9) X.L. Sun, W. Cui, C. Haller, E.L. Chaikof, *ChemBioChem*, **5**, 1593-1596 (2004)
10) F. Osaki, T. Kanamori, S. Sando, T. Sera, Y. Aoyama, *J. Am. Chem. Soc.*, **126**, 6520-6521 (2004)
11) A. Robinson, J.M. Fang, P.T. Chou, K.W. Liao, R.M. Chu, S.J. Lee, *ChemBioChem*, **6**, 1899-1905 (2005)
12) J.M. de la Fuente, S. Penadés, *Tetrahedron: Asymmetry*, **16**, 387-391 (2005)
13) K. Niikura, T. Nishio, H. Akita, Y. Matsuo, R. Kamitani, K. Kogure, H. Harashima, K. Ijiro, *ChemBioChem*, **8**, 379-384 (2007)
14) H. Zhang, Z. Zhou, B. Yang, M. Gao, *J. Phys. Chem. B.*, **107**, 8-13 (2003)
15) N. Nagahori, S.-I. Nishimura, *Chem. Eur. J.*, **12**, 6478-6485 (2006)
16) J. Su, M. Mrksich, *Angew. Chem. Int. Ed.*, **41**, 4715-4718 (2002)
17) G.W. Hart, M.P. Housley, C. Slawson, *Nature*, **446**, 1017-1022 (2007)
18) T. Lefebvre, C. Cieniewski, J. Lemoine, Y. Guerardel, Y. Leroy, J.P. Zanetta, J.C. Michalski, *Biochem. J.*, **360**, 179-188 (2001)
19) R.A. Meyers (Ed), *Proteins*, Wiley-VCH, 287-320 (2006)
20) H. Duan, S. Nie, *J. Am. Chem. Soc.*, **129**, 3333-3338 (2007)

第19章　量子ドットを用いたタンパク質翻訳後修飾の解析

大石正道[*]

1　はじめに

　細胞内のタンパク質成分は主な分子種だけでも数千種類を超えるため，特定のタンパク質を検出する際には，分離・精製の操作が欠かせない。多種多様なタンパク質成分を効率よく短時間で分離するために，二次元電気泳動（2-DE）法や高速液体クロマトグラフィー（HPLC），質量分析計（MS）などが利用されるが，これらの方法を組み合わせても，互いに性質のよく似たタンパク質どうしは分離が難しい。まして，同一遺伝子に由来するタンパク質で，翻訳後修飾のみが異なるアイソフォームどうしを分離しようとすると，主鎖のアミノ酸配列は互いに同一であるから，その修飾構造に電荷または分子量のような物理的・化学的性質に違いがないと，分離は非常に困難になる。

　そこで，同一タンパク質の翻訳後修飾の異なるアイソフォームまで細かく分離するのではなく，電気泳動法で個々のタンパク質成分に分離後，特定の修飾構造だけに特異的に結合する分子プローブ[注1]を同時に何種類も用いてさまざまな色の標識をつけ，個々のタンパク質成分に含まれる修飾構造を網羅的に調べることを考えた。

　我々は，カルボニル化タンパク質の検出法を開発することによって，さらに他の多くの種類の翻訳後修飾を検出する必要性を感じた。そこで，量子ドットと，二次元電気泳動法，ウェスタンブロッティング法を用いる，新しい翻訳後修飾プロテオミクスの手法を開発した。本稿では，その方法の概要と糖尿病ラットを用いた具体的事例について述べてみたい。

2　翻訳後修飾に重点をおいた疾患プロテオーム解析の重要性

　2003年に，ヒトのもつすべての遺伝情報を読み取ろうというヒトゲノム計画が終了した。この計画以前，ヒトの全遺伝子数は約10万個と予想されていたが，現在では，それよりはるかに少ない約26,800個と見積もられている[1]。その一方で，さまざまな生化学的知見などから，ヒト

---

[*]　Masamichi Oh-Ishi　北里大学　理学部　物理学科生体分子動力学研究室　専任講師

第19章　量子ドットを用いたタンパク質翻訳後修飾の解析

のタンパク質は100万から200万種類はある[2]と見積もられた。このように，遺伝子数とタンパク質の種類数との間には，数十から数百倍もの開きがある。

その原因として，①1個の遺伝子から選択的スプライシングによって平均10種類ものmRNAが生成されること[3]，②タンパク質の一部が切断されるプロセシングの際に，プロテアーゼによって切断される位置の違いによって多数のアイソフォームを生じること，および③リン酸化や糖鎖付加など，タンパク質の翻訳後修飾の違いによってアイソフォームが生じる[4]ことが知られている。

ヒトゲノム計画に求められたものは，ヒトの遺伝子をすべて枚挙しその機能を解明するという基礎研究だけでなく，医療や農学など応用研究における貢献であったが，その期待にはじゅうぶんには応えられなかった。それは，多くの遺伝子に関して，「遺伝子の発現」イコール「タンパク質の機能」という単純な構図では説明できなかったからである。遺伝子の発現から出発して最終的に生体内で機能するタンパク質が誕生するまでに，きわめて複雑な経路をたどることが，最近の研究から，明らかになってきた。すなわち，転写因子による遺伝子の転写制御，mRNAの選択的スプライシング，mRNAがマスクされることによる翻訳制御，タンパク質のプロセシング，タンパク質の翻訳後修飾，タンパク質の立体構造形成と複合体形成，細胞内局在の変化などである。その中でも特に，タンパク質の翻訳後修飾がタンパク質の機能決定に重要なウエイトを占めている。それでは，タンパク質の翻訳後修飾についてどこまで調べたら，タンパク質の機能と結びつくのだろうか。同一タンパク質であっても，それに結合した翻訳後修飾の「種類」によってタンパク質の機能がさまざまに変化する。この場合，翻訳後修飾の種類がわかれば機能がわかるという単純な話ではなく，修飾構造の細かい違いまで検出しなければならない。たとえば，タンパク質のリン酸化では，タンパク質のリン酸化と非リン酸化を区別して調べればよいという単純なものではなく，何番目に存在する何という種類のアミノ酸残基がリン酸化されるとそのタンパク質の機能が促進されるというふうに，リン酸化部位の違いによってタンパク質の機能が厳密に制御されている[5]。

さらに，病気に関するタンパク質を網羅的に調べる「疾患プロテオミクス」では，リン酸化や糖鎖の付加などの酵素的修飾以外に，活性酸素種（ROS）の攻撃によって生じた傷害タンパク質の解析も重要な研究テーマとなる。日本人の死因のトップを占める癌や心臓病，脳卒中をはじめ，糖尿病，動脈硬化などの生活習慣病では，ROSによるタンパク質の酸化傷害が発症に関与している。つまり，タンパク質は酸化傷害によって生じたカルボニル化（アルデヒド化）やニトロ化，

注1）ここでいう分子プローブとは，特定の修飾構造を特異的に認識する抗体，特定の修飾構造とだけ結合する低分子有機化合物（化学的プローブ），特定の糖鎖構造を認識するレクチンなどを指している。

および糖化（AGE化）などの非生理的翻訳後修飾を受けることによって生理的機能を失う[6]。そこで，疾患プロテオーム解析においては，タンパク質の存在量を調べるだけでなく，酸化修飾も含めた，タンパク質の機能状態をあらわす翻訳後修飾を網羅的に調べる必要がある。

3　二次元電気泳動（2-DE）法とウェスタンブロッティング法による翻訳後修飾解析

　二次元電気泳動（2-DE）法は，数千種類ものタンパク質を酵素消化せずに解析できるので，生体内に存在するインタクトな状態のタンパク質の等電点と分子量を知ることができる。我々は，一次元目の等電点電気泳動にアガロースゲルを用いる2-DE（アガロース2-DE）法[7]を用いて，特に分子量10万以上の高分子量タンパク質に着目してきた。我々はこの方法を用いて，大腸癌患者の手術検体から癌部特異的に発現しているタンパク質を網羅的に解析したところ，ゲノムデータベースに登録されているものとまったく異なる等電点・分子量をもつ異常タンパク質を多数検出した[8]。癌ではmRNAのスプライシング異常によって，機能ドメインや調節ドメインを欠失したタンパク質が生じることが知られているので，酵素消化せずにインタクトな状態でタンパク質を解析できるアガロース2-DE法の有用性を確認することができた。

　しかし，ゲル上でタンパク質を何らかの方法（クマジー染色，銀染色または蛍光色素）で染色して検出する限り，たとえ質量分析計でタンパク質の同定ができたとしても，そのタンパク質にどのような種類の翻訳後修飾が存在するのかを検出するのは難しい。たとえば，同一タンパク質のリン酸化と脱リン酸化の違いはスポットの等電点的シフトで別々のスポットとして検出できるが，タンパク質の機能と直結する「何番目のアミノ酸残基がリン酸化されているか」という細かい情報までは期待できない。この場合，リン酸化部位特異的抗体を用いて，ウェスタンブロッティングで検出するのが得策である。したがって，図1に示すように，2-DEを基盤とするプロテオミクスでは，タンパク質を一様に染色している限り，翻訳後修飾に伴うタンパク質機能の変化にまで迫るのは難しい。そこで，2-DEでタンパク質を分離した後，翻訳後修飾特異抗体を用いて，ウェスタンブロッティングで，さらに詳細に調べる必要性が生じる。

　翻訳後修飾にはリン酸化や糖鎖の付加，酸化修飾など，さまざまな種類が存在する。ウェスタンブロッティングを用いる場合，同時に複数の2-DEゲルを作成し，そのうちの1枚をクマジー染色し，2枚目を特異抗体によるタンパク質同定用，3枚目をリン酸化部位特異的抗体用，4枚目を酸化傷害タンパク質検出用などとそれぞれの，ゲルごとに煩雑な操作を繰り返さなければならない。しかも，再現性の高い2-DEパターンを何枚も得るには，かなりの熟練が必要である。さらに，ブロッティング操作の際には2-DEゲルを別々のPVDF膜に転写しなければならず，ゲル

第19章 量子ドットを用いたタンパク質翻訳後修飾の解析

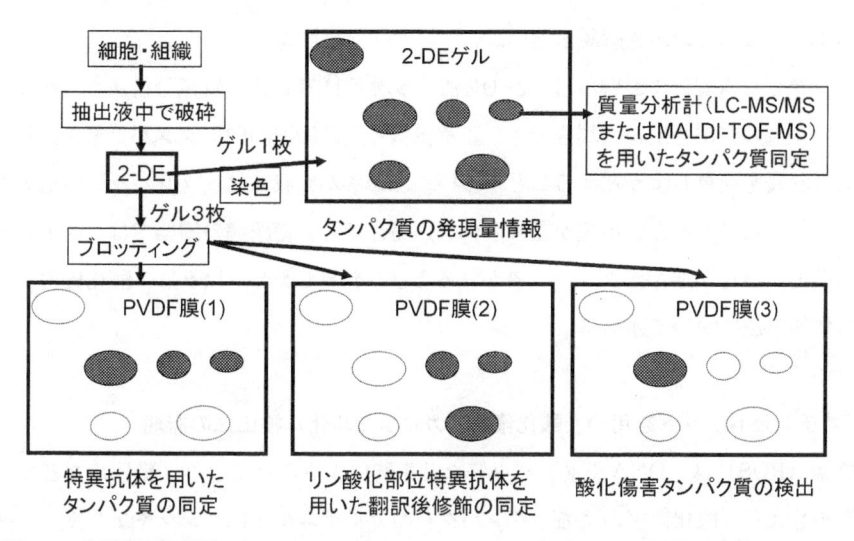

図1 二次元電気泳動法とウェスタンブロッティングを用いたタンパク質翻訳後修飾の解析

の枚数が増えるに従って，作業自体も2倍・3倍と増えてしまう。そこで，これらの何種類もの抗体に別々の色素を付けて1枚のPVDF膜上で同時に検出できれば，2-DEパターンのゲルごとの再現性を気にする必要はなく，作業自体も少なくて済む。図2に示すとおり，疾患関連タンパク質を検出する際には，2-DE法でタンパク質を分離し，クマジー染色を行ってタンパク質

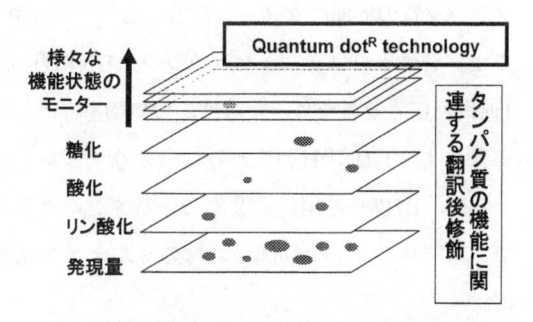

図2 タンパク質の機能状態を検出する分子プローブを量子ドットでラベルし，一枚のPVDF膜上の同時検出

の存在量を観測するだけでは不十分であり，リン酸化や糖鎖の付加，酸化傷害（カルボニル化など）やユビキチン化など各種の翻訳後修飾を検出する分子プローブが必要である。そこで，同時に複数の翻訳後修飾を検出するために，蛍光波長の異なる蛍光色素を結合させた複数の抗体を用いることが考えられるが，①蛍光波長の異なる蛍光色素を結合させた3種類以上の抗体を組み合わせて同じPVDF膜上で検出するのは難しい，②強光下では蛍光色素は退色が速いなどの理由から，量子ドットを使用するほうが我々の研究目的に合致していると判断した。

4 酸化傷害タンパク質検出法の開発

ここで，話をさかのぼって，どうして我々がタンパク質の翻訳後修飾を網羅的に調べる必要性

量子ドットの生命科学領域への応用

を感じるようになったのかを解説したい。

疾患プロテオーム解析においては，2-DE法，多次元HPLC法，質量分析法などがよく利用されるが，いずれの方法を用いた場合でも，正常臓器と疾患臓器の間でタンパク量を比較して疾患関連タンパク質を発見しようとすることが多い。ところが，我々は，タンパク質の電気泳動的移動度やタンパク量にほとんど相違が認められない場合でも，糖尿病の臓器ではコントロール臓器よりも圧倒的に酸化が進んだタンパク質があることを発見した[9]。以下に，酸化傷害タンパク質検出の具体的方法について述べる。

4.1 ビオチンヒドラジドを用いた**酸化修飾（カルボニル化）検出法の概略**

活性酸素（ROS）は，DNAやタンパク質などを酸化することにより，糖尿病など多くの病気に悪影響を与える。酸化傷害のうち，タンパク質のカルボニル化はリジンやアルギニン残基の側鎖のアミノ基が脱落して，アルデヒド基-CHOが生じる現象で，不可逆的な酸化傷害であるため，タンパク質の機能にダメージを与える[6]ことで知られる。カルボニル化タンパク質の検出法として2,4-ジニトロフェニルヒドラジン（DNPH）がよく利用されてきたが，通常2N塩酸存在下で1時間反応させるため，難溶性の凝集物を形成し，2-DE法では解析が困難であった[9]。

我々は，①DNPHの代わりに，よりマイルドなpH条件（pH5.5）で反応できるビオチンヒドラジド（BHZ）を用い，②高分子量タンパク質の検出が可能なアガロース2-DEを用いることで，糖尿病ラットの筋肉におけるカルボニル化タンパク質を2-DE法で解析することに成功した。

我々が開発したカルボニル化タンパク質検出法[9]の概要を図3にまとめた。まず，-80℃に凍結保存しておいた筋肉片を，0.1M酢酸ナトリウムを含むバッファー（pH5.5）中でホモジナ

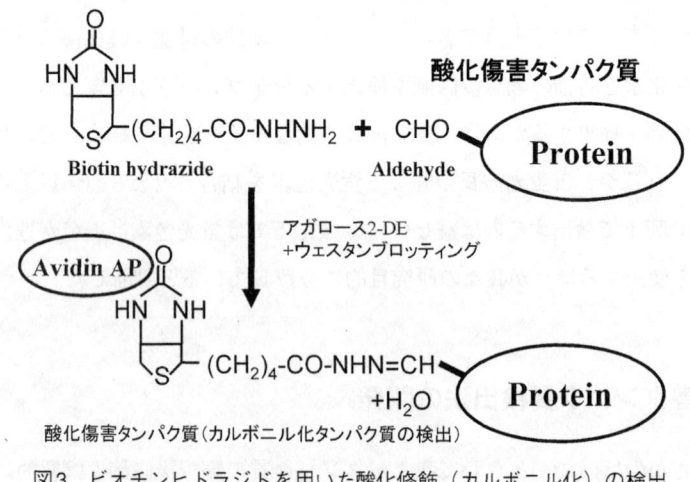

図3 ビオチンヒドラジドを用いた酸化修飾（カルボニル化）の検出

第19章 量子ドットを用いたタンパク質翻訳後修飾の解析

イズした。それにビオチンヒドラジド（BHZ: D-biotin-hydrazide）の粉末を加えて撹拌し，カルボニル化タンパク質をBHZと反応させてヒドラゾンを形成させた。常温に1時間放置後，それに尿素とチオ尿素の粉末を加え，反応を止めると同時にタンパク質を可溶化し，超遠心した上清をアガロース2-DE法にかけた。1次元目の等電点電気泳動後のアガロースゲルを，トリクロロ酢酸を含む固定液で固定すると，未反応のBHZは低分子有機化合物であるため，アガロースゲルからBHZを洗い流すことができる。この操作はBHZのタンパク質への非特異的な結合を抑えるために必須な操作である。ウェスタンブロッティング後，BHZで標識されてビオチン化されたカルボニルタンパク質をアビジン結合ーアルカリホスファターゼと反応させ，基質を含む溶液中で発色させた。最後に，PVDF膜を蒸留水で洗って発色を停止させ，ドライヤーで乾燥後にPVDF膜を観察した。

4.2 糖尿病モデルラット筋肉における酸化傷害プロテオーム解析
4.2.1 実験材料

実験材料には，遺伝性糖尿病モデルラットOLETF（Otsuka Long-Evans Tokushima Fatty）[10]とそのコントロールとしてLETO（Long-Evans Tokushima Otsuka）を用いた。4週齢のOLETFおよびLETOラット（いずれもオス）を大塚製薬㈱徳島研究所から提供して頂いた。その後は，北里大学医学部実験動物施設において飼育を行った。OLETFラットは20週齢前後で糖尿病を発症した。

4.2.2 サンプル調製

OLETFラットおよびLETOラットは，それぞれ50週齢でサンプルの採取を行った。骨格筋および左心室の組織片を約5mm角に細かく刻み，1.5ml用エッペンドルフチューブに入れた後，直ちに液体窒素中で凍結した。集めたサンプルは，使用時まで－80℃のディープフリーザー内で保存した。

アガロース2-DE用のサンプル調製は，Oh-Ishiらの方法[9]に従った。凍結した骨格筋組織片約10mgを秤量し，それに20倍容量（200μL）の抽出液A（0.1M酢酸ナトリウムバッファー（pH5.5），プロテアーゼ阻害剤カクテル（Complete Mini EDTA-free），および0.5％β-メルカプトエタノールを含む）を加えた。テフロンーガラスホモジナイザー中で組織片を破砕し，そこにBHZの粉末を最終濃度が10mMになるように加えて撹拌し，室温で1時間放置した。この状態では，タンパク質抽出液は白濁している。その後，この溶液中に尿素とチオ尿素をモル比で3：1に混合した粉末を加えて，最終濃度が6M尿素と2Mチオ尿素になるようにした。この状態では，タンパク質成分は可溶化されてほぼ完全に透明な液体となる。このホモジネートを112,000xgで20分超遠心を行い，その上清をアガロース2-DE用試料とした。

4.2.3 一次元目アガロース等電点電気泳動

アガロース2-DE法はOh-Ishiらの方法[7]に従った。一次元目のアガロースゲルは，長さ180mm，直径3.4mmのものを使用した。一次元目IEFは4℃で，700V，14時間泳動を行った。電気泳動後，アガロースゲルをガラス管から取り出し，長さ300mm，内径5mmの別のガラス管内に入れ，ポリエチレンチューブを用いた連結管でガラス管同士を直列につないだ。ペリスタポンプを用いてゲル1本あたり10mlの固定液（10％トリクロロ酢酸，5％スルホサリチル酸）をガラス管内に流し込み，アガロースゲル中のタンパク質を灌流固定した。その後，再びペリスタポンプを用いて，ガラス管に蒸留水500mlを一方向に流し，アガロースゲルを1時間洗浄した。

4.2.4 二次元目SDS-ポリアクリルアミドゲル電気泳動（SDS-PAGE）

二次元目のSDS-PAGEは，Laemmliによる濃縮ゲル法[11]を用いた。ただし，濃縮ゲルと分離ゲル中のSDS濃度は0.1％から1％に上げて行い[注2]，高分子量タンパク質のアグリゲートが生じないことに留意した。また，二次目のSDS-PAGE用スラブゲルは，縦120mm，横195mm，厚さ1.5mmの12％ポリアクリルアミドゲルを使用した。

4.2.5 ウェスタンブロッティング

同一組織におけるタンパク量とカルボニル化タンパク質を調べるために，同一サンプルについて2枚のゲルを作成した。そのうち1枚はクマジー染色を行い，もう1枚はPVDF膜（縦×横＝13.0cm×12.5cm）に1時間ブロッティングした。このPVDF膜を3％ゼラチン[注3]を含むトリス緩衝液（TBS: 20mM Tris-HCl，500mM NaCl，ph7.5）に浸して，30分間ブロッキングの操作を行なった。PVDF膜をTBSで5分間洗浄した後，1％ゼラチン，0.05％Tween20を含むTBSにアビジン結合アルカリホスファターゼ溶液を1：500の割合で混合した溶液（Avidin AP溶液）中で30分間浸し，0.05％Tween20を含むTBSで余分なAvidin AP溶液を5分間洗浄した。そのPVDF膜を5-bromo-4-chloro-3-indolyl-phosphate（BCIP）とnitro blue tetrazolium（NBT）を含む基質溶液に浸し，紫色に発色させた。その後，PVDF膜を蒸留水で洗浄して反応を完全に停止させてから，そのPVDF膜を乾燥させた。

4.2.6 糖尿病ラットとそのコントロールにおけるカルボニル化タンパク質の比較

図4に50週齢ラットの骨格筋（ひ腹筋）と左心室の二次元電気泳動パターン（部分拡大図）

注2）SDS濃度を1％に上げないと，使用する動物組織によっては分子量10万以上の高分子量タンパク質がまったく検出されなくなる場合もあった。

注3）血清アルブミン中にはビオチンが大量に含まれているので，ブロッキング剤として，牛血清アルブミン（BSA）は使用できない。

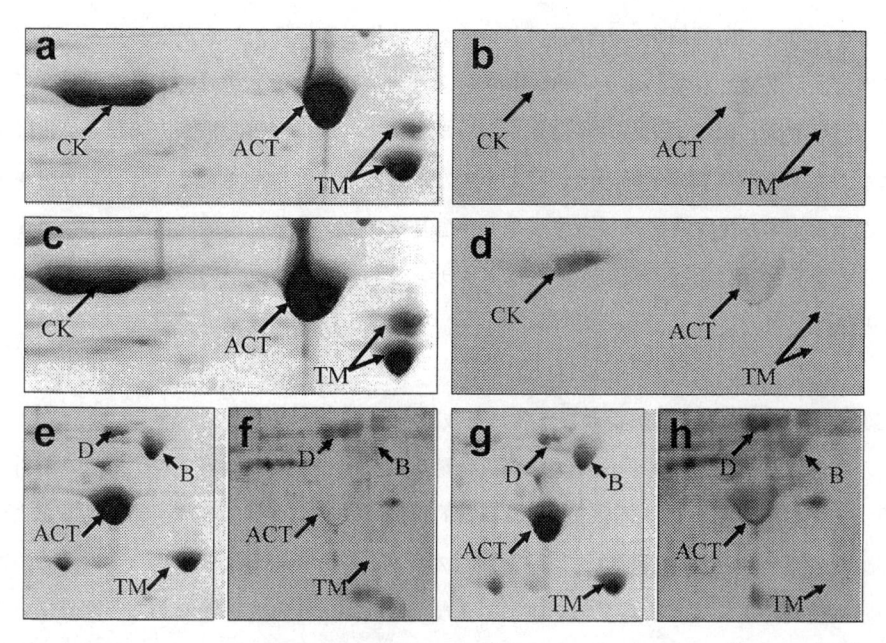

第19章 量子ドットを用いたタンパク質翻訳後修飾の解析

図4 ビオチンヒドラジドを用いた酸化傷害タンパク質(カルボニル化タンパク質)の検出

を示す。図4a, c, e, gがクマジー染色パターン,図4b, d, f, hがカルボニル化タンパク質染色パターンである。糖尿病モデルラットのOLETFとそのコントロールラットのLETOを比較すると,クマジー染色像ではほとんど違いが認められなかったが,ひ腹筋,左心室ともアクチン(ACT)のカルボニル化タンパク質含量はOLETFの方がLETOよりも多かった。ひ腹筋においてはクレアチンキナーゼ(CK)のカルボニル化タンパク質含量はOLETFの方がLETOよりも多かった(図4b, d)。また,左心室においてはデスミン(D)およびミトコンドリアATPアーゼβ鎖(B)のカルボニル化タンパク質含量もOLETFの方がLETOよりも多かった(図4e-h)。しかし,トロポミオシン(TM)についてみると,ひ腹筋,左心室ともカルボニル化タンパク質は検出されなかった。

ここで重要なことは,タンパク質の酸化傷害を示す指標であるカルボニル化タンパク質に関する情報は,クマジー染色した2-DEパターンからは全く得られなかったことである。カルボニル化タンパク質検出法を行なって初めて,糖尿病ラットでは筋肉タンパク質が有意に酸化傷害を受けていることがわかった。また,左心室のアクチン(図4hでACTと示したスポット)をカルボニル化タンパク質検出法で調べると,ひとつのタンパク質スポットの内部が不均一に染色されている。これは,カルボニル化されたアクチン分子とカルボニル化されていないアクチン分子を2-DEパターン上の別々のスポットとして分離できないことを示している。

さらに,酸化傷害がどのタンパク質でも一様に起こるわけではないことがわかった。すなわち,

糖尿病モデルラットの筋細胞において，アクチンは酸化されていたにもかかわらず，トロポミオシンはほとんど酸化されていなかった。トロポミオシンはアクチン繊維に沿って結合していることから，活性酸素によるタンパク質のカルボニル化は，タンパク質の細胞内局在の違いによるものではなく，タンパク質分子種の違いによるものだと考えられた。しかも，リジンやアルギニンのようなカルボニル化タンパク質を生じやすい塩基性アミノ酸残基の組成は両者でほとんど変わらないことから，酸化傷害の受けやすさはアクチンとトロポミオシンの立体構造の違いが反映していると推測された。

4.3 酸化傷害プロテオーム解析から得られた教訓

以上のことから，カルボニル化タンパク質含量を指標とした酸化傷害プロテオーム解析を行った結果，クマシー染色パターンから得られる質的情報（タンパク質の等電点的移動度および分子量的移動度の違い）と量的情報（タンパク質のスポットの大きさおよびスポットの濃さ）だけでは，糖尿病特異的プロテオーム変動を検出できないことが分かった。すなわち，疾患プロテオーム解析においては，2-DEパターン同士の比較だけではカルボニル化タンパク質などといった重要な情報を見逃す可能性があり，本研究で用いたBHZのような分子プローブを用いた検出法が必要であることが明らかになった。

疾患プロテオーム解析を行う際には「どのタンパク質が疾患と関連があるか」というタンパク質の種類だけが問題なのではなく，「どのタンパク質のどういう機能状態が疾患と関連があるのか」を調べなければならないことに気づいた。そこで，我々は「タンパク質の存在量」だけに着目した発現プロテオミクスに加えて，タンパク質の機能状態を表すさまざまな翻訳後修飾を同時に解析する，新たな疾患プロテオーム解析のストラテジーを提唱する。

5 量子ドットを用いた酸化傷害タンパク質の網羅的検出

4節で示した方法は，ある組織におけるタンパク質の含有量（2-DEゲルのクマシー染色）とカルボニル化タンパク質（PVDF膜上でウェスタンブロッティング）を別々に検出する必要があったため，同じサンプルについてゲルを2枚用意しなければならなかった。そこで，もしも同じ2-DEパターン上で，タンパク量とカルボニル化を同時に検出できれば，実験の手間が半分になる。さらに，カルボニル化以外の翻訳後修飾も同時に検出したい場合は，それぞれの修飾構造を見分ける分子プローブ（ビオチンヒドラジドや，抗体，レクチンなど）に別々の色素を付けておいて同一パターン上で観察すれば，それぞれ別々の2-DEパターン上で別々の翻訳後修飾を検出する場合に比べて，実験の手間はさらに少なくて済む。このとき量子ドットは，それぞれの分子

第19章 量子ドットを用いたタンパク質翻訳後修飾の解析

プローブに結合させる色素として利用する場合，蛍光色素に比べていくつかのメリットがある。

量子ドットは，直径数nmの半導体からなるナノクリスタルで，粒径のサイズによって波長400～700nmの範囲で半値幅30nmの蛍光を発する。また，量子ドットは1つの光源ですべての量子ドットの励起が可能で発光波長の分布がシャープであるため，分光器と冷却CCDを組み合わせることで10種類程度の標識を同時に解析できる。量子ドットは蛍光色素と違い，退色が遅く長期間安定している。

そこで，我々は，アガロース2-DE法で分離・精製したタンパク質をPVDF膜上に転写した後に，量子ドットを用いて多種類の翻訳後修飾を同時に検出する方法の開発を行なった。

本研究では，まず，2種類の翻訳後修飾を同時に検出するところからはじめた。タンパク質の翻訳後修飾にはさまざまな種類が存在するが，複数の翻訳後修飾を同時に調べる際には，どのような種類の翻訳後修飾を選択するかという視点だけではなく，どのような種類の分子プローブを選ぶかがポイントとなる。以下の事例は，タンパク質の分解過程に関わるユビキチン化を取り上げて，カルボニル化タンパク質とユビキチン化タンパク質の間にどのような関係が認められるかを調べることにした。

5.1 実験材料

実験材料には，遺伝性糖尿病モデルラットOLETF（Otsuka Long-Evans Tokushima Fatty）[10]とそのコントロールとしてLETO（Long-Evans Tokushima Otsuka）を用いた（詳細については，4.2.1項「実験材料」と同じであるので，そちらを参照して欲しい）。

5.2 サンプル調製

サンプルの調製に関しては，4.2.2項「サンプル調製」と同一の方法を行なったので，そちら

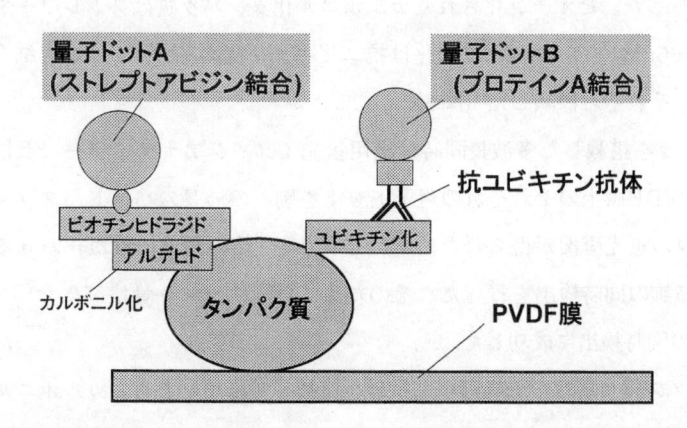

図5 タンパク質のカルボニル化とユビキチン化を同時に検出する量子ドットの模式図

を参照して欲しい。この操作では，カルボニル化タンパク質をBHZと反応させ，ビオチン化しておくことがポイントである。

5.3 一次元目アガロース等電点電気泳動

アガロース2-DE法はOh-Ishiらの方法[7]に従った。ただし，量子ドットはたいへん高価であるので，それを節約して使用するためにサイズが小型のミニ二次元電気泳動のシステムを採用した。一次元目のアガロースゲルは，長さ80mm，直径3mmのものを使用した。

一次元目IEFは4℃で，400V，14時間泳動を行った。電気泳動後，アガロースゲルをガラス管から取り出し，プラスチックトレイに入れて，そこに固定液（10％トリクロロ酢酸，5％スルホサリチル酸）を流し込み，ゆっくり振とうしながら，アガロースゲル中のタンパク質を30分間固定するとともに，アガロースゲル中の未反応のBHZを洗い流した。その後，蒸留水で洗浄したものを二次元目のSDS-PAGEゲル上に乗せた。

5.4 二次元目SDS-ポリアクリルアミドゲル電気泳動（SDS-PAGE）

詳細については，4.2.4項「二次元目SDS-ポリアクリルアミドゲル電気泳動（SDS-PAGE）」に示した。ただし，ミニゲル用電気泳動システムを用いたため，二次目のSDS-PAGE用スラブゲルは，縦80mm，横100mm，厚さ1.0mmの12％ポリアクリルアミドゲルを使用した。

5.5 ウェスタンブロッティング

同じサンプルについてアガロース2-DEゲルを2枚用意し，そのうち1枚をクマジー染色用，もう1枚をウェスタンブロッティング用にした。サンプル調製の時点で，BHZを用いてカルボニル化タンパク質はすでにビオチン化されている。アガロース2-DE終了後，ただちにPVDF膜へタンパク質を転写した。ビオチン化されたカルボニル化タンパク質はストレプトアビジン結合－量子ドットA（565nm）で，ユビキチン化は抗ユビキチン抗体とプロテインA結合－量子ドットB（605nm）で，それぞれ標識した（図6）。

冷却CCDカメラを搭載した多波長同時検出用蛍光イメージアナライザー（浜松ホトニクス社製）で，1枚のPVDF膜上のそれぞれの量子ドットを別々の波長のバンドパスフィルターを通して検出した。2枚の蛍光画像が得られたので，それらを1枚の画像に重ね合わせることによって2種類の翻訳後修飾の同時検出を行った。その結果，糖尿病ラット骨格筋において，これら2種類の翻訳後修飾の同時検出に成功した。

また，個々のタンパク質の蛍光染色パターンを比較してみたところ，カルボニル化タンパク質の多くがユビキチン化されていなかった。特に，アクチンはカルボニル化タンパク質が生じてい

第19章 量子ドットを用いたタンパク質翻訳後修飾の解析

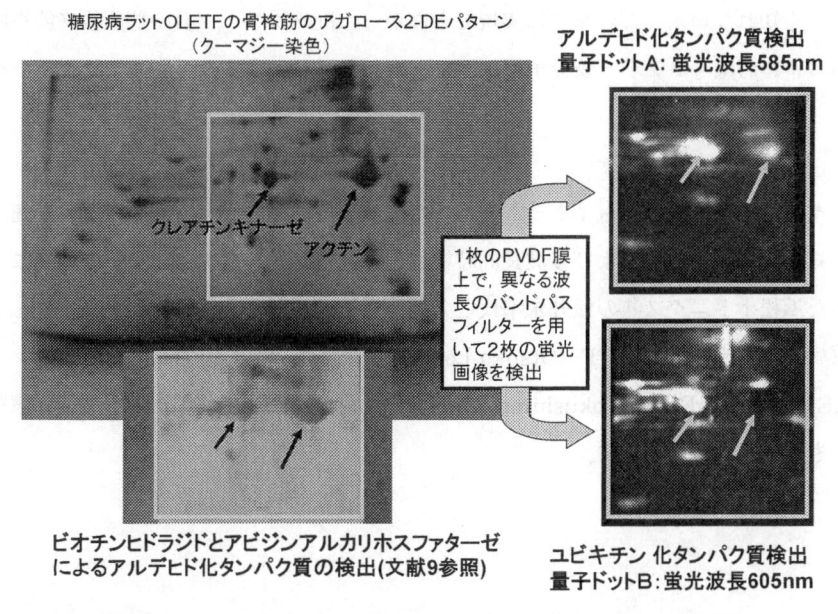

図6 量子ドットを用いたタンパク質のアルデヒド化とユビキチン化の同時検出

るにもかかわらず，抗ユビキチン抗体では検出されなかった（図6）。「変性タンパク質はユビキチン化されてプロテアソームに運ばれ，そこで分解される」という考え方が定説になっているが，糖尿病ラット骨格筋においては，アクチンを含むカルボニル化タンパク質の多くが分解されずに細胞内に蓄積されていることが示唆された。現在では，タンパク質の糖化（HHE化：4-hydroxy-2-hexanal）を抗HHEマウスモノクローナル抗体と抗マウスIgG抗体結合-量子ドットC（655nm）で標識し，上記2種の標識とあわせて合計3種類の翻訳後修飾を同時に検出することに成功している。

6 おわりに

量子ドットを抗体などの分子プローブに結合させて使用する場合，分子プローブ同士の競合がなるべく少ないものを選択する必要がある。今回は，カルボニル化タンパク質をビオチン化させ，ストレプトアビジン結合-量子ドットを利用した。これと抗ユビキチン化抗体を併用したため，それぞれの分子プローブ間に競合が見られなかった。しかし，複数の抗体を同時に使用する際には，抗体の特異性が問題になるだろう。抗ヒト抗体と抗マウス抗体，抗ラット抗体などに量子ドットを結合させて2次抗体として使用した場合，抗体どうしの交差反応や抗体分子どうしの競合はどうなるだろうか。量子ドットを用いた翻訳後修飾検出法は，さまざまな技術的な問題点が生

じてくるかも知れないが，これまでに実現できなかった同一タンパク質の翻訳後修飾を同時に調べるための，いわば「タンパク質分子解剖用ツール」として，多くの可能性を秘めている。

謝辞

本研究を進めるにあたり，量子ドットを用いて実験条件を検討してくださった元住商バイオサイエンス㈱の渡井順子氏，および多波長同時検出用蛍光イメージアナライザーの開発に携わってくださった浜松ホトニクス㈱の松井永幸氏と久朗津崇徳氏に厚くお礼を申し上げます。また，遺伝性糖尿病モデルラットOLETF (Otsuka Long-Evans Tokushima Fatty) とそのコントロールとしてLETO (Long-Evans Tokushima Otsuka) を快く提供して頂いた大塚製薬㈱徳島研究所の方々にもお礼を申し上げます。

文　献

1) 文部科学省ヒトゲノムマップ www.lif.kyoto-u.ac.jp/genomemap/
2) Proteomics-Wikipedia, the free encyclopedia en.wikipedia.org/wiki/Proteomics
3) P. Carninci *et al.*, *Science*, **309**, 1559 (2005)
4) J. Godovac-Zimmermann *et al.*, *Proteomics*, **5**, 699 (2005)
5) J. Ptacek, J. Snyder, *Trends Genet*, **22**, 545 (2006)
6) E.R. Stadtman, *Methods Enzymol*, **258**, 379 (1995)
7) M. Oh-Ishi *et al.*, *Electrophoresis*, **21**, 1653 (2000)
8) T. Tomonaga *et al.*, *Clin Cancer Res.*, **10**, 2007 (2004)
9) M. Oh-Ishi *et al.*, *Free Rad Biol Med.*, **34**, 11 (2003)
10) K. Kawano *et al.*, *Diabetes*, **41**, 1422 (1992)
11) U.K. Laemmli, *Nature*, **227**, 680 (1970)

第Ⅴ編
計測機器

第V篇

計測機器

第20章　バイオイメージング用の光学技術と解析技術

渡邉朋信*

1　光学技術と解析技術の発展

　バイオイメージング技術は，蛍光蛋白質と共に成長してきた。蛍光蛋白質は，細胞内での蛋白質の運動の実時間観察を可能としたからである。観えるからより良く観たくなる。当然の理である。特に急速に広がった技術が，近接場照明を用いた1分子計測技術である。近接場照明により背景光を劇的に軽減させ，蛍光蛋白質1分子の運動を観察できるので，その輝点の重心位置を計算すれば，蛋白質1分子の運動を追跡する事ができる[1]。上記の方法は，生きた細胞を用いた，膜蛋白質の運動，エンドサイトーシス，小胞輸送，ウィルス感染様式などの直接観察の手法として，強力なツールとなってきた[2]。しかし，蛍光蛋白質が発する蛍光は微弱であり，蛍光寿命が数秒～数十秒と非常に短い為に，観察には常に制限があった。蛍光蛋白質より20倍以上明るく，40倍以上寿命の長い量子ドットは，バイオイメージングにとって救世主である[3]。

　量子ドットの出現に平行して，バイオイメージングは，さらなる進化を始めている。顕微鏡観察の三次元化である。細胞内の多くの蛋白質は，三次元的空間で機能しているにも関わらず，従来の顕微鏡では，二次元情報しか得られない。これまで，共焦点顕微鏡で取得した幾数枚もの断面像により三次元像を再構成する方法が試行されてきたが，時間分解能が低い（～秒）ため，ミリ秒の世界で運動する蛋白質の動きを観測する事はできなかった[4]。現在では，ニプコウディスクを用いた共焦点顕微鏡と対物レンズを高速に，かつ，正確に走査するアクチュエータにより，三次元観察は実現しつつある。さらに，ごく最近，共焦点顕微鏡を使わずに，量子ドットなどの微小粒子の運動を三次元的に追跡する光学系と解析法が開発された。解析技術の発展も助けとなり，今や，生きた細胞内で蛋白質の運動を，nm・msの精度で，かつ，三次元的に追跡できる[5]。

　生きた細胞内において，活きた蛋白質の挙動を忠実に観察したいという欲求が，光学技術・解析技術を駆使した新しい方法論を生み出した。一つ一つは，決して複雑で困難な事でない。組み合わせの妙である。本章では，量子ドットを用いた最新のナノイメージング技術，三次元可視化技術と，そこから生まれた発展例を紹介する。

---

*　Tomonobu Watanabe　㈱科学技術振興機構　さきがけ研究員

2 二次元空間における単粒子追跡法

単粒子追跡法とは，文字通り，一つの微小粒子の動きを追跡する方法である。近接場照明を用いた1分子計測技術も，この単粒子追跡法に含まれる。光学顕微鏡における空間分解能は，回折限界により決定され，せいぜい光の波長程度（数百nm）である。空間分解能とは，二点の点光源を分け得る能力であって，一点の点光源の位置を得る能力ではない事に注意されたい。回折限界より小さな蛍光粒子によって作られる蛍光像（点像分布関数（PSF）；Point Spread Function）は，図1Aに示す様に，近似的に波長程度に広がったガウス分布に従う。従って，光強度を重みとし，ガウス関数で近似計算を行う事で，蛍光粒子の位置を正確に知る事ができる[6, 7]。蛍光粒子の動きが空間分解能より小さくても，重心位置を計算すれば，蛍光粒子の移動量を得る事ができる。この様に，原理は簡単であるが，光強度さえ十分であれば，理論的には1.0nm以下の位置精度も可能である。

単粒子追跡法の位置精度は，蛍光粒子の発する光子数に強く依存する（図1B）。蛍光粒子の発する光子数が1万個あった時，理論上の追跡精度は，約2.4nmである。蛍光蛋白質を用いた場合，カメラの受光面が取得できる蛍光蛋白質の総光子数は約15万個程度であるから，2nmの精度で追跡したい場合に，15フレームしか追跡できない。量子ドットであれば，約5000万個程度を受光できるので，5000フレームを追跡できる。しかし，量子ドットは激しく明滅し，位置精度の低下に繋がる。図1Bで理論値と実験値に差があるのは，この明滅が原因であると考えられる。

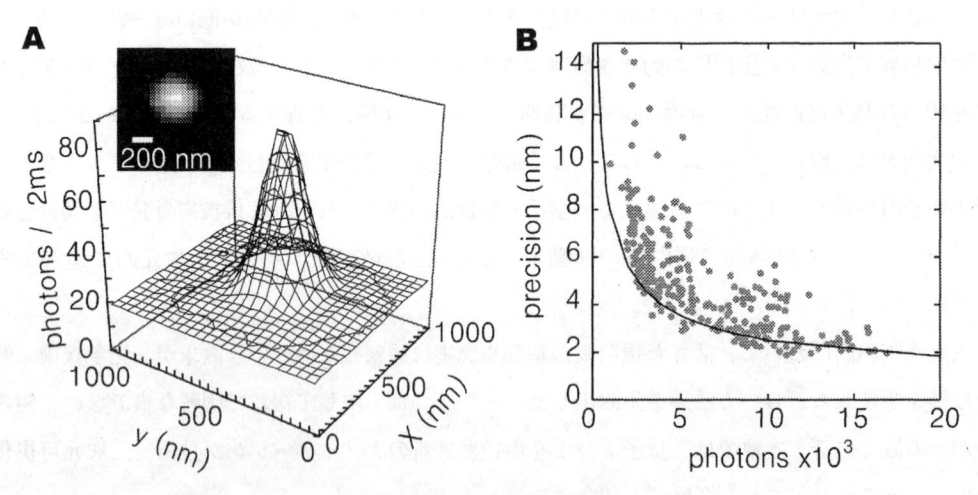

図1 単粒子追跡法の原理
A：量子ドットの蛍光像と三次元プロファイル
B：単粒子追跡の位置精度と量子ドットの発する光子数の相関。実線は理論値，点は実験値を示す。

第20章 バイオイメージング用の光学技術と解析技術

単粒子追跡法を用いる場合には，位置精度が，蛍光の強度と安定性に依存している事に注意する必要がある。もちろん，顕微鏡本体も改良の必要がある。追跡の位置精度が数nmであるという事は，顕微鏡の数nmの振動やドリフトも観察してしまう事になる。正確な計測を行う為に，顕微鏡ステージの剛性を高くし振動を減らしたり，ステージ駆動部の遊びを減らしたり，低熱膨張率の金属を素材にしてドリフトを減らしたりなど，1分子計測やナノ計測で培われたノウハウが応用された。もちろん，画像を取得するカメラには高感度カメラを，量子ドットの励起にはレーザーを用いるなど，光子をより効率良く，発光・受光できるように努めなければならない。

単粒子追跡法を用いた，実際の生物学実験の例を示す。HER2と呼ばれる膜蛋白質を，抗体を介して量子ドットにより蛍光標識し，近接場照明により観察した。膜蛋白質の細胞膜上で拡散運動を50秒間追跡した（図2）。カメラのフレームレートは20msであった。膜蛋白質の運動が単純な拡散運動ではなく，何かしらの構造を反映した運動を行っている事が観て解る。その起因はここでは論じないが，量子ドットを利用した蛋白質の高精度・長時間追跡は，これまで見えなかった現象を可視化し，新たな知見を生み出す事は間違いないであろう。

3 三次元共焦点顕微鏡と三次元単粒子追跡

量子ドットによる蛋白質の標識は，細胞内における蛋白質の長時間観察を可能とする。蛍光標識を量子ドットに代えるだけで，時間分解能を落とさず長時間観察できるのだから，その利用価

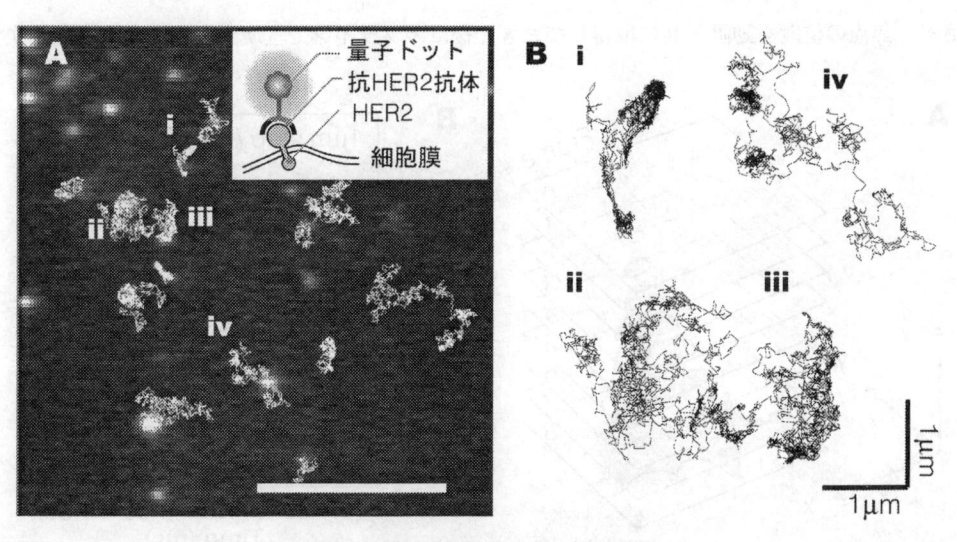

図2 細胞膜上の膜蛋白質の拡散運動
A：抗体を介して量子ドットで蛍光標識した膜蛋白質の蛍光像とその追跡の軌跡
B：左図の軌跡i〜ivの拡大図

値は，非常に高いと言えよう。しかしながら，細胞内で長時間蛋白質の挙動を観察するのには，空間的な制限がある。細胞内の蛋白質は，常に三次元的に運動しているのだから，長時間の観察を行えば，そのうち観測している焦点面から外れて輝点が消えてしまう。量子ドットの生物・医学研究への応用が期待されている今こそ，三次元顕微鏡なる技術の開発が必要である。

もっとも単純なアイデアは，共焦点顕微鏡において，対物レンズをピエゾアクチュエータにより高速にステップ駆動させ，ビデオフレームに同期させる方法である（図3A）。フレーム番号と焦点位置が対応しているので，後に三次元的に再構成しやすい。対物レンズを階段状で動かす場合，その重量の為，駆動した瞬間に振動が起こり，像のぼけを発生させる（図3B）。対物レンズを走査するピエゾアクチュエータにフィードバック回路を設置し振動を抑える事もできるが，対物レンズが重い為，高速な抑制は不可能である。駆動粘性を大きくすれば，駆動に大きな力が必要になるが，振幅は小さくなる。ピエゾアクチュエータの駆動部にダンパーを加えることで，わずか4ms内で1ミクロンの階段状変位が可能となった（図3B）。対物レンズを階段状に9回動かし10フレーム目は元の位置に戻す事によって，330ms間に9枚の光学切片をひとつの三次元像として実時間で取得できる。先ほど使った，膜蛋白質を量子ドットで蛍光標識した細胞を，作成した三次元共焦点顕微鏡で観察してみた（図4）。動画をお見せできないのが残念であるが，ある所では粒子は細胞核に向かい輸送され，ある所では，まさにエンドサイトーシスによって細胞内に取り込まれていた。蛍光寿命の長い量子ドットを用いる事で，三次元的に長時間に渡り蛋白質の運動をあます所なく観察できるのである。

現在は，焦点の位置をさらに高速に走査する方法が模索されている。例えば，対物レンズは共振させ，焦点の位置を動画と共に取得しておき，後にオフラインで三次元再構成する。ピエゾア

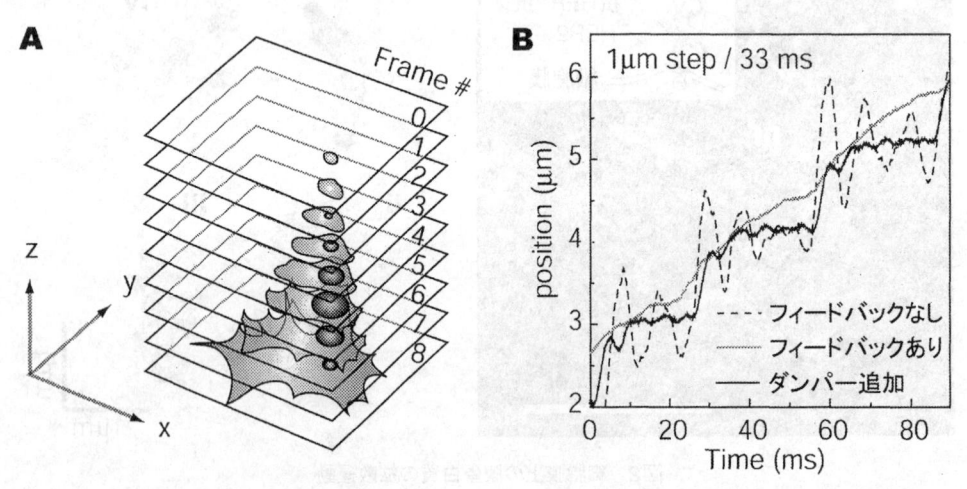

図3 A：共焦点顕微鏡を用いた三次元再構成の概念図，B：対物レンズを階段状に走査させた時の対物レンズの振動

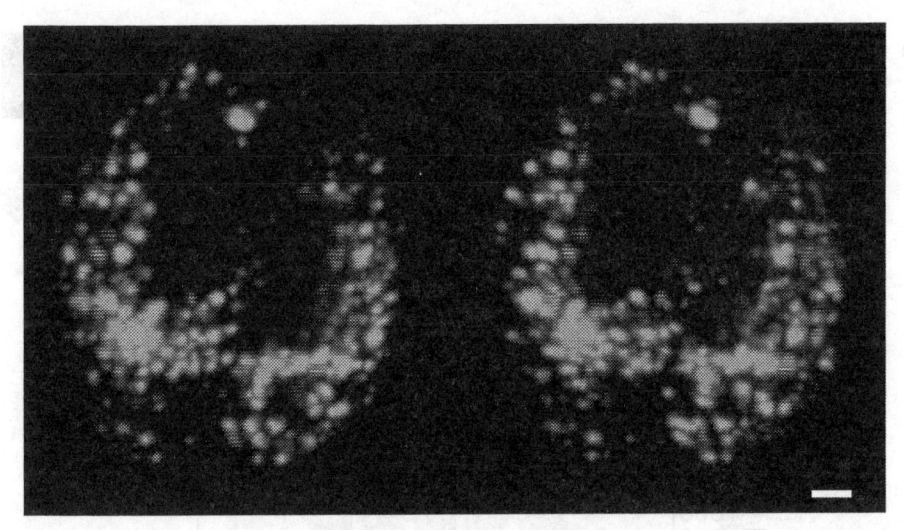

第20章　バイオイメージング用の光学技術と解析技術

図4　共焦点三次元顕微鏡で取得した，小胞輸送のステレオ画像
量子ドットで標識された膜蛋白質は，数分後にエンドサイトーシスにより
細胞内に取り込まれ，モーター蛋白質によって，核周辺にまで輸送される。

クチュエータに，静電（歪み）センサを設置し対物レンズの位置を計測したり，サンプル表面にレーザー光を当て，その全反射光を参照光としてサンプル表面の位置を計測したりして，焦点の位置は取得される。他には，結像レンズに焦点可変レンズを用いて，対物レンズを固定したまま焦点位置を走査する方法などが挙げられる。

次は，三次元空間における量子ドットの運動を三次元的に追跡する方法を述べる。基本原理は，二次元の粒子追跡法と同じである。図5に，共焦点顕微鏡下における各焦点位置（Z軸）における蛍光粒子の像を示す。下に，その蛍光強度とZ位置の相関を示す。共焦点顕微鏡においては，蛍光強度は，Z軸方向にもガウス分布に従う。つまり，二次元における単粒子追跡と同様に，得られた画像を三次元ガウス関数で近似すれば，蛍光粒子の三次元位置を取得できる。著者らは，ニプコウディスクを用いた共焦点ユニットを用いていたが，ニプコウディスクの回転が顕微鏡の振動を引き起こす為，追跡位置精度は，二次元のそれと比べて低下する。共焦点顕微鏡を用いた三次元粒子追跡の位置精度は，水平方向～6nm，垂直方向～45nmであった。得られた動画を三次元ガウス関数で近似する事により，量子ドットで標識した膜蛋白質のエンドサイトーシス，及び，細胞膜から細胞核へ輸送を三次元的に追跡する事ができた（図6）。膜蛋白質は，エンドサイトーシス直後に細胞膜に沿って輸送される事（図6A）や，細胞膜に沿って運動していた粒子が突如方向を換え，核に向かって輸送されている様子（図6B）が観てわかる。このように，三次元共焦点顕微鏡と三次元追跡法は，まさに，「観て解る」実験方法の一つである。

量子ドットの生命科学領域への応用

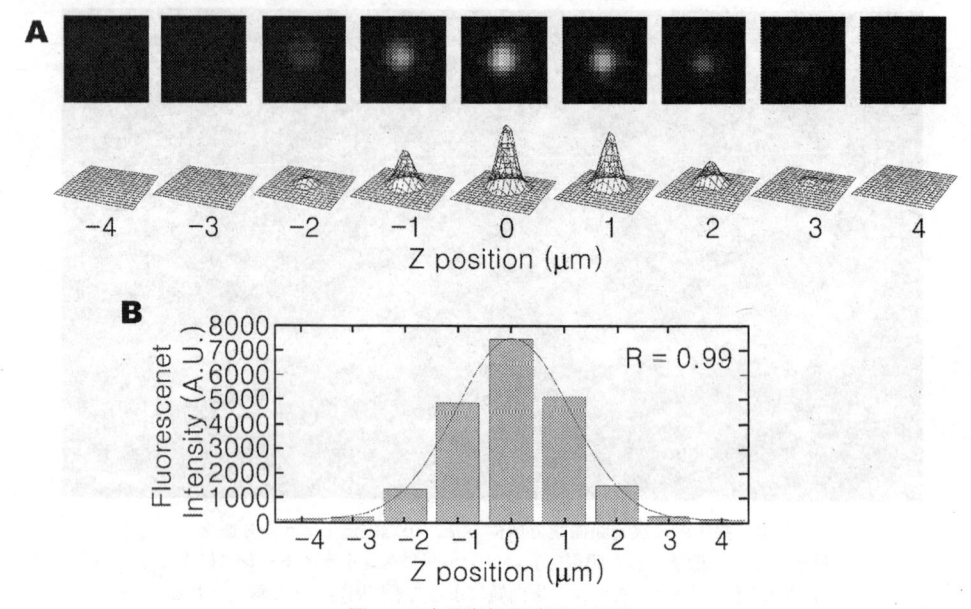

図5　三次元単粒子追跡の原理
A：焦点位置を変化させた時の蛍光像の変化。蛍光像（上）と三次元プロファイル（下）
B：蛍光強度と焦点位置の相関

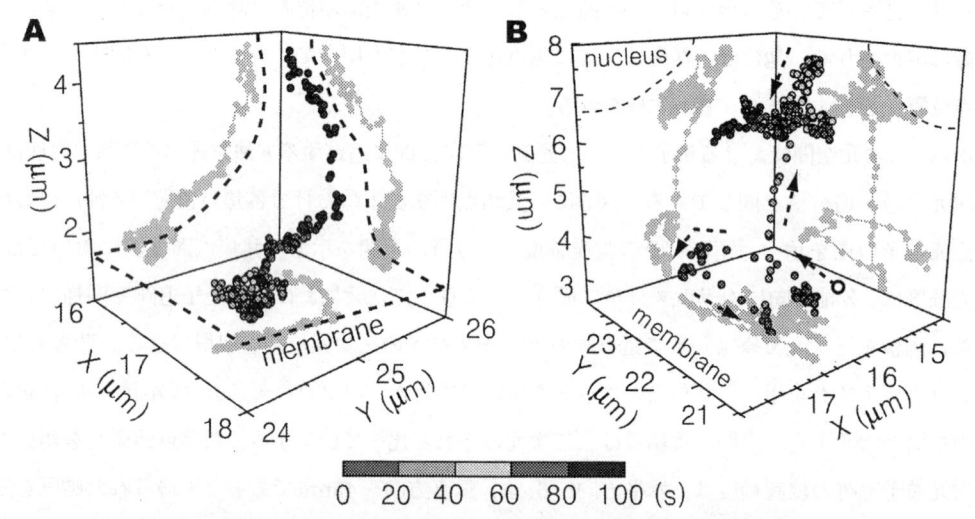

図6　量子ドットで蛍光標識した膜蛋白質の三次元運動追跡の軌跡
エンドサイトーシス（A）と，その後の細胞核までの輸送（B）。各点は，330ms毎

4　二焦点分岐光学と三次元粒子ナノ追跡法

蛋白質の運動をnm・msの時空間分解能で，さらに，三次元的に観察したいというのは，光学顕微鏡を利用する生物研究者として当然の欲求であろう。共焦点顕微鏡を用いた三次元観察法は，

第20章 バイオイメージング用の光学技術と解析技術

厚みのある細胞全体を観察できるという利点はあるものの，複数枚の画像取得を必要とする上，対物レンズ，ニプコウディスク，あるいは，ガルバノスキャナなど，何かしらを駆動させる必要がある為に，やはり時間分解能には制限がある。量子ドットと，最近開発された新しい光学系，及び，解析方法を用いる事により，上記の問題点が解決された。

新しい光学系とは，二つの異なる焦点面を一度に取得する光学系である[5]。図7に，光路図を示す。顕微鏡本体（通常は，無限系対物レンズと結像レンズ）が，実像を結ぶ位置を第一結像面とする。第一結像面にスリットを配置する事によって，視野を半分にできる。スリットのすぐ後ろに，無偏光ハーフミラーを配置し，光を二つに分ける。それぞれの光路に，それぞれレンズ（L1，L2）を配置する。それぞれ，ミラーを通し，再度，同じ光路を辿るようにし，カメラの受光面の前にもう一枚レンズ（L3）を配置する。レンズL1（L2）とレンズL3は，二枚で一枚のリレーレンズとしての役割を果たす。レンズL1を動かすと，片方の光路（path1）のみ焦点位置が移動する。レンズL1の移動量と，観察試料上での焦点位置の移動量の相関は，簡単な理論計算により求められる。対物レンズの前焦点距離（作動距離とほぼ一致）をa，結像レンズの焦点距離をb，観察試料上での焦点位置の移動量をx，レンズL1の移動距離をyとすると，$1/y = a^2/b^2 \cdot 1/x + (a+b)/b^2$で与えられる。例えば，$a=1.67$，$b=100$の時，観察試料上で，1ミクロンだけ焦点距離を移動させたいとすると，レンズL1は，3.46mm動かせば良い。上記に従い，片方の光路のみ，焦点位置を移動させれば，図7に示すように，一つのカメラ受光面に，二つの異なる焦点面の画像を配置する事が可能になる。正確には，二つの光路長には，差が生じる為，倍率にも差が生じる。しかしながら，この二焦点分岐光学において，その倍率の差は，それほど大きくない。著者らの実施例では，60倍対物レンズを用いて，サンプル面上で二つの焦点面の

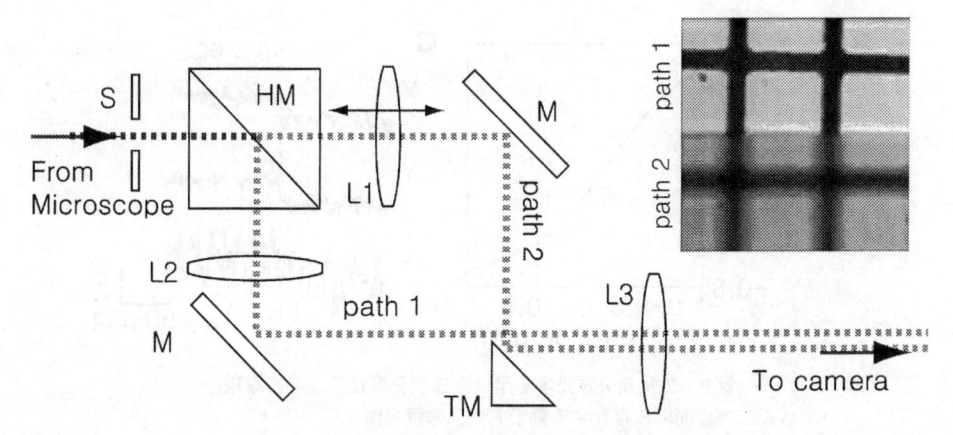

図7 二焦点分岐光学の模式図
S：スリット，HM：ハーフミラー，L：レンズ，M：ミラー，TM：三角ミラー。挿入図は，二焦点分岐光学を用いて，10ミクロンの格子を観察した像。

距離が1ミクロンの時，その倍率の比は0.96程度であった。著者らは，上記の光学系を二焦点分岐光学と呼んでいる。

　二焦点分岐光学を用いた，三次元粒子追跡法の原理は，至って単純である。二つの焦点面の間にある量子ドットの蛍光像は，両方の焦点面に映り込む（図8A）。片方の焦点面をpath1，もう一方をpath2とすると，path1においてピントが合っている時には，path2においてはピントが合わない。輝点が，path1から離れpath2に近づくと，徐々にpath2においてピントが合っていく。つまり，path1における輝点の蛍光強度IAとpath2における中心の蛍光強度IBの差（IA－IB）が，Z位置と相関を持つ。ここで，差（IA－IB）を和（IA＋IB）で割った（IA－IB）/（IA＋IB）は，蛍光強度の項が相殺され，－1.0～1.0の値を持つZ位置の関数となる（図8B）。この相関は，対物レンズや結像レンズなどを含めた全体の光学系と二焦点面間の距離で一意に決定し，蛍光像の明るさには依存しない。従って，（IA－IB）/（IA＋IB）とZ位置の相関を実験前に予め計測しておき，キャリブレーションテーブルとして利用すれば，蛍光の明滅や揺らぎに大きく影響を受ける事なく蛍光粒子のZ軸方向の位置を取得する事ができる。XY平面上の位置は，上述した様に，二次元ガウス関数で近似すればよいから，これで，蛍光輝点の位置を三次元的に取得できる事になる。二焦点分岐光学と三次元粒子ナノ追跡法を用いて，量子ドットの三次元位

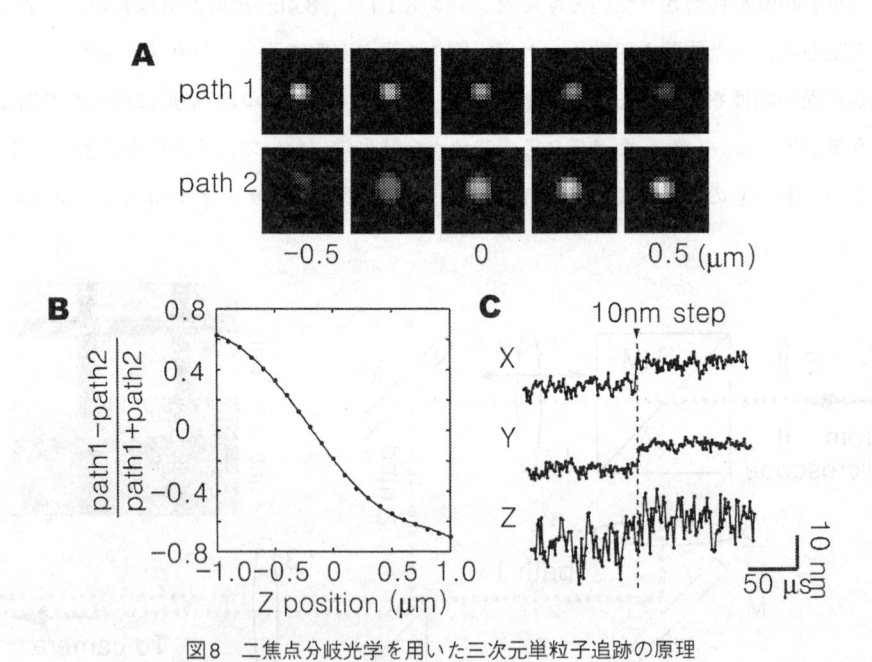

図8　二焦点分岐光学を用いた三次元単粒子追跡の原理
A：二焦点面間に存在する量子ドットの蛍光像
B：三次元単粒子追跡に用いるキャリブレーションテーブル
C：ガラスに固定した量子ドットを10nmだけ階段上に動かして，その位置を追跡した結果

第20章　バイオイメージング用の光学技術と解析技術

置を計測した例を図8Cに示す．それぞれの軸において，人工的な10nmの階段状変位を生成させ，それを追跡した．どの軸においても，それぞれ，階段状変位は確認された．位置精度は，XY平面上で約2nm，Z軸上で約6nmであった．時間分解能は，使用するカメラのフレームレートで決定される．

　二焦点分岐光学を用いて，量子ドットにより標識された細胞内を運動する小胞を三次元的に追跡した（図9）．小胞は，細胞核に向かって一方向に動いていたが，進行方向を座標軸に見てみると，小胞が，階段状に運動している事が解る（図9B）．この階段の幅は，約8nmであった．ダイニンは，光ピンセットを用いたナノ計測法によって，試験管実験系においては，微小管上を8nmのステップを繰り返しながら運動している事が明らかにされている[8]．本実験による8nm

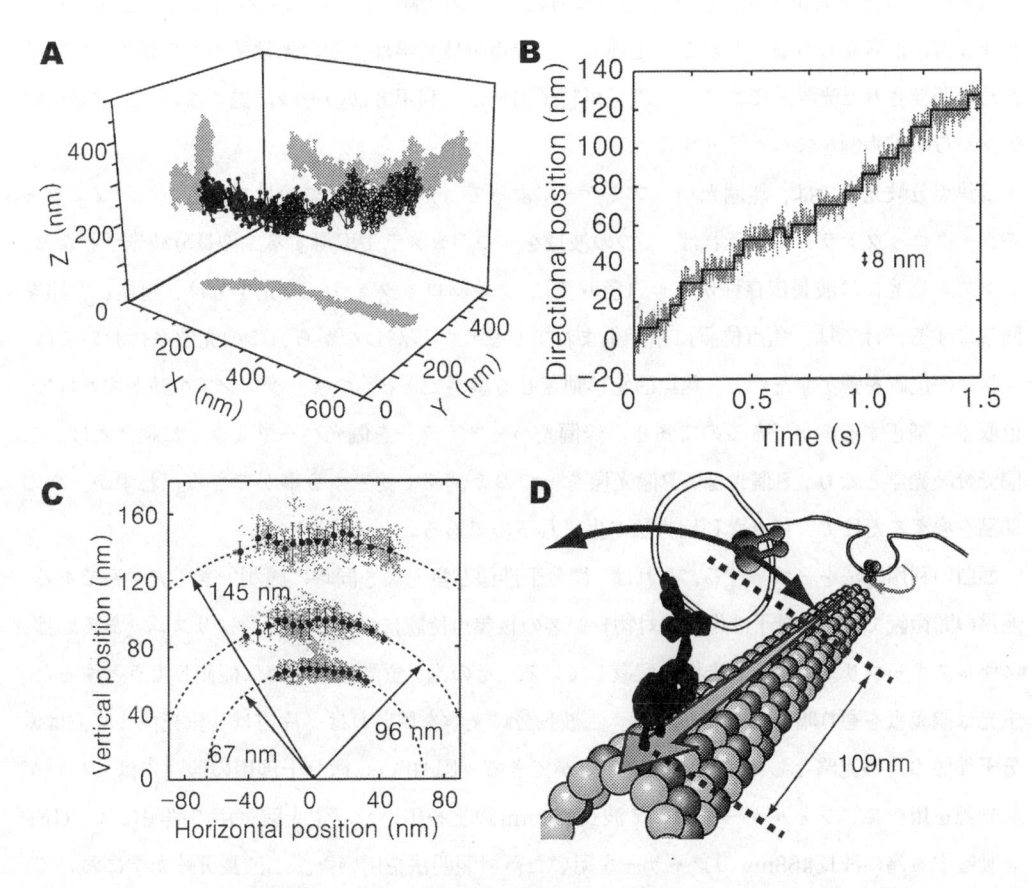

図9　量子ドットで標識された膜蛋白質の細胞内三次元運動
A：二焦点分岐光学を用いた三次元単粒子追跡法による，細胞内小
　　胞運動の三次元軌跡
B：小胞輸送の運動方向の軌跡
C：小胞輸送を正面から観察した軌跡
D：細胞内でモーター蛋白質が小胞を輸送する様子

の階段状の動きは，まさに，ダイニンが細胞内においても8nmのステップ変位を生成している様子である。次は，小胞が輸送される様子を，真正面から覗いてみた（図9C）。小胞は，円柱上に左右に揺れながら前に輸送されていたのである。この円柱の半径は，109nmと見積もられ，微小管の中心からモーター蛋白質ダイニンの小胞結合部位までの長さとほぼ一致する。図9Dに示すように，小胞を背負ったダイニンが微小管上を綱渡りしている様子が思い浮かぶ。上記の光学と解析方法を用いれば，細胞内で動いている蛋白質の動きが，そのまま観察できるのである。

5　二焦点分岐光学の拡張性

蛍光粒子の三次元位置を計測するだけならば，二つの焦点面を同時に取得しなくとも，他に様々な方法が考えられる。しかし，上述した二焦点分岐光学は，他の光学系への拡張性を広げるために開発された光学系であり，三次元単粒子追跡は，利用方法の一つに過ぎない。二焦点分岐光学からの拡張例を幾つか紹介する。

二焦点分岐光学では，無偏光ハーフミラーによって，光路を二つに分けている。ハーフミラーをダイクロックミラーに換えれば，二つの波長を一つのカメラで取得する二波長分岐光学となる。レンズの集光には波長依存性があり（色収差），ダイクロックミラーで光を分け，再度，行路を同じにするだけでは，焦点位置に差が生まれてしまう。しかしながら，この光学系においては，レンズの位置を動かすだけで，焦点面を移動させる事ができる。つまり，レンズを動かすだけで，色収差を補正する事ができるのである。無偏光ハーフミラーを偏光ハーフミラーに換えれば，二偏光分岐光学となり，S偏光像，P偏光像を一つのカメラで受光する事ができる。わずか一つの部品を換えるだけで，様々な利用方法が生まれるのである。

面白い利用方法を一つ挙げる。それは，微分干渉像と蛍光像を同時に観測できる光学系である。通常の顕微鏡では，微分干渉像は，対物レンズの後焦点位置にウォラストンプリズム（あるいは，ノマルスキープリズム）と偏光板を配置している。その為，蛍光像を同時に観測しようとすると，蛍光は偏光板を通り暗くなってしまう。二波長分岐光学を用いれば，片方は，蛍光像，片方は微分干渉像の為の光路として，別々に使う事ができる（図10A）。微分干渉用の照明には，ハロゲン光源を用いて，フィルターを用いて波長750nm以上を用いた。蛍光観察用の照明には，GFPを励起する為に波長488nmのレーザーを用いた落射照明法を用いた。二波長分岐光学において，波長700nm以上を透過するダイクロックミラーを使い，GFPの蛍光像と微分干渉像とを分岐させる。GFP用の光路では，その後，エミッションフィルターを用いて，GFPの蛍光のみを抽出して，カメラに入射させる。微分干渉用の光路では，レンズの後焦点面にウォラストンプリズムと偏光板を配置すれば，対物レンズの後ろにプリズム等を配置せずとも微分干渉像を得る事がで

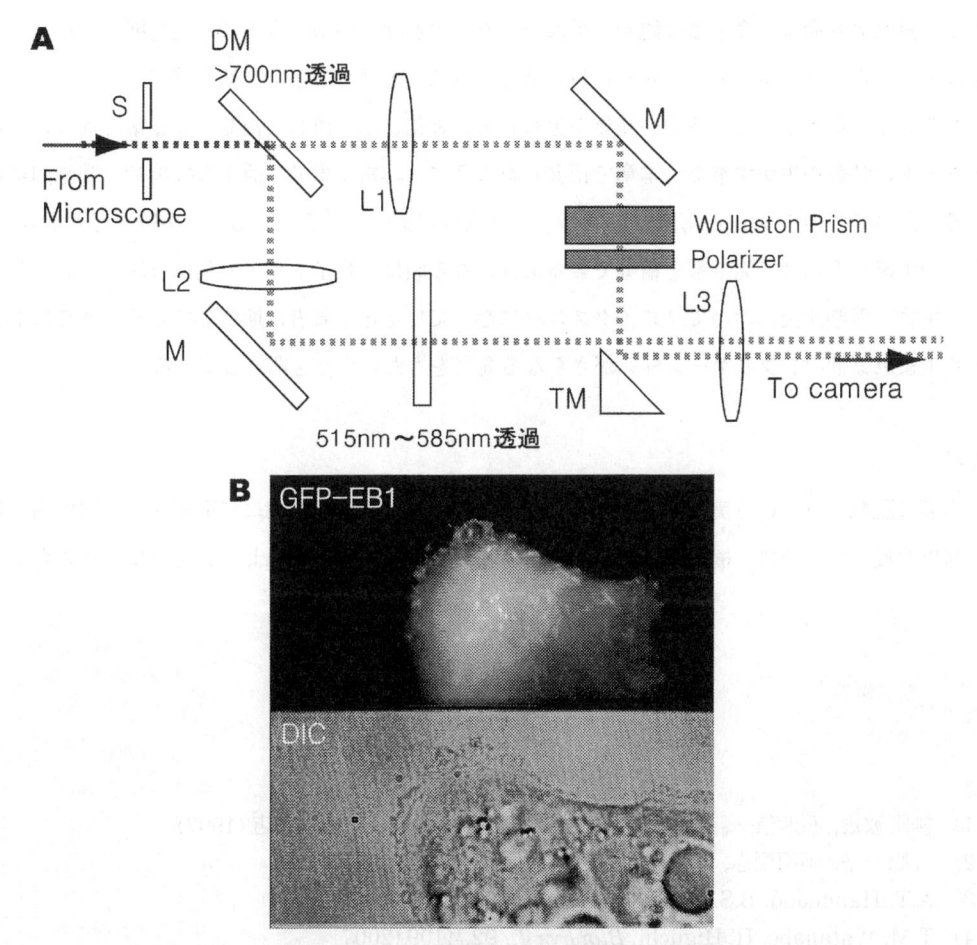

第20章　バイオイメージング用の光学技術と解析技術

図10　二焦点分岐光学の応用例
A：微分干渉像と蛍光像の同時観測を可能にする光学系の模式図。S；スリット，DM；ダイクロイックミラー，L；レンズ，M；ミラー，TM；三角ミラー
B：微分干渉像と蛍光像の同時観測。乳がん細胞が，細胞移動する際におけるEB-1の運動を観察した実験例。

きる。実際に，GFP-EB-1（微小管の先端に結合する蛋白質）の蛍光像と，細胞の微分干渉像を同時に観察した例を図10Bに示す。同様に，位相差観察と蛍光観察を同時に行う事も可能である。二つに光路を分け，それぞれを別々に使えるので，後は，アイデアと工夫次第で，顕微鏡にオリジナリティが生まれるのである。

6　おわりに

量子ドットの生物・医学研究へのアプリケーションには，大きな期待が持たれている。高蛍光

強度,長蛍光寿命は,今までに観測し得なかった現象を捉え始め,今後の研究発展に,量子ドットは欠かせないツールである。観察材料が進化すれば,当然のごとく,観察装置も進化を必要とされる。その結果として,新しい発見が生まれる。進化とは,決して複雑になる事ではない。量子ドットの特徴を生かす事で,本章で紹介したように,非常に単純で簡単な技術で,細胞内における蛋白質の運動をnm・ms精度で,かつ,三次元的に追跡できるのである。実験を行う本人が,自分の実験に合わせて光学系を構築できるようになる頃に,量子ドットの利用方法は拡大にむかい,生物・医学研究においてブレイクスルーになっていると,著者は期待している。さらにそこから生まれる他のアプリケーションがさらなる発展をもたらすとも期待している。

謝辞

本稿に記載されている実験例は全て,東北大学先進医工学研究機構にて取得され,同機構,樋口秀男教授,ならびに,権田幸祐助手の協力の基に行われました。心より御礼申し上げます。

文　献

1) 柳田敏雄, 石渡信一, ナノピコスペースのイメージング, 吉岡書店 (1997)
2) 合原一幸, 岡田康志, 〈1分子〉生理学, 岩波書店 (2004)
3) A.T. Hammond, B.S. Glick, *Traffic*, **1**, 935 (2000)
4) T.M. Watanabe, H. Higuchi, *Biophys J.*, **92**, 4109 (2007)
5) T.M. Watanabe et al., *Biochem Biophys Res Commun*. **359**, 1 (2007)
6) U. Kubitscheck et al., *Biophys. J.*, **78**, 2170 (2000)
7) R.E. Thompson et al., *Biophys. J.*, **82**, 2775 (2002)
8) S. Toba et al., *Proc Natl Acad Sci USA*, **103**, 5741 (2006)

第21章 量子ドットを用いた生体機能非侵襲計測のための蛍光画像計測技術の開発

小林正樹*

1 まえがき

　蛍光マーカとしての優れた特性をもつ量子ドットを生体計測に適用するためには，生体への親和性や安全性の確保など材料の研究開発とともに，その特徴を生かした計測技術の開発が必須であり，それらは互いに車の両輪をなすといえる。臨床応用などヒトを対象として診断目的で計測を行う場合，蛍光マーカを用いた方法には非侵襲性，安全性，さらにリアルタイム可視化といった特長を見出すことができる。光による生体イメージング法はこのようにとても魅力的な要素を持っているにもかかわらず，生体組織の多重光散乱が大きな技術的障壁をなし，生体内部で発生した蛍光の強度検出は可能であってもその画像化は一般に難しい。観察部位が皮膚表層や皮下臓器表面など，組織の比較的浅い部位にある場合には，励起光を高い効率でカットし，生体組織の内因性蛍光（自家蛍光）に比較して，ターゲットとする蛍光を優位に検出することができれば容易に画像計測することができる。しかし，組織の深さが数mmを越えると実用的な解像度でのイメージングは極端に困難となる。

　高い量子収率を誇り，また退色性に優れた量子ドットは，生体計測においてこれからますますそのラベル剤としての応用への要求が高まることが予想される。本稿では，計測対象を量子ドットに限定せず，蛍光タンパク質をコードしたレポーター遺伝子を用いるレポーター遺伝子アッセイ法を含む各種蛍光ラベル法において適用が可能な，生体非侵襲蛍光画像計測技術について解説する。まず，生体組織の自家蛍光特性とその分離法について論じた上で，生体深部の蛍光イメージングのための超音波を援用した新しい蛍光イメージング法の開発について紹介する。

2 自家蛍光分離のための分光画像および時間分解画像計測

　生体組織の蛍光検出を行う際，その検出限界は自家蛍光強度により決定される。ここではまず生体組織の自家蛍光特性について述べた上で，自家蛍光の弁別法として分光画像計測法と量子ド

＊ Masaki Kobayashi　東北工業大学　工学部　知能エレクトロニクス学科　教授

ットの特徴のひとつである長い蛍光寿命を利用した時間分解蛍光寿命イメージング法について概説する。ここで述べる手法は，光散乱による空間分解能の劣化の改善を目的とするものではないが，比較的浅い組織内部の弱い蛍光画像検出には有効な方法である。

2.1 蛍光分光画像計測法

実験動物（ラット）を用いて測定した各臓器および体表の自家蛍光スペクトル分布特性を図1に示す[1]。473nmの励起波長において得られた蛍光スペクトルを図1(a)に，633nm励起によるスペクトルを図1(b)に示す。図1(a)にみられる波長530nm付近のピークはフラビンなどに由来し，630nm付近のピークはポルフィリン化合物に由来すると考えられる[2]。体表から皮下の蛍光分布を計測しようとするときその検出限界を決定するのは，背景光すなわちターゲットとする蛍光物質からの蛍光強度に重畳する，主に皮膚由来の自家蛍光である。図1のように自家蛍光は広い波長範囲にわたってブロードな分布を示すため，干渉フィルタを用いて蛍光波長帯を選択するだけでは，その透過帯に存在する自家蛍光成分を分離することはできない。実際の画像計測においては，自家蛍光強度の空間分布のばらつきと計測ターゲットとする蛍光物質からの蛍光強度の関係により検出限界が決まる。そこで，2次元画像面上の画素を構成する各点におけるスペクトル情報を画像情報と同時に取得し，自家蛍光スペクトルと蛍光物質スペクトルとのスペク

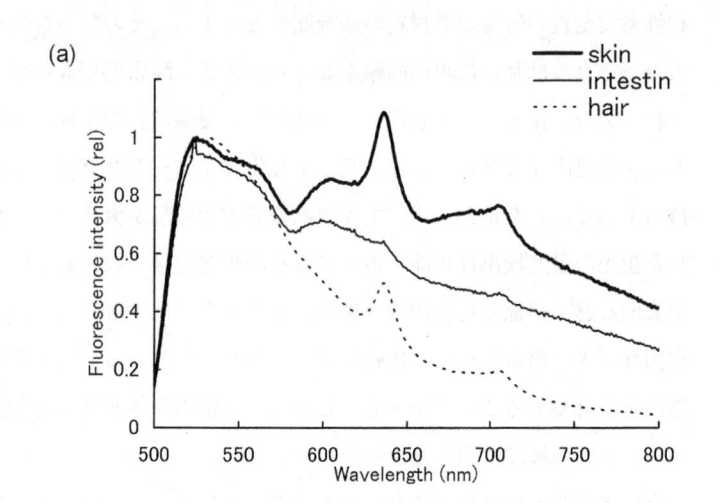

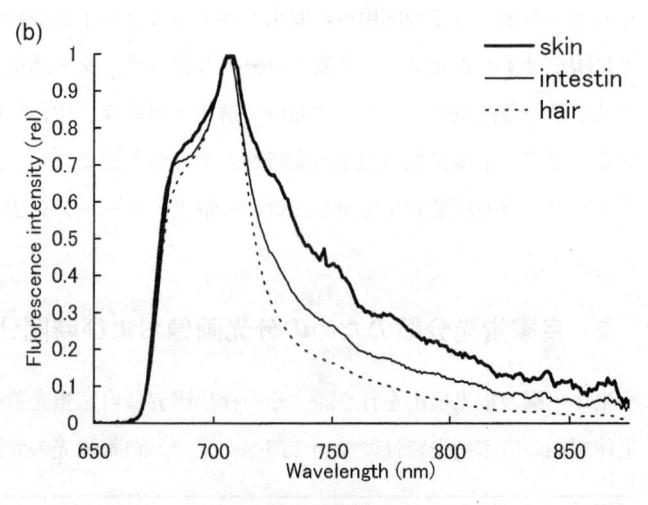

図1 ラット生体の自家蛍光スペクトル
(a) 473nm励起，(b) 633nm励起

第21章　量子ドットを用いた生体機能非侵襲計測のための蛍光画像計測技術の開発

トルパターンの差を利用することにより，バンドパスフィルターによる特定バンドの抽出だけでは得られない効果的な自家蛍光分離法を実現することができる。

分光画像計測法には各種の方法があるが，ここでは回折格子を搭載しCCDを検出器とするポリクロメータを用いた分光画像計測システムについて述べる[3]。測定システムブロック図を図2に示す。

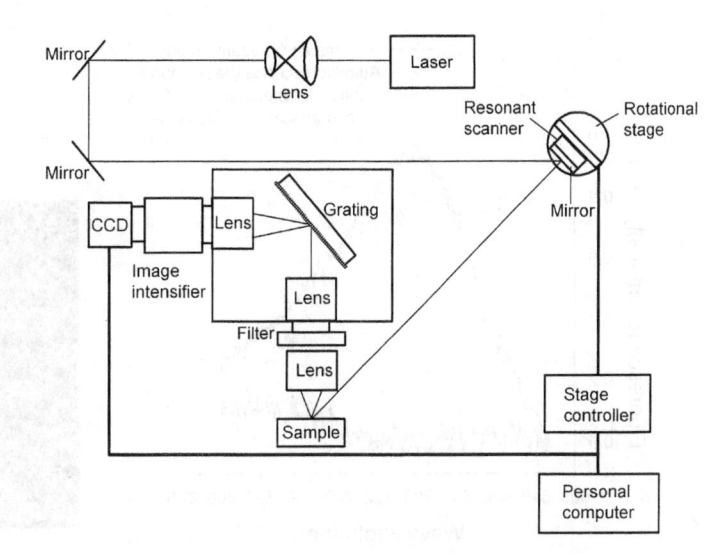

図2　蛍光分光画像計測システムのブロック図

励起レーザ光はレゾナントスキャナにより1次元ライン状ビームとし，ラインビームを測定対象に照射することにより，励起ライン上の各点における分光データを画像計測する。このラインビームをそれと直交する方向にさらに走査することで，2次元面上の各点でのスペクトルデータを取得することができる。あらかじめ取得した自家蛍光のスペクトルパターンと相関分析によるパターン比較し，パターンの差を強調することで自家蛍光を抑制した蛍光画像を得ることができる。

食用ブタ肉を生体試料として用いて行った計測実験例を示す。厚さ23mmの肉の下に直径1mm，長さ3mmのガラス管に封入した量子ドット（蛍光波長800nm）を包埋した。633nmの励起光を用いて肉の上から測定した蛍光スペクトルを図3に示す。図では蛍光試料直上部位での蛍光スペクトルと，同じ場所での肉の自家蛍光スペクトルを重ねて表示した。また，両者の差スペクトルも併せて表示した。量子ドットの蛍光スペクトルに対応したスペクトル分布が差スペクトルとして得られている。なお比較のため図4には点線でブタ脂肪の自家蛍光スペクトルも表示したが，ブタ肉の自家蛍光スペクトルとのパターンの相違がわかる。量子ドット由来蛍光と自家蛍光とのスペクトルパターン差を強調して表示した結果を図4に示す。この実験では厚さ23mmといった比較的深い位置に蛍光体を設置したため，50×50mmの観察範囲において，画像中央を中心にかなり広い範囲で蛍光が広がっているが，このように広範囲に拡散して観測されても，本手法によればその蛍光強度がターゲットとなる蛍光物質に由来するものであることを分光的に保証することができる。

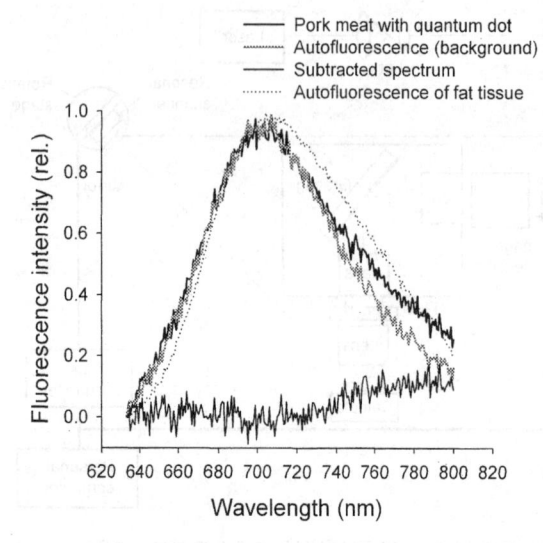

図3 厚さ23mmのブタロース肉下に量子ドット試料を設置して計測された蛍光スペクトルの自家蛍光スペクトルとの比較，および両者の差スペクトル
点線は脂肪の自家蛍光

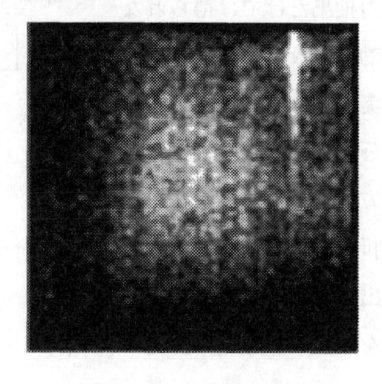

図4 23mm厚ブタロース肉下に量子ドット試料を設置して計測された分光画像データから再構成した量子ドット由来の蛍光画像

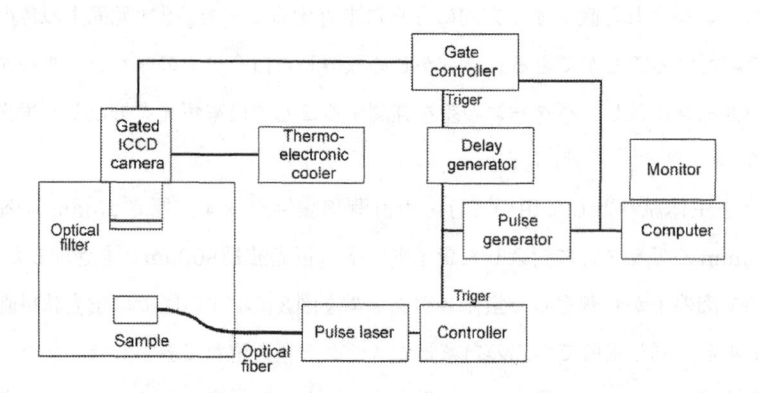

図5 蛍光寿命時間分解画像計測システムのブロック図

2.2 時間分解蛍光寿命画像計測法[3]

　量子ドットは，有機蛍光色素に比較して長い蛍光寿命をもつことがその特徴である。一般に自家蛍光と比較しても長いため，この蛍光寿命差を利用した自家蛍光の効果的分離が可能である。時間分解イメージングにはゲート機能をもつイメージインテンシファイアを用いる。図5に時間分解蛍光寿命画像計測システムブロック図を示す。外部パルス発生器で発生させたパルス信号をトリガとし，励起用パルスレーザ（パルス幅400ps），およびこれと同期しあらかじめ設定した時間幅，時間範囲で遅延をかけたトリガ信号によりイメージインテンシファイア印加電圧を制御

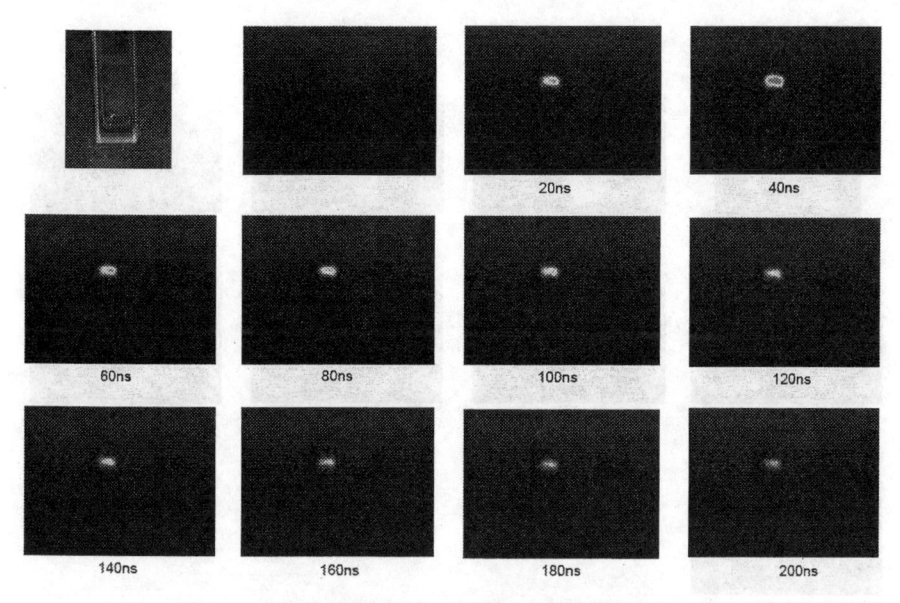

第21章　量子ドットを用いた生体機能非侵襲計測のための蛍光画像計測技術の開発

図6　量子ドットの蛍光寿命時間分解画像計測例（時間ゲート幅20ns）
　　　左上挿入写真は測定試料

し，10ns～100nsの範囲で時間ゲートをかける。測定試料の蛍光画像を2次元光子計数法により繰り返して計測し，ゲートごとに画像データとして蓄積することにより時間分解蛍光寿命画像を得る。

　図6は量子ドット試料からの蛍光を20nsの時間ゲートにより計測した結果である。図では200nsまでを表示したが，長い寿命をもつことがわかる。主要な自家蛍光の蛍光寿命は数ns～10ns程度であることから，量子ドットのような長寿命な蛍光マーカは，時間分解イメージングにより自家蛍光を排除することが可能となる。生体試料を用いた実験としてトリムネ肉内に量子ドットを包埋し外部から時間分解蛍光寿命画像計測を行った例を図7に示す。深さ7mmの位置に量子ドットが包埋してあるが，量子ドット由来の長い蛍光寿命をもつ画像が200ns以降にわたって検出されている。

3　超音波タグ蛍光画像計測法による生体深部の蛍光イメージング

　前節までに述べた蛍光検出法は，自家蛍光との分離が目的であり，画像として計測できるのは前述の通り組織表面や表層に限られる。それに対し深い生体組織内部での蛍光分布を実用的解像度でイメージングするための方法として，強度変調した励起光を照射し周波数領域での位相差を利用してイメージングする周波数分解法などが知られているが，ここでは集束超音波を組織内部

量子ドットの生命科学領域への応用

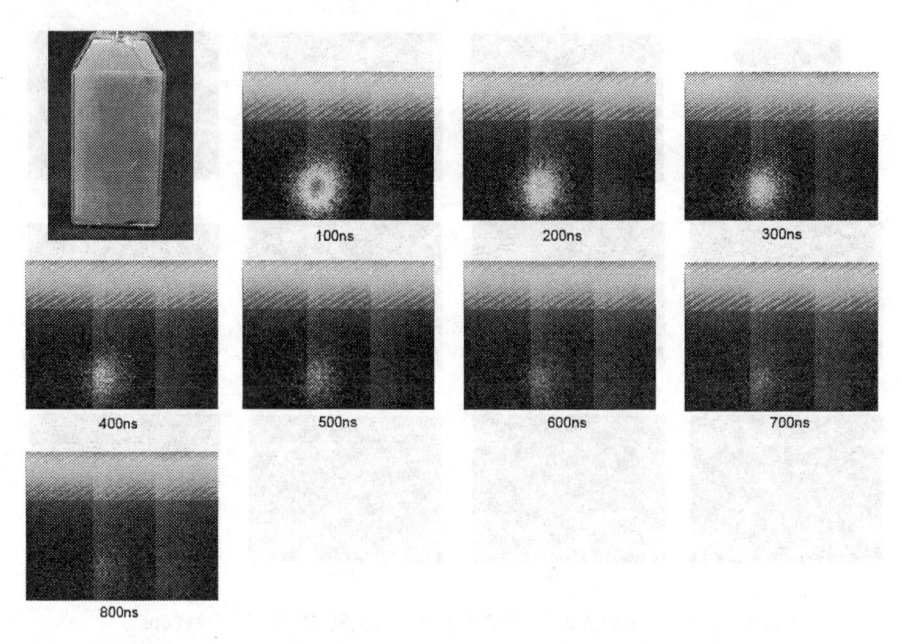

図7　トリムネ肉内部深さ7mmに量子ドットを包埋した生体模擬試料
による蛍光寿命時間分解画像計測結果（時間ゲート幅100ns）
左上挿入写真は測定試料

に照射し，それによる光変調を利用して空間選択的に蛍光分布情報を獲得する新しい手法である超音波タグ蛍光断層イメージング法について解説する[4]。

3.1　超音波タグ蛍光画像計測法の原理

　生体組織内に超音波音場が形成されると，屈折や散乱係数などの光学特性の空間分布が誘起され，このとき音場内の光は音圧変化に依存した強度変調を受ける。媒質内で焦点を結ぶ集束超音波を利用すると，音場焦点において空間選択的に強度変調を与えることができる。媒質中に蛍光物質が存在するとき，外部において観測される変調蛍光信号は超音波焦点と蛍光体の位置が一致したときに最大となる。

　図8に超音波タグ蛍光断層イメージングシステムのブロック図を示す。CWレーザ光を，蒸留水を満たしたアクリル水槽に入射し，レーザ光軸と直交するよう配置した水中用トランスデューサにより集束超音波を照射する。ここでの集束超音波焦点におけるビーム幅は3mm，焦点距離は41mmである。水槽のトランスデューサ対向面には，定在波の発生を抑えるための吸収板が配置されている。3軸自動ステージ（X軸：入射レーザ光軸方向，Y軸：超音波伝搬方向，Z軸：高さ方向）上に設置した水槽内に測定試料を浸し，水槽上部から吊して水槽外部で固定した。水槽を3軸移動することにより，超音波焦点が測定試料内を3軸走査する。走査中の各点において，

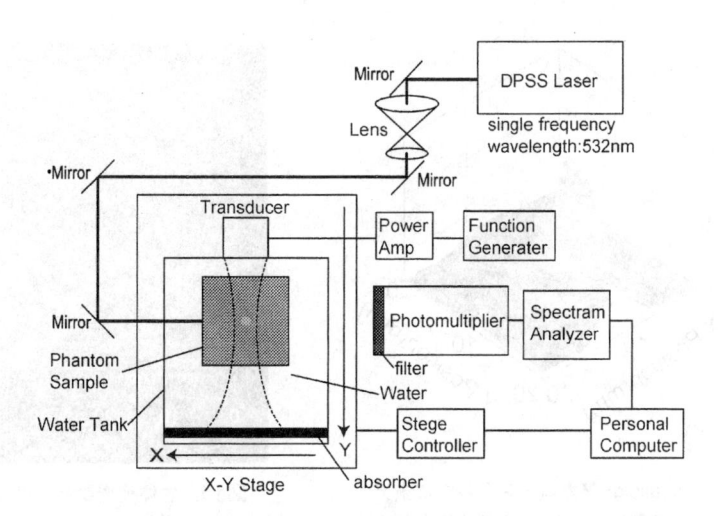

第21章 量子ドットを用いた生体機能非侵襲計測のための蛍光画像計測技術の開発

図8 超音波タグ蛍光断層イメージングシステムのブロック図

変調蛍光信号を励起カット用バンドパスフィルタを装着した光電子増倍管で検出し，超音波による変調信号成分をスペクトラムアナライザにより検波することで超音波焦点上の蛍光強度を検出する。

3.2 超音波タグ蛍光画像計測法による生体イメージング

生体模擬試料を用いた実験例を示す。散乱媒質として体積濃度40ml/LのIntralipid-10％水溶液をアガロースによりゲル化し，40mm×40mm×70mmに成形したものを用いた。その中央部には蛍光微粒子（Fluoresbrite Carboxylate Micro-spheres NYO蛍光波長590nm）を混合したアガロースを，直径3mm高さ5mmの円柱形に成形して包埋した。光源にはDPSSレーザ（波長532nm）を用い，X，Y両軸について，試料中心部20mmを0.5mmの分解能で走査した。図9はその測定結果である。中心付近に蛍光強度ピークが明瞭に検出され，そのサイズは実際の蛍光体サイズとほぼ一致した。測定後に縦方向に切断した生体模擬試料の断面写真を図10に示すが，試料中央に蛍光体が包埋されている様子がわかる。

また生体試料に近い試料として，ロースハムを用いた実験の結果を示す。生体模擬試料と同様に40mm×40mm×70mmに成形し，その中央部に蛍光微粒子（FluoSpheres carboxylate-modified microspheres 0.04μm, infrared fluorescent 715/755）を，直径3mm，高さ5mmに成形して挿入した。このとき光源には，波長726nm，出力50mWのTi:Sapphireレーザを用いた。図11はロースハムの2次元画像計測の結果である。このときの走査分解能は0.5mmである。走査範囲の中心付近に蛍光変調信号のピークを確認することができる。また図12はピークを含む光軸方向の蛍光強度プロファイルであるが，信号強度ピークの位置は挿入された蛍光体の位置

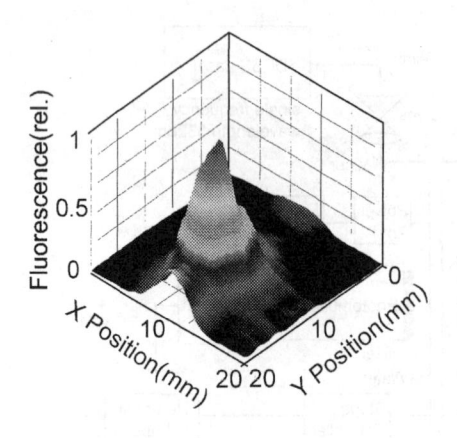

図9 Intralipid-アガロースゲル内に蛍光体を包埋した生体模擬試料内部の蛍光分布画像

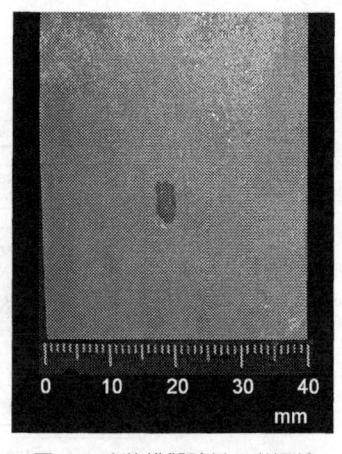

図10 生体模擬試料の縦切断面写真

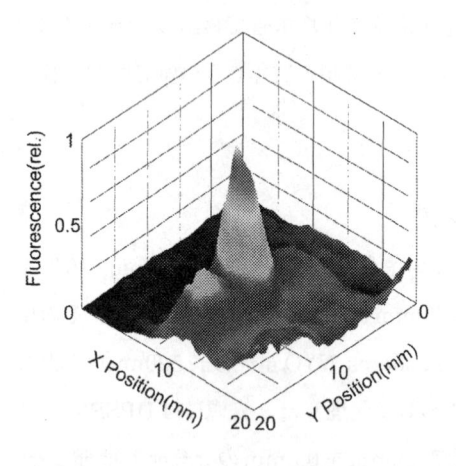

図11 ロースハム内に蛍光体を包埋した生体試料による蛍光断層画像

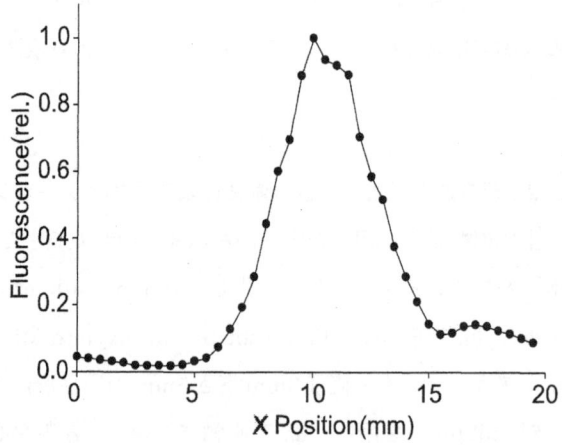

図12 ロースハム内に蛍光体を包埋した生体試料による光軸方向のプロファイル

にほぼ一致した。半値幅は4〜5mmであった。その他の生体試料として牛脂ブロック，豚ロース肉を用いた場合についても，同様に蛍光変調信号のピークが確認されている。このように，センチメートルオーダーの生体組織内部における蛍光物質分布を，ミリメートルオーダーの分解能で計測することができる。

このシステムでは超音波焦点はプローブ形状で決まるため，画像計測には機械的走査が必要であるが，超音波診断装置で用いられているような超音波アレイ素子を用いてこれを電子走査化することにより，より高速な掃引が可能になる。このようなアレイ素子を備えた，診断のための専

第21章 量子ドットを用いた生体機能非侵襲計測のための蛍光画像計測技術の開発

用超音波光―プローブの開発が待たれるところである。

4 おわりに

　量子ドットを生体計測に適用するための，生体内蛍光イメージング技術について概説した。自家蛍光との分光的，時間分解的弁別法や，光散乱媒質内部の蛍光特性の可視化法として超音波による光変調を用いた生体内蛍光イメージング法について紹介した。とくに生体深部の可視化技術は，遺伝子発現や生理活性物質の検出を目的として現在行われている各種蛍光アッセイ法を，数cm程度の生体内部に適用することを可能とする。今後この技術の実用化研究が進むと，量子ドットの生体計測応用のための材料開発も更に加速されるものと考えられ，これにより生体の遺伝子機能や生理機能の非侵襲計測といった生命科学研究用途から，さらに臨床応用として例えばがん転移診断のためのセンチネルリンパ節検索など，医療診断機器としての応用も視野に入れることができよう。学術研究から医療・製薬産業などの広範な分野に貢献する新しい画像計測・診断技術を提供するものと期待される。

文　献

1) M. Nakajima, M. Takeda, M. Kobayashi, S. Suzuki, N. Ohuchi, "Nano-sized fluorescent particles as new tracers for sentinel node detection: experimental model for decision of appropriate size and wavelength", *Cancer Sci.*, **95**, 353-356 (2005)
2) T. Vo-Dinh ed., Biomedical Photonics Handbook, CRC Press, Boca Raton, (2003)
3) 「ナノサイズ・センシングカプセルの新規開発と医療応用」厚生労働科学研究費補助金萌芽的先端医療技術推進事業平成16年度総括・分担報告書, 研究代表者大内憲明編 (2005)
4) M. Kobayashi, T. Mizumoto, Y. Shibuya, M. Enomoto, M. Takeda, "Fluorescence tomography in turbid media based on acousto-optic modulation imaging", *Appl. Phys. Lett.*, **89**, 181102 (2006)

第22章 波長可変液晶分光フィルタを用いる量子ドット計測技術

羽毛田 靖*

1 はじめに

　画像をイメージとして計測するイメージング技術はCCDカメラなどの検出装置の高性能化やコンピュータ技術の発展などにより近年目覚ましい進歩を遂げている。一方，様々な機能を持った蛍光プローブ[1,2]も開発が進んでおり，また，鉄道虫ルシフェラーゼとその改変体による発光色多色化も実用化されている。このようにイメージングと蛍光または発光プローブを用いたイメージング技術は，バイオテクノロジーの分野では必要不可欠な技術として多くの成果を上げている。

　近年，量子ドットを用いた蛍光試薬が開発され，蛍光の安定性が高いなどの理由から，バイオテクノロジーの分野[3]でも利用されるようになってきた。また，蛍光イメージングにおいては，励起光や蛍光を分光する技術は重要であり，分光用フィルタとして液晶技術を応用した波長可変液晶分光フィルタ[4]が開発されている。波長可変液晶分光フィルタは，DNAチップに見られるようなスポットあるいはマイクロウエルからの蛍光・発光を，同時複数計測する場合や，細胞・組織からの重複した光シグナルを波長分解して計測する場合に適していると考えられる。そこで，本稿では波長可変液晶分光フィルタを用いた蛍光イメージング装置により量子ドット蛍光試薬のイメージング分光スペクトルを測定する基礎技術を紹介する。

2 波長可変液晶分光フィルタ

　蛍光イメージングにおいては蛍光物質に励起光を照射し，蛍光物質から発生した蛍光をCCDカメラなどで画像として計測する。励起光は蛍光物質に適した波長の光を分光フィルタを通して照射するが，蛍光フィルタは励起光がCCDカメラなどの検出器に直接入射しないように，励起光の波長をバンドパスフィルタなどによりカットし，蛍光物質の蛍光を適切な波長で透過させる

---

* Yasushi Haketa　東亜ディーケーケー㈱　開発本部　開発一部　企画開発グループ　主任研究員

第22章　波長可変液晶分光フィルタを用いる量子ドット計測技術

必要がある。また，蛍光波長は使用する蛍光物質の種類により異なり，適切な分光フィルタを選択することは蛍光イメージングを行う上で重要である。励起または蛍光波長を制御する光学フィルタは，一般に，必要な波長のみを透過するバンドパスフィルタや不用な波長をカットするカットフィルタなど様々な種類がある。これらのフィルタは制御できる波長を可変することはできないため，様々な蛍光物質を用いて蛍光イメージングを行う場合には，複数の波長カットフィルタを切り換えて使用する必要がある。

ところで，最近の研究では蛍光波長の異なる蛍光物質を複数使用して細胞の様々な部位を特異的に染色する多色イメージング手法も開発されており，複数蛍光波長を同時に測定する技術の開発が必要になっている。また，染色用の蛍光物質としては量子ドット蛍光試薬が使用される場合も多い。これは，量子ドット蛍光試薬が一種類の励起波長で複数の蛍光波長の量子ドット蛍光試薬を励起できる点や，蛍光が安定して持続することができるなどがその理由である。

多色イメージング蛍光においては，1種類の蛍光フィルタだけでは，どの波長の蛍光試薬の蛍光を捕らえているか分からないため，一般には，RGBのカラーCCDカメラを用いて，カラー画像でイメージングを行う手法も使用されており，観測部位が1種類の蛍光色素で染色されている場合には，この方法でも有効に使用できる。しかし，観測部位が複数の蛍光試薬により染色されている場合には，混合した蛍光色となるため，どの蛍光試薬がどの程度蛍光を発しているかを見極めることは難しくなる。この場合，従来は複数の蛍光フィルタを切り換えて蛍光イメージングを計測しているが，その都度フィルタを切り換えることは実用上煩わしいばかりでなく，蛍光スペクトルを測定することは困難である。また，イメージングの場合には画像を2次元で捕らえる必要があるため分光光度計などに使用されている回折格子やプリズムを利用することもできない。

さて，画像を2次元で分光するための素子として，液晶を用いた波長可変液晶分光フィルタが開発されている。波長可変液晶分光フィルタは，1933年，B. リオにより考案され結晶板による干渉を利用し，非常に狭い波長域の光だけを透過するLyot filter[5]の原理を応用したものである。

Lyot filterは透過する直線偏光の振動方向を平行にした複数個の偏光子の列の間に光学軸が端面に平行で，厚さが2nd（n＝0，1，2…）の複屈折板である結晶板（例えば水晶板）を光学軸が偏光子の振動方向に45°をなすように入れた構成から成る。波長可変液晶分光フィルタは複屈折板として液晶板を使用することで，液晶板の印加電圧変化により透過波長を可変できるように設計したものである。図1に波長可変液晶分光フィルタの構成図を示した。

液晶セルに印加する電圧を変化することでLyot filterのnを変化することができる。図1の例では液晶セル3枚が直線偏光子4枚で挟まれた構造となっている。透過波長の半値幅は液晶セル

量子ドットの生命科学領域への応用

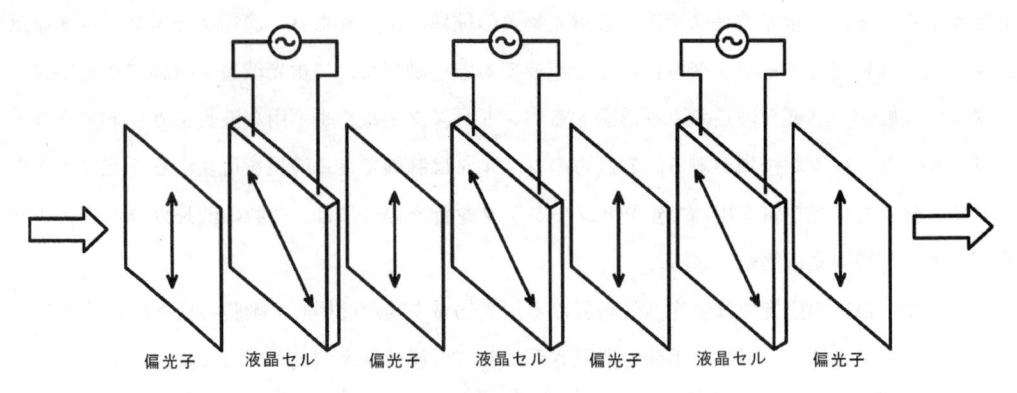

図1　波長可変液晶分光フィルタの構成図

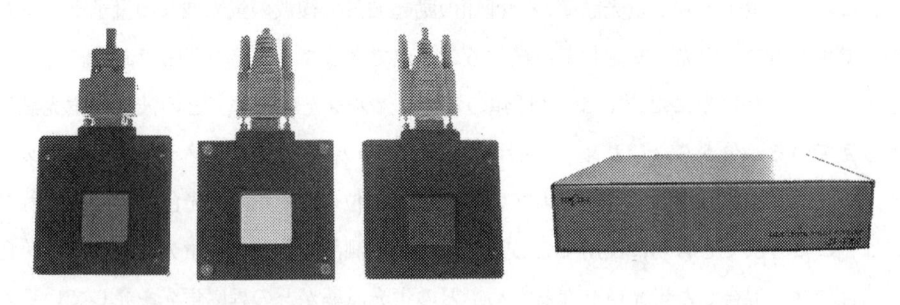

偏光子　液晶セル　偏光子　液晶セル　偏光子　液晶セル　偏光子

波長可変液晶分光フィルタ　　　　　　コントローラ

図2　波長可変液晶分光フィルタとコントローラ外観（カラー口絵参照）

と直線偏光子の枚数を増やすことにより，狭くすることができるが，枚数が増えると透過率も低下する。また，波長の可変範囲も液晶セルと直線偏光子の枚数により変化し波長可変範囲により適切な枚数を選択する必要がある。

図2は波長可変液晶分光フィルタと駆動部の外観を示したものである。このフィルタは東北大学，八戸工業大学および財団法人21あおもり産業総合支援センターと共同で開発を進めてきたもので，東北大学大学院電気・情報系内田研究室（内田龍男教授）および独立行政法人科学技術振興機構（JST）の青森県地域結集型共同研究事業「大型フラットパネルディスプレイの創出」の研究成果である。

本波長可変液晶分光フィルタは液晶と偏光子の枚数および液晶への印加電圧により波長可変範囲をコントロールすることが可能である。図3は6枚の液晶を使用した波長可変液晶分光フィルタの波長を440nmから700nmに20nmステップで変化したときの，波長と透過率の関係を示したものである。

波長可変液晶分光フィルタは透過したい設定波長をピークとして左右対称の波長透過特性を有しており，その半値幅は短波長ほど小さくなっている。また，短波長では透過率が小さくなる傾

第22章 波長可変液晶分光フィルタを用いる量子ドット計測技術

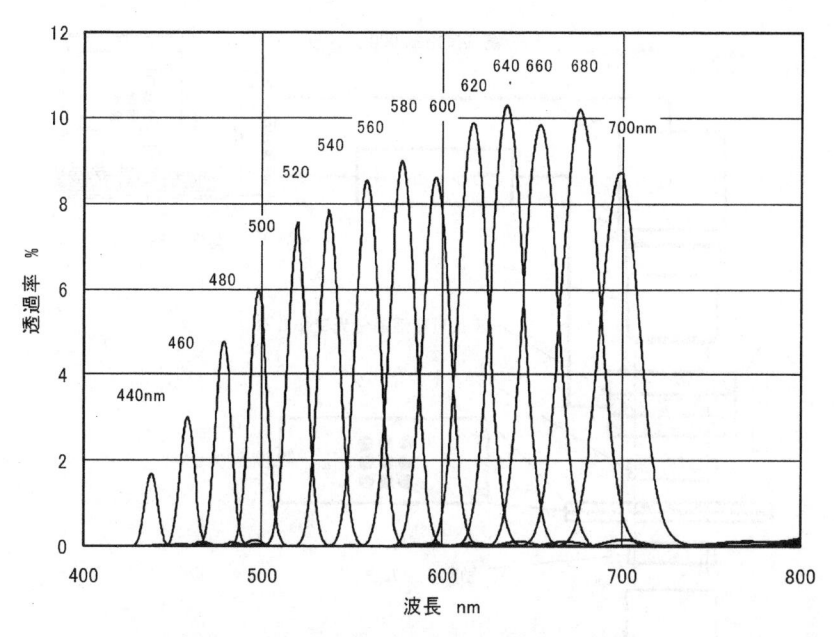

図3 波長可変液晶分光フィルタの波長と透過特性

向がある。また，波長毎に透過特性が異なるため，透過率の補正を行う必要がある。

3 波長可変液晶分光フィルタを用いたイメージング装置の概要

図4は波長可変分光フィルタを用いた蛍光分光イメージング装置の一例を示したものである。
光源は水銀ランプやメタルハライドランプを使用し，光源レンズと410～420nmの励起フィルタを通して測定ウェルに透過光として照射した。測定ウェルは2層になっており，透明のアクリル板に2φの穴が9個開いた黒色のプラスチック板を接着剤で張り合わせ，9個のマイクロセルを設けた構造となっている。各セルの深さは3mmで容量は約10μLである。セル内に量子ドット蛍光試薬などの蛍光サンプルを入れ，発生した蛍光は波長可変液晶分光フィルタとカットフィルタで分光し，レンズを通して高感度冷却CCDカメラで蛍光イメージングとして撮像した。CCDカメラの画像は画像処理装置で画像処理をし，セルの波長毎の蛍光強度を計算した。カットフィルタは励起光をカットするため，490nmより短波長を透過しない特性をもった光学フィルタを用いた。

波長可変液晶分光フィルタは画像処理装置からコントローラを通して制御し，1nmステップでピーク透過波長を440nm～700nmの範囲で任意にコントロールできる。

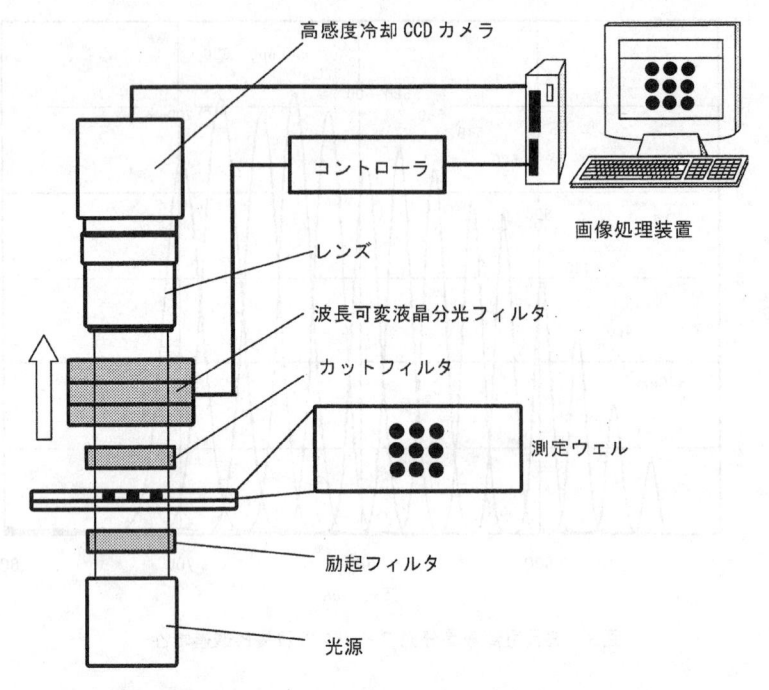

図4 波長可変分光フィルタを用いた蛍光分光イメージング装置

4 量子ドット試薬を用いた蛍光分光イメージング解析

本蛍光イメージング装置を用いて量子ドット蛍光試薬を測定した例を紹介する。量子ドット蛍光試薬はインビトロジェン製のQdot®ストレプトアビジン標識シリーズを用いた。

図5に，測定セルに入れた各量子ドット蛍光試薬の種類と濃度を示した。①〜⑥のセルには，525nm〜703nmの6種類の量子ドット蛍光試薬を単独で入れた。また，⑦，⑧，⑨のセルにはそれぞれ2種類，3種類，4種類の量子ドット試薬を入れ，蛍光イメージングを測定した。

図6は波長可変液晶分光フィルタで500〜700nmに波長を10nmステップで変化して撮像した蛍光イメージング画像を示した。撮像は2秒の露光時間で行い，5nmステップで画像データを画像処理装置に記憶し，各セルの平均蛍光強度を求めた。各セルの蛍光強度はセル内の量子ドット蛍光物質の蛍光波長に従い変化しており，波長毎の蛍光強度をイメージングにより捕らえることが可能であった。この蛍光イメージング画像から，各セルの位置の蛍光強度を平均化し，分光蛍光スペクトルを求めた。

図7はセル①〜⑥の蛍光分光スペクトルを示したものである。蛍光強度は各セルの波長ピークを100とした相対蛍光強度で示した。①〜⑥のセルにはそれぞれ525nm，565nm，585nm，605nm，655nm，703nmの量子ドット蛍光物質が入っており，各セルの波長毎の蛍光強度は，

第22章　波長可変液晶分光フィルタを用いる量子ドット計測技術

```
┌─────────────────┐
│   ①   ②   ③   │
│   ④   ⑤   ⑥   │
│   ⑦   ⑧   ⑨   │
└─────────────────┘
```

① 蛍光ピーク波長 525nm　0.5μM
② 蛍光ピーク波長 565nm　0.2μM
③ 蛍光ピーク波長 585nm　0.1μM
④ 蛍光ピーク波長 605nm　0.02μM
⑤ 蛍光ピーク波長 655nm　0.02μM
⑥ 蛍光ピーク波長 703nm　0.1μM
⑦ 蛍光ピーク波長 565nm　0.2μM　＋　655nm　0.02μM
⑧ 蛍光ピーク波長 525nm　0.33μM　＋　585nm　0.06μM　＋　655nm　0.01μM
⑨ 蛍光ピーク波長 525nm　0.5μM　＋　565nm　0.2μM　＋　605nm　0.02μM　＋　655nm　0.01μM

図5　セル内の各量子ドット蛍光試薬の種類と濃度

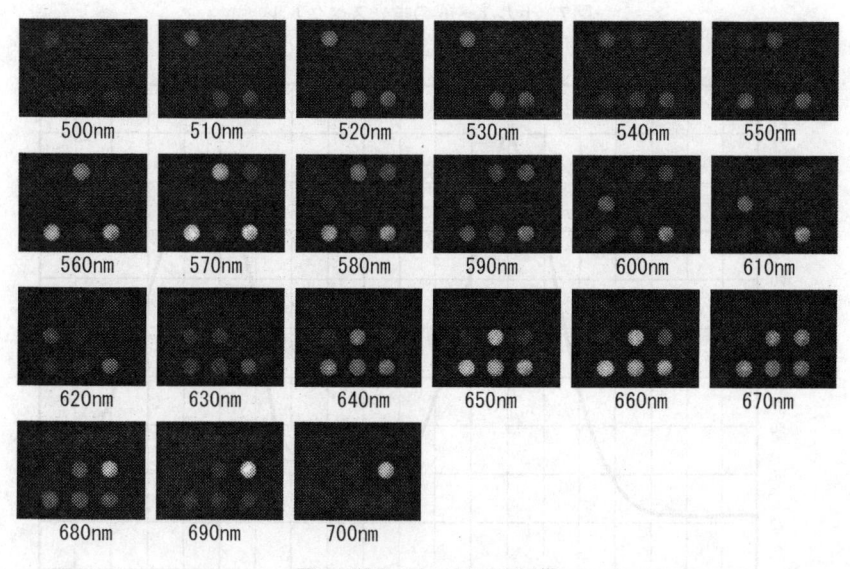

図6　蛍光イメージング画像

　各量子ドット試薬の蛍光波長とほぼ一致した結果が得られた。蛍光強度のピーク高さはそれぞれのセルで異なるが，量子ドット蛍光試薬濃度により変化するため，濃度の管理は重要である。
　図8は⑦のウェルの蛍光分光スペクトルを示したものである。このウェルには565nmと655nmの波長ピークを持った量子ドット蛍光物質が入っており，570nmと655nm付近に2つの蛍光ピークを持ったスペクトルが得られた。この結果は測定した量子ドット蛍光物質の蛍光パターンと一致した結果であった。

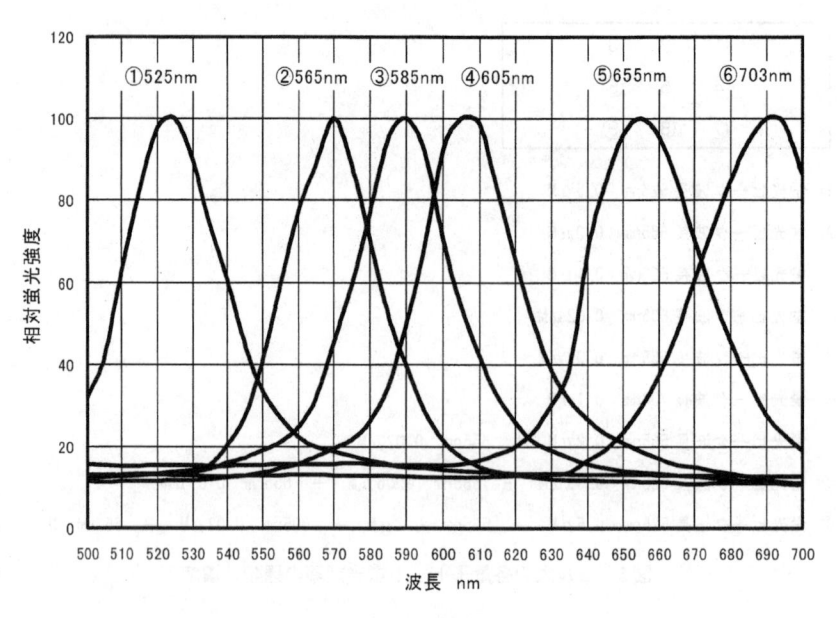

図7 セル①〜⑥の蛍光スペクトル

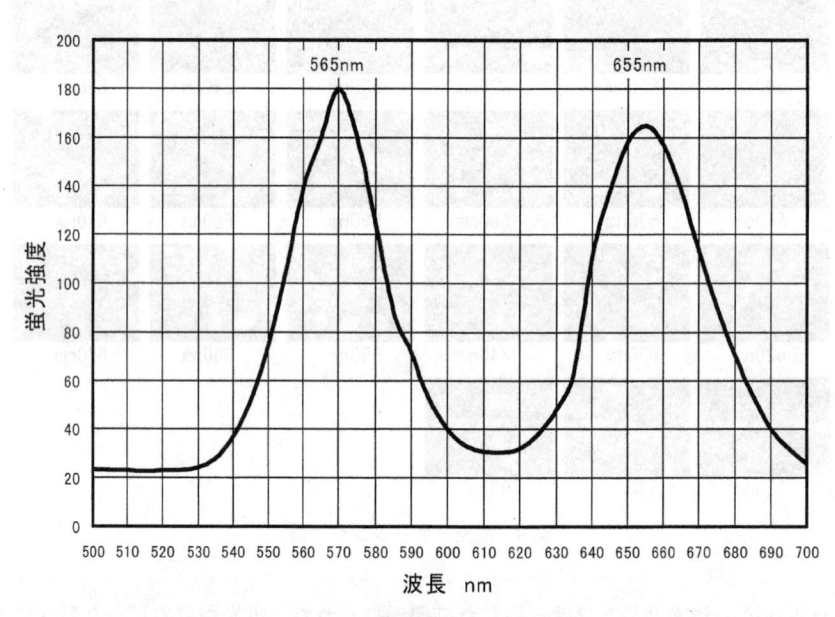

図8 セル⑦の蛍光スペクトル

同様に，図9，10は⑧および⑨のウェルの蛍光分光スペクトルを示したものである。⑧のウェルには525nm，585nmおよび655nmの波長ピークを持った3種類の量子ドット蛍光物質が入っており，それぞれに対応した波長に蛍光ピークが観測された。また，⑨のウェルには525nm，565nm，605nmおよび655nmの波長ピークを持った4種類の量子ドット蛍光物質が入っており，

第22章　波長可変液晶分光フィルタを用いる量子ドット計測技術

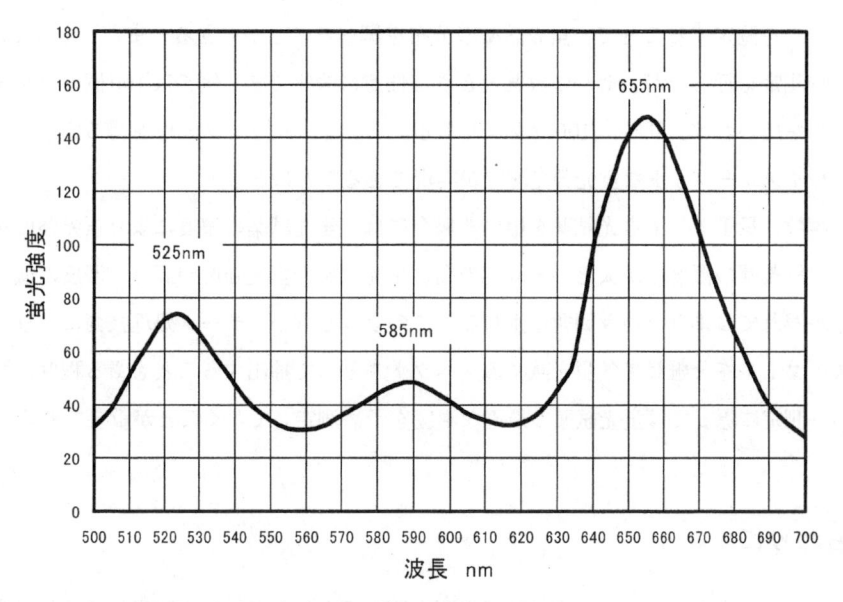

図9　セル⑧の蛍光スペクトル

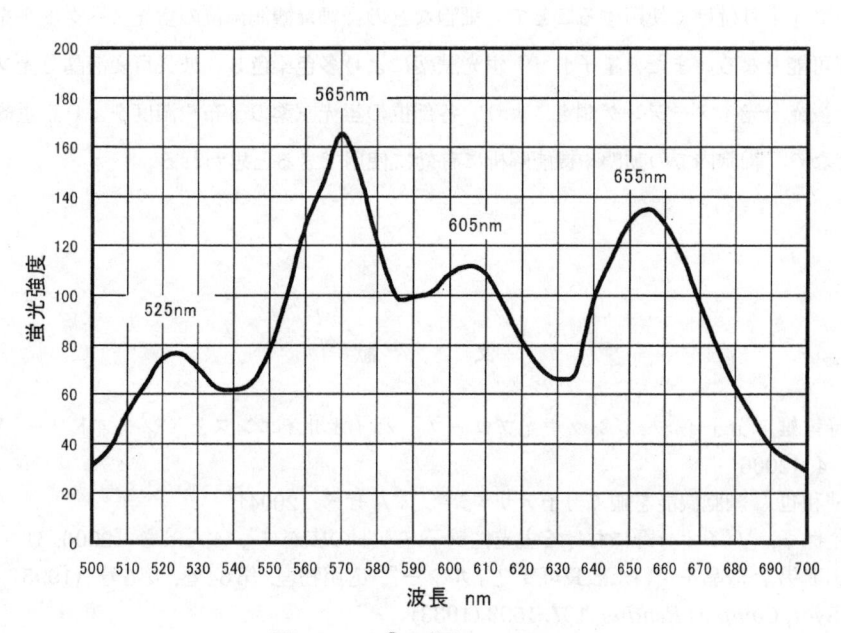

図10　セル⑨の蛍光スペクトル

それぞれに対応した蛍光ピークが観測された。

　以上のように波長可変液晶分光フィルタを用いた蛍光分光イメージング装置により，量子ドット蛍光試薬の蛍光スペクトルを2次元の波長毎の蛍光スペクトルとして測定が可能であることが分かった。この方法によれば同じ観測部位に複数の量子ドット蛍光試薬が混在した場合でも，蛍

247

光スペクトルを測定することで，蛍光試薬の分布を調べることができる。また，本例では9つのセルの同時測定を行ったが，セルの数と大きさは任意に設定でき，例えば100個のセルを有した測定ウェルを用いれば，同時に100サンプルの蛍光分光イメージング画像を得ることが可能となり，よりハイスループットな蛍光分光測定が実現できることになる。

また，複数の量子ドット蛍光試薬を用いる場合には，蛍光試薬の濃度により蛍光強度が異なるため，蛍光試薬間の濃度差が大きいと濃度の高い蛍光試薬の蛍光強度が高く，濃度の低い蛍光試薬の蛍光が隠れてしまうという問題を生じる。このような場合，データ処理技術により，重なった蛍光スペクトルを分離して各蛍光試薬のスペクトルとして抽出することもある程度は可能と思われるが，測定に際しては蛍光試薬の最適な濃度を予め測定しておくことが重要である。

5 おわりに

本例ではウェル内の量子ドット蛍光試薬の測定例を紹介したが，蛍光顕微鏡に波長可変液晶分光フィルタを取り付けて使用することで，細胞などの微細な観測部位の蛍光スペクトルを測定することが可能となる。また，量子ドット蛍光試薬により多色染色し，波長可変液晶分光フィルタを用いた蛍光分光イメージング測定により，各部位の蛍光試薬の分布や濃度をより定量的に観測が可能となり，細胞内での動態や機能解析に有効に使用できると思われる。

文　献

1) 長野哲雄，"分子イメージング蛍光プローブ"，バイオサイエンスとインダストリー，Vol. 64，No. 4（2006）
2) 菊池和也，"細胞機能を覗く分子デザイン"，ぶんせき（2004）
3) 松尾保孝，"バイオ分野における蛍光性量子ドットの広がり"，ぶんせき（2006.5）
4) 内田龍男，"液晶を用いた波長可変フィルター"，応用物理，第64巻，第5号（1995）
5) B. Lyot, *Comptes Rendus*, **197**, 1593 (1933)

	量子ドットの生命科学領域への応用 《普及版》	(B1038)
	2007 年 8 月 31 日　初　版　第 1 刷発行	
	2013 年 6 月 7 日　普及版　第 1 刷発行	

監　修　　山本重夫　　　　　　　　　　Printed in Japan
発行者　　辻　賢司
発行所　　株式会社シーエムシー出版
　　　　　東京都千代田区内神田 1-13-1
　　　　　電話 03 (3293) 2061
　　　　　大阪市中央区内平野町 1-3-12
　　　　　電話 06 (4794) 8234
　　　　　http://www.cmcbooks.co.jp/

〔印刷　株式会社遊文舎〕　　　　　　　Ⓒ S. Yamamoto, 2013

落丁・乱丁本はお取替えいたします。

本書の内容の一部あるいは全部を無断で複写（コピー）することは，法律で認められた場合を除き，著作者および出版社の権利の侵害になります。

ISBN978-4-7813-0720-6　C3045　¥4000E